U0172344

国家自然科学基金资助项目（51778425）

一苇所如

同济建筑教育思想渊源与早期发展

The Origins and Early Development of
Tongji University's Architecture Education

钱锋　著

中国建筑工业出版社

图书在版编目（CIP）数据

一苇所如：同济建筑教育思想渊源与早期发展 =
The Origins and Early Development of Tongji
University's Architecture Education / 钱锋著 . —
北京：中国建筑工业出版社，2021.10
　　ISBN 978-7-112-26484-1

　　Ⅰ.①一… Ⅱ.①钱… Ⅲ.①建筑学—教学思想—思
想史—上海 Ⅳ.① TU-0

　　中国版本图书馆CIP数据核字（2021）第166477号

责任编辑：滕云飞
责任校对：姜小莲

一苇所如
同济建筑教育思想渊源与早期发展

The Origins and Early Development of
Tongji University's Architecture Education

钱锋　著

　　＊

中国建筑工业出版社出版、发行（北京海淀三里河路9号）
各地新华书店、建筑书店经销
北京点击世代文化传媒有限公司制版
北京中科印刷有限公司印刷
　　＊
开本：889毫米×1194毫米　1/24　印张：15　字数：355千字
2022年2月第一版　2022年2月第一次印刷
定价：**70.00**元
ISBN 978-7-112-26484-1
　　（38030）

序一

伍 江

　　中国近现代早期经历了从传统营建体系向现代建筑体系转变的过程，由此建立了现代的建筑学科。伴随着这一过程，中国也同时建立了现代建筑院校教育体系。从某种程度上来看，院校教育体系历程的研究从侧面反映了整个建筑学科的发展过程，因此这一研究具有重要的历史和现实意义。

　　中国近现代建筑教育体系主要是由留学西方学习建筑的人士回国之后创立的。由此教育体系的特点深受他们所接受的各自学校的教育体系的影响。同济建筑系由来自于多所学校的建筑相关系科组建而成，其师资曾留学许多不同国家，留学背景格外多姿多彩，以至于被戏称为"八国联军"。当时同济建筑师资队伍中主要的三支分别来自圣约翰大学建筑系、之江大学建筑系和同济大学土木系，各自原先就有不同的教学思想和特点。但当时他们都受到上海建筑界正在兴起的现代建筑思想的影响，都在不同程度地探索自己的现代建筑道路，并在上海融合成一股独特的力量，在中国建筑现代转型的过程中发挥了重要的作用。

　　和当时国内各主要建筑院校师资教育背景相对接近，建筑学术思想相对一致的状况不同，刚组建的同济建筑系由于教学队伍的学术背景多种多样，来源相对分散，其学术思想和教育方法多样而复杂，显得更加开放包容，从而形成了同济特有的兼收并蓄的学术风格。相对于其他建筑院校学术思想某种程度上的相对统一，同济建筑系似乎格外活跃，不乏各种学术争论，有时甚至略显异端，成为中国建筑教育体系中最具多样性的一个缩影。对于它的各种思想和方法，以及争论的历史状况的研究，几乎可以从一个侧面反映出整个中国建筑教育体系的状况。因此这一研究极其具有价值。

　　钱锋是我的硕士和博士研究生，早在她的硕士论文阶段，就选定了建筑教育史作为她研究的课题。最初我和我的导师罗小未先生共同商定了同济建筑系第一任副系主任（正系主任暂缺）黄作燊先生作为她硕士论文的研究对象。黄作燊先生是英国 AA 和哈佛的毕业生，也是上海圣约翰大学建筑系的开创者。之后在她的博士论文阶段，研究范围扩展至整个中国近现代早期建筑教育的全过程，试图建立有关教育历史研究的更为宏观的视野，并考察其中现代建筑思想的发展情况。我与她在博士论文成果基础上改编而成的论著《现代建筑教育在中国（1920—1980）》，由中国建筑工业出版社于 2008 年出版，至今仍是该研究领域最为全面的研究成果。

之后她又继续从事建筑教育史方面的研究，深化对于所学习和工作的同济建筑教育史的探讨，同时在参与建筑与城市规划学院院史馆的建设过程中，对建筑系的各种主要教学学术思想和渊源做了进一步梳理和总结。

在她的后续研究中，她将现代建筑思想从狭义的范畴扩展到更为广泛的领域，除了包豪斯体系、维也纳工业大学现代建筑教育之外，特别追踪了受到"布扎"体系深刻教育的建筑师探索现代建筑的独特途径，探索了影响同济建筑系的主要三支构成师资队伍的教育思想和方法的渊源和特点，深层揭示了不同背景的教育工作者共同探索中国现代建筑的图景，并将此过程放在中国的政治和经济环境之下，展现了其曲折发展的整体状况。本书即是这一研究的成果展现。本书的成果既包含大量文献史的研究，又包含大量口述史的研究，内容丰富而生动。部分被访谈者已陆续作古，访谈内容更显得弥足珍贵。

有关中国建筑教育的发展历程，以及由此而侧面展现的中国建筑学科的发展历程是十分重要的研究领域。作为该领域的重要研究成果，相信本书一定会推动更多的研究者加入这一领域，也相信更多的读者一定会从中受益。衷心期待作者在已有的研究基础上不断努力，获得更进一步的拓展，取得更为丰硕的成果。

2021 年 4 月

（伍江：同济大学建筑与城市规划学院教授，原同济大学常务副校长）

序二

李翔宁

　　钱锋副教授的这份研究成果既包含了对同济建筑发展历史本身的研究，也回顾了其许多骨干教师留学西方院校的经历，以及通过建筑教育溯源进而梳理出其建筑学术思想的脉络。阅读把我带回到我无缘亲历但心向往之的同济建筑学科初创和早期发展的峥嵘岁月。这本著作以更宏观的视野考察影响同济建筑教育的诸多学术和教育思想源流，尝试由此建立起更广泛联系的国际文化传播视野。应该说，同济建筑系以及后来成立的学院正是在国际现代而多元的建筑思想浸润和滋养之下蓬勃发展起来的。

　　1952年全国高等院系调整后成立的同济建筑系如今已经走过了将近70年的历程，这是筚路蓝缕、曲折艰辛的70年。早年留学于不同国家，毕业于不同建筑院校的教育先贤们济济一堂，各自带来了不同的教学理念和方法，使得刚成立的建筑系呈现兼收并蓄、海纳百川的特点。同济建筑系地处于思想活跃的上海，得风气之先，从一开始就有着对现代建筑的自主追求，尽管时代和社会政治文化历经变迁，建筑系的教师们始终坚持走着一条探索新建筑的道路。

　　建筑系成立之初，教师们就有着不同的国际教育背景，这种国际思想的交流也在后期建筑系的发展中不断强化。1950年代时有苏联、德国专家前来建筑系访问交流。到了改革开放的1980年代初时任建筑系主任冯纪忠先生先后邀请贝聿铭、德国达姆施塔特大学的马克斯·贝歇尔教授和美国耶鲁大学的邬劲旅教授等来参加指导课程设计。自1990年代开始，学院又和诸多欧美学校举行了联合设计教学活动和教师学生交流交换等，学院国际化发展迅猛。如今学院的国际化程度更加广泛，在国内建筑院校中一直保持着优势。这一切都是和学院深厚的国际化历史渊源和开放多元的学术传统密切相关的。

　　由建筑系发展壮大而来的同济大学建筑与城市规划学院长期以来一直非常注重对自身历史和文化传统的挖掘和整理。早在2002年学院成立50周年之际，就出版了一系列建筑规划景观教育前辈如冯纪忠先生、金经昌先生、陈从周先生等的纪念专辑，还出版了学院纪念合集，包含了前辈大家的文稿、后人对前辈的回忆纪念文章，以及学院大事记、毕业生和教师名册等，内容十分丰富。2005年底，学院又成立了院史馆，一方面梳理了学院历史和发展进程，搜集整理了相关图片和文字资料，以院史陈列的方式展现出来。院史馆还收集陈列了众多教学藏品，如冯纪忠先生在1937年维也纳求学时绘制的渲染作业、他在1940年代于同济教书时推荐给学生的德文设计参考书；陈从周先生研究过的斗栱模型，以及他所收集的大量古建筑构件；还有学院老师们早期的备课笔记、教科书讲义、学生记分册；此外还有美术教师们的绘画与教学示范作品等。学院多年的发展历史以鲜活的史料跃然眼前。

2007年同济大学百年校庆时，学院配合学校进行了对自身教学志的整理工作，参与出版了《同济大学百年志（1907—2007）》，对学院历史进行了分类系统梳理。2012年学院成立60周年时，学院开启了"同济建筑规划大家"文丛的系统编纂工作。在2010年编辑出版《谭垣纪念文集》基础之上，2012年集中编辑出版了《黄作燊纪念文集》和《吴景祥纪念文集》《戴复东论文集》等，之后又陆续出版了《罗小未文集》《李德华文集》《王季卿文选》《董鉴泓文集》等多部文集，为传承学院的精神奠定了坚实的基础。

理解历史才能更好地展望未来。和前辈们相比，我们在学术思想、实践作品方面有自己的继承和发展吗？我们应当秉持怎样的建筑观和建筑教育观？近年来师生常常论及"同济学派"。那么同济学派的内涵和外延到底是什么，尤其值得我们深思。整理和发掘历史状况，探析同济建筑的思想根源，了解同济建筑学科在当代中国建筑文化演进与中外文化交流传播中的发展脉络，是理解其特点的重要源泉。

前事不忘后事之师。回顾同济建筑先贤们的历史给了我们信心和力量，为学院教学、科研、人才和国际化各方面探索出新的道路，并永远向前。

2021年4月

（李翔宁：同济大学建筑与城市规划学院教授，院长）

序三

卢永毅

　　获悉钱锋的文集《一苇所如—同济建筑教育思想渊源与早期发展》要出版，真是由衷地为她高兴。钱锋是我最亲近的同事之一，虽然她长年的教学与研究工作，包括书中的部分篇章我都已熟知，但今日看到研究成果被集结成书，仍有种不一般的欣喜，因为我深知，对于一位青年学者来说，这本书里的点点滴滴都透射出她学术成长的轨迹，没有多年耕耘，没有默默坚守，不可能有这样的收获。

　　众所周知，同济建筑系作为国内最优秀的建筑院校之一，其持久的声誉和影响力，其开放包容、兼收并蓄的办学传统，首先来自1952年成立之时的前辈们，他们建立的教育理念和教学方法，他们的思想智慧和精神气质，对加入这个大家庭的一代代师生，甚至对全国各地的建筑人，都有着生生不息的感召力和感染力。我第一次的深刻记忆，来自1986年同济建筑系升为建筑与城市规划学院的成立活动，当时作为一名入校仅一年有余的研究生新人，首次见到这么多老教授在一个时空中汇集，冯纪忠、谭垣、吴景祥、黄家骅、罗小未等，他们一个个气度非凡，谈笑风生，虽然于我而言他们既高大又陌生，却也已让我从懵懂中切实感到，这老中青济济一堂的集体中凝结的学院氛围，这洋溢其中的勃勃生机和满满自信，就源于这些前辈们开创的事业，铺就的基石。这种历史意识随着自己成为罗小未先生的学生、继而成为建筑历史教学团队一员之后日渐增长，但同时也不无遗憾地看到，因为各种历史原因，前辈们没有好机会对自己教育思想和教学实践的发展轨迹作系统整理，相关的文字记述着实有限。同济早期建筑教育的发展轨迹究竟是怎样的？被誉为"八国联军"的多元教育思想和教学方法具体为何、源于何处、被如何移植和转化的？之间又是如何相互影响、交流和融合的？摆在面前的任务不仅是为同济建筑教育梳理源流，也是为中国现代建筑教育史整理一个最厚重的篇章。这些工作在1990年代中后期逐渐启动,而对于年轻学人来说,要走近前辈、唤回记忆以承续传统,既意义深远又是十分不易的。

感谢同济前辈们的引领,尤其以董鉴泓先生的《同济建筑系源与流》一文为学院早期发展历程所构建的关键性轮廓,使改革开放后成长起来的一代青年教师得以跨入历史大门,通过倾听前辈的回忆、与上辈的交流以及带领更年轻学子共同努力,展开同济建筑教育和设计实践的多线索、多维度的历史研究,至今的成果已相当丰硕。钱锋正是年轻学子中最早的成员之一,在硕士研究生学习阶段,她就在导师伍江教授的指导下,在罗小未、李德华先生的帮助下,完成了对于同济建筑系创建人之一、圣约翰大学建筑系主任黄作燊先生的建筑教育思想、教学方法及其影响的学位论文;在之后的博士学习阶段,她将研究拓展至中国现代建筑教育史的研究,并与导师伍江教授合作出版了相关成果的专著;在踏上工作岗位后,她一直延续建筑教育史的研究,指导了这个领域的数篇硕士学位论文,并有期刊文章的相继发表。作为身边的同事,我目睹了钱锋学术成长的点点滴滴,她也总是与我分享研究工作的艰辛和收获成果的快乐。更特别的是,我们作为合作者,曾在前辈和学院领导的支持下,以执行编辑和作者的角色,共同完成了"同济建筑规划大家"丛书中的《黄作燊纪念文集》和《谭垣纪念文集》的出版,后又完成了《罗小未文集》的编辑出版,使我对她的治学态度和学术成果的三方面特点尤为了解。

一是她的扎实。同济建筑系创建之始的丰富和多元,其思想渊源和发展历程的多线和复杂,以及档案史料的格外稀少,无疑使历史研究充满困难和挑战,更何况对于阅历有限的年轻学人。但钱锋总是从寻找一手资料做起,点滴的档案信息,散落各处的片段文字,她都会不厌其烦地去搜寻。最难能可贵的,是经她多年努力积累的大量人物采访,这些口述历史的记录为我们接近过去的人和事,进而了解丰富的历史过程提供了极为关键的线索,这无疑也成为我们连接前辈们的事业理想及其精神世界的珍贵财富。这种尊重事实、强调实证的史学态度,在她各篇文章的字里行间亦随处可见,她的写作很少有华丽辞藻和人为渲染,但却信息密实、人物鲜活并且充满时代性和历史感,这在她对黄作燊先生的教学思想研究和人生经历叙述中体现得最为突出，最为感人。

二是她的坚守。建筑界关注中国建筑教育史研究的学者不在少数，然而能够常年专注于这个领域，形成对历史的持续性的追溯、挖掘、梳理和解读的学者并不太多。钱锋为人低调，却对研究工作有持续的追求和执着的坚守，这是历史研究本身的特征所需，更是作为史学研究者的可贵品质。面对当代建筑快速发展和学科话语变幻莫测的时代，钱锋总是淡定而专注地沿着自己的目标一步步行进。回首她数年的努力，一些尘封的历史记忆得以抢救，一些历史的碎片被关联起来，随着不少前辈陆续作古，这些积累越加显得弥足珍贵。

三是她的开放。钱锋做研究专心致志，心无旁骛，但观察和理解历史的视角却是在不断打开的。她早期聚焦于对圣约翰大学建筑系的历史挖掘与整理，意在更有理有据地论证与布扎传统完全不同的同济现代建筑教育的渊源与特色；而之后，她将研究拓展到以布扎教学为主导的之江大学建筑系的历史，不仅客观呈现同济建筑渊源的丰富性，而且也对西方布扎建筑教育与现代主义建筑教育在中国的移植、转化及其相互间对立又融合的复杂性逐渐揭示出来，这在其对文远楼的再阅读中最能显现。

钱锋总是不满足于自己已有的研究成果，也始终对未有充分史实论证的结论保持审慎，并不断寻找突破既有知识的路径，扩展历史文脉，探入历史深处，从而获得历史新知。这项研究近似马赛克拼图，每走一步都极不容易，而如何将同济建筑系早期教育理念、教学思想及其设计方法之源流关系的丰富图景更加清晰地呈现出来，对这些探索成果之于中国 20 世纪现代建筑教育及其建筑学科成长与发展的意义和价值更加深刻地阐释出来，仍需不断努力。相信钱锋会和更多致力于保存同济建筑思想遗产的同事们一起坚持下去，也相信她还会有新的开拓，新的收获。

2021 年 4 月

（卢永毅：同济大学建筑与城市规划学院教授，西方建筑历史与现代建筑理论学科组责任教授）

目录

综　述

同济大学建筑系是 1952 年全国高等院校调整时，由原沪、杭一带部分高校的建筑、土木系合并而成。新成立的建筑系由于教师的学术背景以及受当时上海建筑界的整体风气影响而颇具现代建筑思想基础。这一基础使得它在近现代建筑教育发展中持续进行了对现代主义的积极探索。

建筑系对现代建筑思想的追求和探索过程并非是一帆风顺的。新中国学习苏联后建筑潮流和教学体制的改变，使得现代思想一直处于坎坷的发展之中。它不断受到激烈政治运动的冲击。尽管如此，它仍不断发展，促使该系走了一条独特的建筑教育发展之路。本书将同济建筑系的现代建筑思想及其教育发展放在整个时代的背景中加以考察，追溯其特点形成的渊源，探讨其在复杂的内外环境下的系列发展过程，以期对其有全面而深刻的理解。

一、同济建筑系成立的时代背景

同济大学建筑系成立于新中国高等院系调整之时。1949 年新中国成立后三年恢复国民经济过渡时期，国家基本延续了近代以来的教育格局和制度。1952 年伴随着第一个五年计划的开始，国家开始着手对旧有的教育机构和体制进行重新调整。这一调整是在学习苏联的背景下进行的。苏联模式的引进，不仅引发了全国教学机构大调整，而且促成了以苏联为蓝本的教学体系的建立。

中国的高等院系调整与苏联高度计划模式下的教育思想密切相关。苏联在建国之后，不仅建立了计划经济体系，而且在高校人才培养方面，也实施了一套计划的模式。该模式根据经济、文化、政治等各方面需要，按照国家建设和所需的岗位类型及人数来制定人才培养计划，将国家教育与实际需要

图1　1953年新成立不久的同济建筑系教师合影

（第一排从左至右：傅信祁、邓述平、吴庐生、王微琦、金德云、哈雄文、史祝堂、董鉴泓、张佐时、钟金梁、陆轸；第二排从左至右：王吉螽、陈盛铎、丁曰兰、朱亚新、何启泰、黄作燊、吴景祥、臧庆生、何德铭、陈从周、钟耀华、杨义辉、陆长发；第三排从左至右：乔燮吾、吴一清、王轸福、陆传纹、朱耀慈、谭垣、唐英、周方白、朱保良、唐云祥；第四排从左至右：黄家骅、王淑兰、张忠言、李德华、赵汉光、董彬君、金经昌；第五排从左至右：黄毓麟、葛如亮、杨公侠、冯纪忠）

直接挂钩。[1] 以苏联模式为样板的中国教育界借鉴了这种计划模式。

计划模式要求人才培养机构的统一集中管理。因此，国家对全国的高等院系进行了归并和调整，其基本原则是将同一个地区各校的相同学科进行合并，合并后的同类学科归入事先确定学科性质的学校，这样全国几大区域各自都有主要学科的专门学校。教育部等部门在这些学校中贯彻统一的专业设置、培养人数和教学计划，一方面使得各地区的专业人才培养与建设岗位需求直接对应，另一方面确保不同学校的相同专业都能培养出统一的标准人才。

在苏联高等教育模式的影响下，1952年下半年，全国高等院校进行了大规模的院系调整工作。至1952年底，全国3/4的高校进行了调整。工学院是这次调整工作的重点，遵循原则为少办或不办多科性的工学院，多办专业性的工学院。原来各地区众多高校中设置在工学院内的建筑系根据要求进行了合并。合并新成立的建筑系和其他土建类专业、系科一起，集中在各地区的理工科大学或工科学院之中。

1952 年院系调整完成之后，全国设立建筑学专业的院校共有 7 所，分别是：东北工学院、清华大学、天津大学、南京工学院、同济大学、重庆建筑工程学院和华南工学院。不久后，1956 年中央决定对部分以工科为主的高校再次实施调整，在这次调整中东北工学院等院系合并成立西安建筑工程学院（后改名为西安冶金建筑学院）。1959 年哈尔滨工业大学土建系在原有基础上组建了哈尔滨建筑工程学院。于是，清华大学、同济大学、南京工学院、天津大学、华南工学院、西安冶金建筑学院、重庆建筑工程学院、哈尔滨建筑工程学院这八所学校成为新中国建筑学科高等教育的主要力量，被称为建筑院校"老八校"，在建筑教育发展历程中发挥了重要作用。

在院系调整的大潮中，近代以来的为数众多的高校建筑系集中了几个土木建筑类学校之中。新成立的大型建筑院系在有关部门的统一领导下，开启了中国高等院校建筑教育新篇章。同济大学建筑系便是在这样的情况下，由沪杭一带几所学校的建筑、土木系合并成立。

全国高等教学机构调整完成之后，教育部门还引进了苏联的教学体制和方法。建筑学专业方面，各个学校都必须以苏联计划大纲为蓝本组织教学工作。1954 年教育部在天津召开有苏联专家指导的统一教材修订会议之后，向全国各高校建筑系颁发了统一教学计划，要求统一执行，由此，各校都受到了苏联教学体系的影响。

二、同济建筑系教育思想渊源及其特点

1952 年 9 月新成立的同济大学建筑系，主要由原圣约翰大学建筑系、之江大学建筑系和同济大学土木系部分教师合并而成。除此之外，组成人员还有交通大学、复旦大学、上海工业专科学校部分教师以及浙江美术学院建筑组学生。组成新建筑系的三支主要队伍中，教师们有着不同的教育学术背景，因此这几个队伍的办学特色、教学思想和方法都存在着一定的差别。

1. 之江大学建筑系

之江大学是一所历史悠久的教会大学，它的历史可以上溯到1845年美国长老会在宁波设立的崇信义塾。之江大学主校区位于杭州钱塘江畔，1938年在建筑师陈植的倡导下，该校在土木系基础上增设建筑系。

陈植曾在东北大学任教，1931年离校来到上海与赵深组建事务所。1934年时，曾参与了上海沪江大学建筑科（1934—1945年，专科，两年制夜校）的筹建工作。1938年时，他和廖慰慈先生（后任之江大学工学院院长）商议准备在之江大学土木工程

图2 陈植

系基础上筹建建筑系。其创办初期"由陈植、廖慰慈先生厘定学程，筹购书籍器具，招收学生一九人"[2]。1939年度，聘请王华彬为系主任（他同时兼任沪江大学建筑科主任），另聘陈裕华为教授。1940年左右建筑系在上海正式成立。1941年秋，学生人数增至72人[2]。

1941年冬天，由于太平洋战争爆发，英、美等国家卷入了战争，原来尚属安全的教会学校此时也无法自保。于是，之江大学内迁至云南。学校考虑到建筑系的人数不多，而且内地的建筑师资较难保证，不易设系，因此特许建筑系留在上海，在慈淑大楼内上课。旧生在系主任王华彬的领导下，以补习形式继续完成学习并毕业。建筑类课程由王华彬及沪上一些建筑师负责教授，土木类课程则在土木补习班及华东其他学校补足。自1941年下学期至1945年，共毕业学生约40余人。

1945年抗日战争胜利后，之江大学迁回杭州。云南分校所招建筑系学生与上海分校所招新生合并，一、二年级共有学生50人。他们开始时都在杭州校区上课，待升至三、四年级时，转到上海校区——慈淑大楼内继续学习。这样的做法一直延续到1952年全国高等院系调整之江大学建筑系并入同济大学建筑系之时。

曾在建筑系任教的教师有：陈植、王华彬、颜文樑、罗邦杰，后来还有

黄家骅、谭垣、汪定曾、张充仁、吴景祥、陈从周，以及先后本系毕业留校的助教吴一清（1941 年毕业）、许保和（1942 年毕业）、李正（1948 年毕业）、黄毓麟（1948 年毕业）、叶谋方（1950 年毕业），大同大学毕业的杨公侠等 [3]。

图 3　王华彬

图 4　黄家骅

图 5　罗邦杰

图 6　汪定曾

图 7　张充仁

图 8　谭垣

图 9　吴景祥

图 10　吴一清

图 11　黄毓麟

图 12　李正

　　由于该系创办者陈植，系主任王华彬、主要教师谭垣等都是美国宾夕法尼亚大学的毕业生，教师群体也多为中国建筑师学会的成员，此时又有中央大学（1949 年南京解放后更名为南京大学，1952 年全国高校院系调整后更名为南京工学院，1988 年恢复 1927 年前旧名，更名为东南大学）教学上的示范作用，因此之江大学的建筑教学一开始就带有学院式的特点。

　　1940 年各年级课程教学大纲显示了其主要学院式的教学方法，其中，建筑理论课主要包括有"建筑物各组成部分结构及设计原则""艺术之原理""审美之方法""建筑图案结构之原理"等与古典建筑美学原理直接相关的内容；建筑图案课在开始时要讲解"建筑图案结构之基本原则""古典柱梁方式""研究图案结构方法及原则"，要"绘制（古典）建筑物局部详图"，并根据这些设计简单的建筑物或部分建筑物；而美术课程的要求也非常高，木炭画课程要从基本使用法开始，涉及头像、胸像、人体实习直至群像实习，水彩画也要从基本用法、单色表现、色彩研究、静物、风景直至构图实习和建筑图案表现实习。这些教学内容体现了学院式教学方法的基本特点。1939 年、1940 年的学生作业也对这一特点有所展现（图 13、图 14）。

图 13　之江建筑系学生构图渲染一　　图 14　之江建筑系学生构图渲染二

而此时的近代上海建筑界已经受到现代建筑思想的极大影响，之江大学的建筑教育也出现了现代建筑方法的渗透。例如从基础训练之后展开的设计课程，体现出从严谨的古典训练向实用建筑设计及自由创造发挥的过渡，摆脱了美国式学院派教学方法以"巴黎大奖"为导向的进阶模式。二年级设计课要求学生做的三个设计分别是：①古典形式及民族形式建筑构图；②近代形式建筑物构图；③实用房屋设计 [3]。在其中第 2 个作业中，老师已经要求学生"采取近代形式自由构图设计，不受古典规格之约束，以启发学生之创造能力" [3]。第 3 个题目则更加不论风格，而"注重实际效用"。从这一系列练习题目中，可以看出设计教学安排是从古典训练向现代、实用过渡的系列过程。对于这一特点，有关教学目的说得非常清楚："二年级设计图案以贯穿较深之古典形式构图技术为目的，但同时亦将采取初步之自由形式设计以启发学生不同之各（个）性及创造才能……渐渐侧重于实际效用之房屋设计" [3]。也就是说，二年级的设计为过渡，此后三、四年级的设计要求综合考虑功能、技术等实际问题。

设计课程中部分题目如"近代建筑构图",事实上已经显示了部分新思想的影响。而随着后来一些新教师,如 1937 年毕业于美国伊利诺伊大学建筑系的建筑师汪定曾的加入,学校的设计教学在现代建筑思想方面更加有所加强。汪定曾进入之江大学建筑系,负责二年级设计教学时,其教学大纲已颇具现代特点。如强调注重实际问题和技术问题;培养学生主动创造力;采用模型辅助设计思考;强调建筑表现不应纯粹追求图面效果,而以表达清楚设计为目的等。这些思想,在追求现代建筑方面有了更为深层的内涵。

图 15　之江建筑系作业一　　　图 16　之江建筑系作业二　　　图 17　之江建筑系作业三

同时,在现代建筑思想的影响下,教师们的设计指导也往往具有这方面的倾向。例如主要设计教师谭垣在指导学生时,在贯彻学院派设计基本思想如注重轴线引导、建筑性格、统一性等多重特点的基础上,也十分重视功能的合理性,跟随谭垣学习多年的朱亚新说:"'形式必须反映内容'是谭师在设计教学中反复作为'原则问题'来谈的,他反对立面背离功能或不反映平面布置,生拼硬凑,弄虚作假的设计。"[4][5] 这一点,也深刻地影响了他的学生们,包括后来成为同济建筑系教师的黄毓麟等人。

高年级的建筑图案课中,老师们不以风格对学生作过多限制,学生们自行选择设计的方向。他们受当时建筑界实践状况的影响,往往设计作品多为现代样式,特别是在设计商场、住宅等功能、时尚性较强的建筑类型时

图 18　之江建筑系作业四

图 19　之江建筑系作业五

图 20　之江建筑系作业六

（图 15-20）。处在上海这个近代商业大都市，学生们设计思想比较开放，自由性和灵活性得到了充分的展现。

2. 圣约翰大学建筑系

圣约翰大学也是中国近代一所历史悠久的教会大学。1879 年美国圣公会将其先前已经设立的培雅书院（Baird Hall）、度恩书院（Duane）这两所寄宿学校合并成圣约翰书院。1890 年书院增设大学部，并逐渐发展为圣约翰大学。[6]1942 年，圣约翰大学土木工学院院长杨宽麟邀请刚刚毕业于哈佛大学设计研究生院的黄作燊在学院中成立了建筑系。

黄作燊曾师从现代建筑大师格罗皮乌斯，追随他从伦敦建筑联盟学校（A.A.School of Architecture，London）至哈佛大学设计研究生院，成为格罗皮乌斯第一个中国学生。黄作燊在哈佛大学接受了现代主义建筑教育思想。回国后，他将这些新理念引入建筑教育实践，在圣约翰建筑系中进行了现代建筑教育的新探索。

开始时，教员只有黄作燊一人。第一届学生也只有 5 个人，都是从土木系转来的。后来黄作燊陆续聘请了更多的教师，学生数量也逐渐增多。教师

图 21　黄作燊　　　　图 22　杨宽麟　　　图 23　鲍立克（Richard Paulick）

图 24　Hajek　　　　　图 25　A·J·Brandt

中有不少人为外籍，来自俄罗斯、德国、英国等国家。其中有一位很重要的教师鲍立克（Richard Paulick），[8] 曾就读于德国德累斯顿高等工程学院，是格罗皮乌斯在德国德绍时的设计事务所重要设计人员，曾参加了德绍包豪斯校舍的建设工作[7]。第二次世界大战时，因为他的夫人是犹太人而一家遭到纳粹的迫害。包豪斯被迫解散后，他们来到了上海。鲍立克约在 1945 年前后来到圣约翰建筑系任设计教师。在上海期间鲍立克留下了不少作品。他曾为沙逊大厦设计了新艺术运动风格的室内装饰，并在战后开办了"鲍立克建筑事务所"（Paulick and Paulick, Architects and Engineers, Shanghai）和"时代室内设计公司"（Modern Homes, Interior designers）。

　　圣约翰的一些毕业生，如李德华、王吉螽、程观尧等曾经随他一起工作，设计了姚有德住宅室内（图 26）等富有现代特色的作品。当时黄作燊教设计和理论课，鲍立克教规划、设计以及室内设计等课程。[①] 同时在圣约翰任教的还有英国人 A·J·Brandt（教构造），机械工程师 Willinton Sun 和 Nelson Sun 两兄弟（教设计）、水彩画家程及（教美术课）、Hajek（教建筑历史）、程世抚（教园林设计）、钟耀华、陈占祥（教规划）、王大闳、郑观宣、陆谦受等。

图26　姚有德住宅室内

　　1949 年新中国成立之后，外籍教师相继回国，其他一些教师也因各种建设需要而离开，黄作燊重新增聘了部分教师。聘请了周方白（曾在法国巴黎美术学院及比利时皇家美术学院学习）教美术课程，陈从周（原在该建筑系教国画）教中国建筑历史，钟耀华、陈业勋（美国密歇根大学建筑学硕士）、陆谦受（A.A.School，London 毕业）先后为兼职副教授，美国轻士工专建筑硕士王雪勤为讲师，以及美国密歇根大学建筑硕士、新华顾问工程师事务所林相如兼任教员。[②]

　　圣约翰的不少早期毕业生后来成为该系的助教，协助黄作燊共同发展教育事业。这些人包括李德华、王吉螽、白德懋、罗小未、樊书培、翁致祥、王轸福等，毕业生李滢在 1951 年回国后在建筑系任教一年。在实践中，圣约翰的这些毕业生为探索新教育之路作出了诸多贡献。

　　圣约翰大学建筑系的设计教学是一项全新的教学尝试，因此一直处于探索之中，教学内容十分灵活。学生和老师人数不多也确保了这种探索和灵活性的实现。学生们回忆"每个学期，每个老师的课都在不断地变化，基本上都不做同样的事情"[10]。虽然课程具体内容有所不同，但是该系的根本教学思想以及基本方法始终是一致的。它的教学思想在其课程设置中有所体现，并显示出受到包豪斯和哈佛大学教学特点影响的痕迹。

① 　有关鲍立克的具体情况可参见参考文献 [8]。

② 　圣约翰大学建筑系 1949 年档案中记载教师有林相如，但建筑系学生对此人并无记忆，推测为原计划聘请该教师，但实际由于某种原因并未来系任教。

图 27 圣约翰大学建筑系师生在自己 　　图 28 圣约翰大学建筑系教室内
　　　　设计的旗杆前（1952 年）　　　　　　　　（1950 年左右）

圣约翰建筑系在教学中去掉了古典柱式和渲染图的训练，其"建筑绘画"课的要求是"培养学生之想象力及创造力，用绘画或其他可应用之工具以表现其思想"。[9] 从对创造力的培养这个核心目标来看，这一课程应该源自包豪斯的十分重要的"预备课程"（Vorkurs，以往译作"基础课程"）。（这门"建筑绘画"课即是后来圣约翰建筑系进一步发展的"初步课程"的前身。）

"预备课程"（图 29、图 30）是包豪斯学校最具有独创性和影响力的一门课程，它对于之后很多国家的建筑和艺术教学向现代方向的转型都产生了重要作用。在包豪斯学校，学生进入工坊学习核心课程之前，都必须有 6 个月时间学习该课程。课上伊顿让学生们通过动手操作，熟悉各类质感、图形、

图 29 包豪斯基础课程作业一 　　　　图 30 包豪斯基础课程作业二

颜色与色调。学生还要进行平面和立体的构成练习，并学会用韵律线来分析优秀的艺术作品，将原作抽象成基本构图方式，领会新型艺术和传统艺术之间的关系。[11] 这门课程为打开学生们的创造能力做了基本的准备。

黄作燊将此类训练引入了圣约翰建筑系的教学。在初级训练中，他让学生通过操作不同材质来体会形式和质感的本质关系。他曾布置过一个作业，让学生用任意材料在 A4 的图纸上表现 "Pattern & Texture"（图案与肌理）。围绕这个题目，有的学生将带有裂纹的中药切片排列好贴在纸上；有的学生用粉和胶水混合，在纸上绕成一个个卷涡形。大家各显其能，想尽了办法来完成这个十分有趣的作业。[12] 通过这样的练习，黄作燊引导学生自己认识和操作材料，启发他们利用材料特性进行形式创作的能力，从而使他们在以后的建筑设计中能够摆脱模仿古典样式，根据建筑材料的特性进行建筑形式和空间创新探索。

另外，在美术课程中，他增加了模型课。在具体操作中，该课程结合建筑设计进行。学生的设计过程及成果都要求用模型来探讨和表现，以充分考虑建筑的三维形体以及各种围合的空间效果（参见图 32、图 33）。通过这种方法，学生能够更加直观地进行创作，并杜绝"美术建筑"或"纸上建筑"的学院倾向。

图 31 圣约翰建筑系学生在展
览作品前（约 1951 年）

图 32 学生作业模型（一）

图 33 学生作业模型（二）

初级理论课是圣约翰大学重要的教学创新。黄作燊针对刚入门的学生对建筑缺乏整体认识的状况，对学生进行建筑基本特点的介绍，用浅显易懂的方法让学生对建筑有一个比较全面而准确的把握，以利于将下一阶段展开各部分的教学内容。这一课程后来发展成了建筑概论课。在课程中他将建筑放在时代背景中加以介绍，强调时代与生活、时代与建筑、建筑与环境的关系，强调新建筑的各种原理，并以勒·柯布西耶的《走向新建筑》、吉迪翁的《空间、时间与建筑》、约迪克的《现代建筑入门》、赖特的《论建筑》等书籍作为参考书，对学生进行基本思想方面的指导。

在设计教学方面，圣约翰建筑系在现代主义理论指导下，要求学生从实用功能和技术角度出发，以关怀使用者，满足使用者需求为根本出发点，创造性地运用新技术和材料，采用灵活多变的形式来完成建筑创作。黄作燊将设计的过程看作一个不断发现问题，不断解决问题的过程。他在进行设计教学时，将解决"问题"看成一系列设计过程的线索，引导学生以理性的方法来完成创作。在教学中他往往引导学生自己独立思考，自己提出问题和解决问题，并不给予现成的答案或让学生简单照搬现实中的答案，常常要求学生们自己去摸索各类建筑的不同要求。他甚至尽量找一些现实中不常见的建筑

图 34 学生制作的规划设计模型

图 35 教师们观看设计模型

图 36 教师们评论设计作业

（左一 Brandt、左二钟耀华、左三郑观宣、左四黄作燊、右一王大闳）

类型给学生进行设计练习，如当时还很少见的幼儿园等，让学生自己提出设计要求，自己设计，以避免现实中的建筑形式对学生思想的禁锢，使他们能充分发挥自己的独创性。[11]

3. 同济大学土木系

同济大学最初成立于 1907 年，原名"德文医学堂"，是由德国基尔海军学校医科的埃里希·宝隆 1899 年在上海开办的"同济医院"发展而来。1910年 12 月德国政府枢密顾问费舍尔号召筹集资金在上海新建一个德国工学堂，1912 年工学堂在上海正式成立，并和原来的医学堂合并，发展成为同济医工学堂。1914 年 11 月，由于第一次世界大战爆发，英日联军攻占了德国在中国的殖民地青岛。德国人开办的青岛特别高等专门学校停办，该校教师及 43 名学生转来同济医工学堂。转来学生中有 30 名原学习土木工程专业，学校为他们在工科内增设了土木科 [13]。1929 年工科改为工学院 ① 后，1930 年时土木科改为土木系。

同济大学土木系在 1940 年代后期为高年级学生增设了建筑设计、城市规划等方面课程，并逐渐成立市政组。建筑和规划方面主要教师有金经昌、冯纪忠等，他们都曾在欧洲留学。金经昌（图 37）毕业于德国达姆斯塔特工业大学，曾先后就读城市工程学与城市规划学科。他回国之后一度在上海都市计划委员会工作，1947 年起在同济大学土木工程系任教。

冯纪忠（图 38）1941 年毕业于奥地利维也纳工业大学建筑系，毕业后在维也纳的一家建筑事务所工作 3 年，1946 年底回国，1947 年起在南京都市计划委员会工作，同时也在同济土木系兼职讲授建筑方面的课程。1948 年底，处于解放前夕的南京城局势动荡，规划工作难以正常进展，于是冯纪忠离开

图 37 金经昌

---

① 国民政府 1927 年 7 月 26 日公布《大学组织法》规定："凡具备三学院以上者，始得称为大学"，当年同济大学将医工两科改为医学院、工学院，并筹设理学院。

图 38　冯纪忠

南京，开始在上海都市计划委员会参与规划工作。此间他在同济大学土木系的兼职工作一直没有中断。

1950 年同济大学土木系高年级中成立市政组，教学重点为市政工程、城市规划和建筑学。市政组的主要课程包括城市和建筑两方面，分别由金经昌和冯纪忠担任教学工作。城市规划方面具体课程有城市规划、城市道路、上下水道等；建筑方面具体课程有建筑设计、建筑构造、建筑历史、素描等。

这两位教师在建筑思想方面，都是现代主义建筑的倡导者。冯纪忠在留学期间，当时的维也纳早已有了现代建筑探索的萌芽。现代建筑历史上影响过三位现代主义大师（格罗皮乌斯、密斯·凡·德·罗、勒·柯布西耶）的重要建筑师贝伦斯便来自于维也纳，除此以外维也纳还有分离派的著名建筑师瓦格纳（Otto Wagner）、路斯（Adolf Loos），以及陶特兄弟（Bruno Taut）等一批现代主义运动的开创者，因此维也纳也是现代主义思想的主要发源地之一。此时在这里的建筑界，现代主义思想已经有了广泛的影响。冯纪忠回忆他的"教师的指导和言谈之中，已经时常提及柯布西耶、格罗皮乌斯，以至阿尔瓦·阿尔托这些现代建筑重要探索者的名字，谈论他们的建筑思想。"[14] 这些教师们不但非常关注这几位后来被人们公认的现代建筑大师，同时他们有着直接延续于早期探索创新者的思想。维也纳及包括德国在内的周边地区强烈的新思想氛围、现代建筑理念深刻影响了冯纪忠。

冯纪忠在维也纳工业大学时期所接受的教育非常强调技术和工程，在他的回忆录中曾经提到建筑材料的课程需要他们自己动手将花岗石的一条边打磨整齐。另外老师还带他们去山上采集石头，分辨石头的种类。[15] 老师对材料和构造知识的关注，也深刻地影响了冯纪忠。

现代城市规划学科的兴起，是德国、维也纳地区兴起的现代主义运动的重要体现之一。对于这一门学科，冯纪忠和金经昌都十分重视。金经昌所学习的就是城市工程和规划方面的专业，而冯纪忠所受的建筑教育中也充分贯彻了城市规划的思想。他回忆"教学中不仅有专门的规划导师教授规划课程，

图 39　冯纪忠、傅信祁先生讨论坡屋顶模型（约 1950 年）

设计老师也常在课上结合建筑设计，讲解一些规划的内容。"[14] 因此，建筑设计不能脱离规划这样的现代主义思想，一直存在于冯纪忠的意识之中。当他们进入同济土木系之后，也将城市规划学科的思想带入了教学。

因此，在金经昌、冯纪忠这两位主要教师的引导下，同济土木系市政组的教学具有注重规划以及倡导现代建筑思想等特点。

组成同济大学建筑系的三支主要院系——圣约翰大学建筑系、之江大学建筑系以及同济大学土木工程系市政组，各自有着鲜明而独特的特点。同济大学建筑系特有的教师队伍结构，引发该系学科建制和思想方面出现了以下两个特点：一是专业设置方面建筑与规划的并重，二是对现代主义建筑思想和方法的积极探求。

（1）建筑与规划的并重

由于原同济土木系有较强的城市规划学科的基础，因此同济建筑系成立时，便在系中同时成立了规划教研室，由金经昌任教研室主任。随后，金经昌与冯纪忠考虑到新中国建立以后会出现城市建设迅速发展的趋势，将急需城市规划方面人才，因此开始策划创办城市规划专业。

当时制定的学制及专业名称都必须以苏联为蓝本，但苏联并没有单独设置城市规划专业，而只是将规划作为建筑学的一个专门化方向，因此同济建

图40　冯纪忠在维也纳工业大学时的测量课

筑系准备创办的该专业无法命名为城市规划。苏联所提供的土建类专业中，只有"Городское Строительство й Хозяйство"专业（译名为"都市计划与经营"专业）内容较接近，于是建筑系教师将城市规划专业暂时定名为"都市计划及经营"（后改为"城市建设与经营"）。由于苏联该专业的教学内容并不完全适合于规划学科，因此教师在教学内容制定时，按照城市规划学科的要求进行了调整安排。[16] 这可以说是同济建筑系后来正式开设城市规划专业的雏形。

　　原圣约翰建筑系的教师也十分赞成创办城市规划专业的举措。不仅当时任副系主任的黄作燊（正系主任暂缺）协助推动了这一专业的成立，也有部分圣约翰的教师直接转向了规划学科的教学和研究工作。圣约翰建筑系毕业后留校任教的青年教师李德华，曾经有过在上海都市计划委员会协助工作的经历。他此时转入了城市规划教研组，之后一直从事城市规划方面的教学与研究工作，为该学科的发展作出了重要贡献。

　　虽然城市规划学科已经展开实际的教学和培养工作，接受了城市规划学科教育的学生在"城市建设与经营"专业的名称下连续毕业了几届，但是几年之后才真正确立该专业名称。同济建筑系教师们一直努力推动专业名称的改变，他们在1956年北京召开的全国建筑系教学计划会中，终于争取到上级部门的批准，在同济建筑系中成立城市规划专业。这也是中国第一个正式成立的城市规划专业。城市规划专业的成立强化了同济建筑系中规划与建筑并重的格局。与其他建筑院校大多将城市规划作为一个方向从属于建筑学专业的情况相比，同济建筑系突出了对规划学科的重视。

（2）对现代建筑思想和方法的积极探求

在建筑教学方面，同济建筑系具有现代主义思想的深刻渊源：圣约翰大学建筑系深受包豪斯和哈佛大学设计研究生院的教学特点影响；原同济土木系教师在建筑教学中也同样倡导现代建筑思想和设计方法；之江大学的教师们在运用学院式教学的基础上，渗透了现代的各种思想，在 1940 年代上海新建筑蓬勃发展的局面下，这方面的倾向也在不断增强。伴随着同济建筑系的成立，各位教师都在尝试追求自己的现代建筑道路。

虽然建筑系成立之初教师们都在自发地探索现代建筑，但是 1952 年之后全面学习苏联引起的复古主义浪潮的兴起，使得现代建筑思想发展的过程呈现出复杂而多样的局面。

三、早期建筑系现代建筑思想和教育的坎坷发展

1. 建筑系成立初期建筑思想的发展和苏联的影响

1952 年院系调整刚刚结束时，各项工作关系尚未完全理顺，教学体制也未曾完善，教学方面除部分借鉴苏联外，具体方法和内容基本延续了各任课教师原先的做法。受苏联影响，此时教学中学院式色彩比较明显。初步课程中大量采用了渲染表现练习。原圣约翰的二维、三维构成练习、意象画等由于部分教师存在争议以及学生准备材料困难等原因被取消。

而在设计课中，教学指导往往因人而异，不少教师都体现了现代建筑思想的影响[17]，从建筑内部的功能关系、基地周边的环境等实际情况出发，同时注重建筑内外的空间效果。

教师们对现代建筑的探求，更直接体现在他们的实践创作中。1953 年在国家的号召下，同济大学成立学校校舍建设处，建筑学毕业班学生在教师们的带领下，分组设计了华东地区多所院校的校舍，包括华东师范大学化学

楼（陈宗晖、冯纪忠），中央音乐学院华东分院校舍（黄毓麟，图41），华东水利学院工程馆（冯纪忠、王季卿，图43、图44），以及同济大学内多处校舍。这些建筑都是简洁大方而实用的现代建筑，体现了此时系中的主流设计思想。其中由黄毓麟主要设计、哈雄文合作参与并任工程负责人的文远楼（图42）很有特色，建筑在学院派建筑注重轴线、比例等基本特点上，同时具有包豪斯校舍的现代特征，展示了中国主流的深具学院派背景的建筑师探索现代建筑的重要特点。

除了校舍建设任务外，此时系中教师还进行了其他一些建筑的设计实践。其中冯纪忠设计、傅信祁参与合作的建成于1952年的武汉东湖客舍（图45、图46）很有特点。该建筑位于一个风景优美的半岛上，建筑师十分注重建筑和基地环境的融合。他们除了满足建筑使用功能的诸多要求之

图41　中央音乐学院华东分院琴房

图42　同济大学文远楼

图43　华东水利学院工程馆一

图44　华东水利学院工程馆二

图 45　武汉东湖客舍

图 46　武汉东湖客舍平面图

外,很好地处理了建筑内外部的丰富空间和景观,成功地将现代建筑的精致、灵巧与地方建筑亲切、朴素、自然的特点相结合，是现代建筑地方性探索的早期成功之作。

　　与该建筑同时期稍后的，冯纪忠的另一个设计作品——武汉同济医院（图 47、图 48），也是其现代建筑思想的代表作品。该设计没有采用医院建筑常见的"工"字形平面,而是根据功能和基地条件,采用"x"形平面,在照顾朝向的同时，合理地组织了流线，缩短了交通距离，使病人感觉便捷而舒适。在建筑形象方面，入口处采用层层挑出的实体墙面衬托"十字形"玻璃窗的手法，形象新颖，具有现代美学特征，令观者有耳目一新之感。

　　从以上 20 世纪 50 年代初期同济建筑系师生的大量作品可以看出此时系中现代建筑思想的盛行。在创作思想方面，大多数教师都自发地实践着现代主义的建筑理念。

图 47　武汉同济医院

图 48　武汉同济医院平面图

随着学苏运动在全国达到鼎盛之后，逐渐强烈的"民族形式"思想通过政治引导、刊物宣传等各种途径影响同济建筑系。1954 年，学校拟建中心教学大楼，组织建筑系教师进行设计方案竞赛。教师们自由组合成设计小组，合作设计提交方案共 21 个。经过初步评选后选出 15 个方案进行专家评比。教师们在不同建筑思想指导下设计出的作品形式多样，有的方案采用了民族形式和大屋顶，有的方案强调合理的平面使用功能并简洁处理立面形式，也有的方案采用比较活泼的民居形式以及不对称布局等。最后学校领导选定实施方案是中国复古样式建筑。该方案总体平面布局为三面围合式，中轴对称，与莫斯科大学教学楼（图 49）平面相似。建筑主体为高层，两翼单体稍低，各部分皆分别中轴对称、顶部覆盖宫殿式大屋顶，墙面装饰大量的彩画和传统图案。

建筑系中部分教师对校领导选择的这一方案有意见，认为其形式过于铺张；同时，他们对学校领导评选方案时虽挂民主之名却无民主之实、完全凭长官意志定结果的做法也很不满意，于是在 1955 年反浪费运动的潮流下，十几位教师联名上书周总理，以经济性为由请求停建尚未动工的大屋顶和部分装饰。周总理派工作组前来了解情况后，批准了停建请求。大屋顶停止建造后，建筑顶部改用了栏杆作为收头处理。（图 50）

图 49　苏联莫斯科大学主教学楼

图 50　同济大学中心大楼

2. 1956 年双百方针后建筑系现代建筑思想的发展

1956 年"百家争鸣、百花齐放"的双百方针实施后，建筑界的学术思想呈现出自由繁荣的局面。这一局面为现代建筑思想的进一步发展提供了良好的机会。

（1）"花瓶式"教学计划体系

建筑系中，冯纪忠继吴景祥之后担任了系主任，逐渐在教学中进行了一系列改革。针对以苏联教学模式下各类课程难度过高，相互结合不够，缺乏整体性等弊端，冯先生提出教学计划应贯彻"以建筑的课程设计为培养的主干"的原则，要求其他工程等各类课程与主干课衔接和配合。在此原则基础上，他进一步制定了"花瓶式"教学计划体系。

所谓"花瓶式"是指设计课程系列具有"收—放—收—放"形如"花瓶"的结构模式。在低年级时，要求学生先适当了解构成建筑的基本因素，此为第一次"收"；在此基础上，学生开始发挥其自由想象力，不受经济、结构等实际因素的过多约束，挖掘自身潜能，进行创造性设计，此为第一次"放"；放到一定程度后，教学中逐渐加入结构、物理、经济等课程，学生在设计时，必须受到这些因素的制约，此为第二次"收"；待学生们基本掌握这些要求之后，毕业设计时进入第二次"放"的阶段。这时学生对限制因素已经有所掌握，便可以在更高的层次上进行自由创作。从整个计划模式来看，两次"放"的过程是不同层次的飞跃，最终让学生在充分理解建筑学科基本规律的基础上进行建筑的创新探索。这种基于理性基础上的创新目的是与现代建筑思想相一致的。

"花瓶式"教育模式非常符合学生的思维培养发展规律，因势利导、循序渐进，十分科学。虽然这一教学计划很有特点，但是在1956年北京召开的教学讨论会上提出时却受到了其他一些学校的反对。相对"花瓶式"的想法，有些学校提出金字塔形（"△"）计划模式，有的学校提出倒三角形（"▽"）计划模式，各有不同。虽然冯纪忠在会上并未得到大家对"花瓶式"计划的认可，但是他仍坚持了这一模式的想法，之后在同济建筑系的教学实践中进行了积极的尝试，收到了良好的效果。

（2）初步课程中"组合画"的引入

同济建筑系除了教学计划的整体调整，此时的建筑初步课程也由于年轻教师罗维东（图51）的加入而呈现出新气象。罗维东曾在美国伊利诺伊理工学院就读于现代建筑大师密斯·凡·德·罗门下，是又一

图51　罗维东

位颇受现代主义思想影响的建筑师。他进入同济建筑系初步教研组后，在该课程中开创了具有构成特点的"组合画"练习。

罗维东的新探索很容易让人想起原圣约翰大学建筑系带有包豪斯特色的预备课程，两者对抽象美学和材质研究的核心目的是类似的，但是它们在具体训练内容和方式上存在着不同。罗维东的"组合画"练习并非要求学生直接用各种材质组成某种图案，而是让他们根据教师给出的几种物品材质，以素描方式在纸上表现出一定的构图。这或者是由于材料的数量有限，或者教师的本意就是通过这种方法进行视觉训练，因为用素描形式研究各种材质也是现代建筑基础教育的一种重要手段，包豪斯学校中也有类似的练习。

"组合画"课程的一些具体作业可以让我们对该训练方法有更加清晰的了解。例如有一个作业是这样的，"老师给学生布块和几件器皿等，要求学生用素描的形式将这些不同的材料自由组合成一个构图。有时先用素描作明暗，然后用水彩渲染。"[18] 赵秀恒老师对于作业有这样的回忆："他（罗维东先生）用了几个不同的图形，三个圆形，一个长方形，还有一个长条形，这些图形的色彩图纹都不一样，由学生自己在图面上构图，然后再渲染出来。这些图形都是抽象的，有点像抽象构图那样。后来这类课程中还加入了唱片封面或书籍封面设计等。"[19]

遗憾的是这一系列尝试并未持续很长时间，1958 年开始的教育革命终止了这项教学实验，罗维东也离开了学校前往香港。不过这段时期的探索已经为后来的教学实验探索和发展埋下了种子。

（3）现代建筑思想的兴盛及相关建筑作品

建筑系在比较自由的学术气氛中，除了教学方面出现了具有现代特色的新模式的探索之外，教师们的现代建筑思想也有相当发展。此时系中"学术活动"制度的建立为新建筑在师生中的进一步传播起到推波助澜的作用。

1956 年，由建筑系工会业务委员组织了定期的教师学术交流活动。之所以采用工会的名义，是为了确保教师们能够比较自由地进行交流。在这个活动中，不少教师介绍了现代主义运动中的著名建筑师及他们的思想和作品，使现代建筑思想得到广泛传播和讨论。教师介绍的内容十分丰富，例如罗维东介绍他的老师密斯·凡·德·罗的作品；曾在法国接受建筑教育的吴景祥介绍国际联盟竞赛经过等，深受系内师生的欢迎。这个活动甚至吸引了不少外校教师前来了解和参与。同时系中教师罗小未在组织教师进行英语学习时，采用牛津丛书《Modern Architecture》为教材，一方面帮助教师提高英语能力，另一方面也介绍了现代建筑思想和作品。

这些形式多样的学术交流活动使建筑系中的现代建筑思想不断发展。伴随着理论和思想的进一步提高，教师们又陆续推出了不少现代建筑探索作品。

■ 同济工会俱乐部

1956 年，同济工会俱乐部（图 52）开始进行设计，建筑系中多位教师参与这一项工程。该项目带有实验性质，教师们多方面多角度进行了创造性的探索。建筑由原圣约翰建筑系毕业生李德华、王吉螽主要设计，参加人员的还有毕业留系工作不久的年轻教师陈琬、童勤华、赵汉光、郑肖成等人。

工会俱乐部从总体至局部设计都作了周密的考虑。从总平面来看，建筑布局照顾了基地周边的各种条件，例如入口照顾主要人流方向，新建筑与周围建筑围合成积极室外空间等；而对于建筑内部设计，建筑师在"空间"处理上动足了脑筋。因为设计者认为："建筑空间是建筑物唯一以达到真正用途为目的的产物；它非但在使用上要达到功能合理的要求，而且是造成感觉上的趣味及心理与生活上的安适之重要因素"[20]。从这个角度出发，他们在设计中采用了自由的院落式布局，在建筑内部，他们通过屏风、隔墙、透空楼梯、顶棚、地面材质引导等手法营造丰富有趣的流动空间；在建筑外部，则采用院落中半隔墙、水池草木等方式，并通过设置大面积窗扇与室内休息空间相互交融流动。这些独特的处理方式使得建筑中大小空间无限连续，各种空间形式不断转换，整个建筑成为一件杰出的空间艺术作品。

这里还需要进一步强调的是，工会俱乐部设计中营造现代建筑的空间流动感，很多地方借鉴了中国传统的江南民居、园林的处理手法和景观特色。中国这些传统建筑和园林的处理手法与西方现代建筑的空间艺术在本质上有

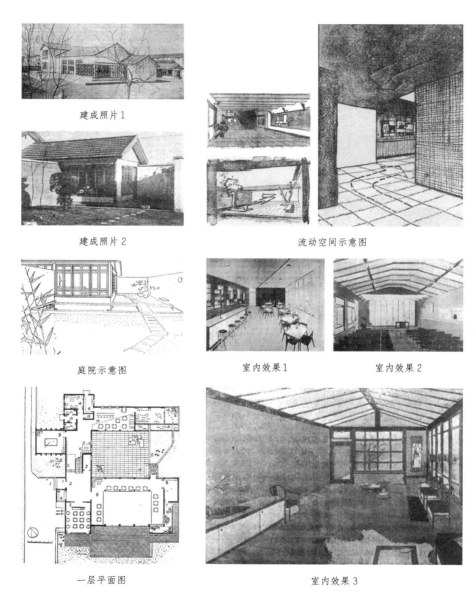

建成照片 1

建成照片 2

流动空间示意图

庭院示意图

室内效果 1

室内效果 2

一层平面图

室内效果 3

图 52　同济大学工会俱乐部

不少类似之处，同济建筑系的教师们将传统江南地方建筑特色和新的建筑技术及艺术充分融合，在中国的现代建筑发展道路上作出了独特的尝试。

工会俱乐部的建造在当时对于如何理解建筑的民族性这一问题作了很重要的补充，它说明了民族特点并非只能通过模仿传统的建筑样式取得，传统的建筑和园林的空间处理手法同样也是民族性的重要特征。不仅如此，由于这些处理手法非常符合现代人的生活要求和现代美学思想，因而是此时应该追求的更为本质的特征。

工会俱乐部是将民居特色与现代建筑结合的早期的成功尝试，它与同时期开始出现的其他一些结合民居特色的建筑相比，突出建筑的"空间"艺术特色是它的超前之处。

同济工会俱乐部建成之后，成为建筑系学生们理解建筑的重要实体参照。它后来长期作为初步教学中的测绘作业对象，对熏陶和培养学生们的建筑思想产生了积极作用。同时该建筑也吸引了部分外校师生前来参观，他们听说了这座建筑之后不少人专门前来了解"流动空间"，这使得现代建筑理念得到进一步传播和扩大。1957年德国建筑师访问同济建筑系时，工会俱乐部和文远楼得到了他们的一致好评。在我国当时盛行复古建筑风潮的情况下，他们都十分惊讶，感叹"没想到中国也有这样的建筑"[21]。

建筑系中其他教师分别参与了该建筑的室内地面、墙面、入口标志等各方面的设计工作，他们所设计的这些细部，也处处体现出简洁新颖的处理手法。但是在当时特殊的环境中，一些独具匠心的设计却遭到了有关人士在政治眼光审视下的疑义和批评。

教师郑肖成在教工俱乐部入口引导方向的实墙面上做了一个标志物，同时兼作夜间照明灯。标志物图面是两把泥刀横竖相交而成的一个具有抽象美学特点的简洁明快的构图。但是后来1957年左右中国建筑学会建筑师在参观该建筑时，严厉地批评了这个标志，认为它是资产阶级思想的反映，要求马上把它除去。教师们不得不按照他们的意图执行。之后1958年《建筑学报》登载文章介绍该建筑时，其中"编者按"在肯定作品吸收江南民居风格的同时，批判了其中的抽象美学的概念，认为这是片面追求形式的倾向。从这件事情可见当时的意识形态思想对建筑及艺术思想的束缚。因此，很多情况下，教师们都是顶着一定的压力进行新建筑和艺术的尝试，对此他们时常感到无奈。

■ 华沙英雄纪念碑设计国际竞赛

1956 年波兰举办华沙英雄纪念碑设计方案国际竞赛，邀请社会主义阵营的其他国家一同参与这项竞赛，新中国也在被邀请之列。这是我国第一次参加此类国际设计竞赛。同济建筑系的教师们得知这个消息后，十分热心地自发组队准备参加。其中，教师李德华、王吉螽、童勤华为主的合作组完成的设计作品提交给了波兰的竞赛组委会，荣获了二等奖的当时最高奖项（一等奖空缺，图 53）。另外吴景祥、戴复东、吴庐生合作方案获方案收买奖（图 54）。

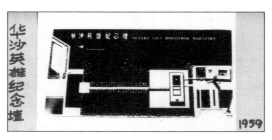

图 53　波兰华沙英雄纪念碑设计国际竞赛二等奖方案
（李德华、王吉螽、童勤华）

图 54　波兰华沙英雄纪念碑设计国际竞赛收买奖方案
（吴景祥、戴复东、吴庐生）

二等奖方案又是一个以空间取胜的作品，它大量通过空间艺术处理达到纪念目的。该方案规模较大，场地高低起伏，丰富而变化多端。设计人员受北京天坛空间序列的影响，有意识安排了一系列大大小小的空间，使参观者在行进过程中，逐渐脱离尘世的喧嚣，净化心灵，达到物我皆忘的精神世界。同时他们也利用空间营造独特的场所气氛震撼人的心灵，让人油然而生一种敬畏和纪念之情。通过这些手段，深刻地诠释了纪念建筑的精神作用。[21]

但遗憾的是，相关部门以提交方案未经过学会批准而私自参赛为由，对同济建筑系进行了批评。学会规定参加竞赛方案必须通过相关部门审查后统一提交。他们认为同济这些教师们没有组织性，质疑"犯了错怎么办？"这其实很矛盾，因为如果送交审查，具有创新特点的方案往往不会被通过并送出，这在后来几次类似竞赛中得到了印证。结果同济建筑系教师一直没有去波兰取回该奖项。

（4）学生对现代建筑的呼声

在教师们思想的影响下，同济建筑系的学生也深具现代建筑的理念。1956 年左右的自由争鸣时期，现代建筑和民族形式的争论仍然不断。国内建筑院系的学生既有人发出要求现代建筑的呼声，也有人坚守民族形式的言论，两方面的争论十分激烈。

1956 年第 6 期的《建筑学报》上刊登了清华大学学生撰写的《我们要现代建筑》一文，之后不久在第 9 期该杂志上，立刻便有西安建筑工程学院的三位学生撰写文章《对"我们要现代建筑"一文的意见》来反驳清华学生的看法，提出建筑要"在形式上表现出我国人民在伟大的毛泽东时代所具有的有异于过去的蓬勃热情、百倍信心和充满自豪的情感"。[22]

面对激烈的争论，同济建筑系的学生朱育琳又在《建筑学报》上撰文，针锋相对地对西安建筑工程学院建筑系的三位学生的看法提出驳斥意见。她在文章《对"对'我们要现代建筑'一文的意见"》中指出"建筑的形式是取决于建筑内容，而不是从哪一种'社会制度的美学观点'上幻想出来的，不该将世界上两种社会制度的对立引申为两种建筑的对立……民族形式本来就是由于地理环境生活习惯和物质条件的不同而产生的，只要忠于这些条件而创造，自然会带有民族色彩的"。她在文章的结尾还大声呼吁"我们要现实主义的现代建筑！"[23]

朱育琳的意见基本体现了同济建筑系中大多数学生的思想，这段时期同济建筑系的现代建筑思想发展整体都比较兴盛。

3."大跃进"运动中现代建筑思想的受挫

国家第一个五年计划顺利完成后，1958年起毛泽东同志认为应该打破常规，实现飞跃，提出了"鼓足干劲、力争上游、多快好省地建设社会主义"的总路线。从此全国掀起"大跃进"运动的浪潮。

伴随着"大跃进"运动，教育领域进行了一场巨大的革命。毛泽东同志不仅对此前采用的科层化、专门化、制度化的苏联模式感到不满，而且认为统一的苏联式教学计划太过繁文缛节、条条框框，学生负担过重，要求减少课程，并方便工农子女入学受教育。[24]于是将教育工作的方针制定为"教育为无产阶级政治服务，教育与生产劳动相结合"，强调政治挂帅和生产劳动改造等思想。

在这一新方针的指导下，全国各建筑院校的教学发生了翻天覆地的变化。原先制度化、正规化的教学模式被取消，取而代之的是生产劳动和结合实际项目的现场教学。课堂教学基本停止，师生们组成一个个小组，奔赴各地参与实际建设项目。

同济建筑系也遭遇了同样的命运，整个课堂和理论教学几乎完全停顿。不仅如此，由于此时对政治性的强调，不少教师还受到了意识形态方面的批判，认为其追求建筑人性化的倾向是宣扬资产阶级情调，偏离了劳动人民方向。系中一度活跃的现代建筑思想受到压制。

为迎接1959年建国十周年，政府决定在北京兴建人民大会堂等10个大型建设项目，不少建筑院校的师生参与了这些项目的方案竞赛。虽然参赛方案形式多样，但最后入选的方案几乎都是复古样式，其中甚至不乏曾在前面的"反浪费"运动中受到大肆批判的"大屋顶"。十大建筑的样板效应，再次在全国掀起复古浪潮。

同济大学建筑系的一些教师也参与了北京"十大建筑"的方案竞赛。该系所提交的人民大会堂的两个方案没有像其他学校那样采用古典折中形式。

其中一个方案（图55、图56）中心部位采用玻璃柱体，以玻璃的透明体现开放的民主思想，意识十分超前。同时新材料新技术的展现使建筑具有简洁新颖的现代特征，令人耳目一新。

图55　同济建筑系提交人民大会堂方案一透视图　　图56　同济建筑系提交人民大会堂方案一平面图

另一个由冯纪忠等教师所作方案（图57、图58）则注重与原故宫建筑组群整体布局的统一。为和周边环境及原有的天安门城楼照应，方案采用了中国古代建筑整体布局南北走向的特点，并在形象处理上与天安门城楼采用类似的手法。墙体分为下部的基座红墙和上部的透空柱廊，局部顶面安排具有坡顶意味的新型折板构件。整个建筑在充分尊重传统环境的基础上体现出自由轻盈的现代美学特征，同时又不乏传统建筑的隐约意味。

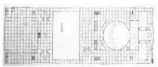

图57　同济建筑系提交人民大会堂方案二透视图　　图58　同济建筑系提交人民大会堂方案二平面图

同济建筑教师提交的方案十分新颖，但是它们所显示出的自由、近人气氛以及现代美学的特征与政府组织者所要求的宏伟壮观并具有震慑力的形态取向并不一致。在建筑要体现新中国伟大成就的政治要求下，这些方案都遭到了淘汰。最后选定的建设实施方案为具有超大尺度的简化西洋古典式样，局部表面带有中国传统装饰图案。

此时上海市也在准备建设自己的国庆工程建筑。同济建筑系除了参加北京的"十大建筑"竞赛之外，也参加了上海市方案设计竞赛。黄作燊带领部分学生和年轻教师组成设计小组接受了上海3000人歌剧院（图59）的设计任务。为此他们专门研究了世界上不少著名音乐厅的声学设计，在设计中很好地解决了如此大容量的歌剧厅的各项技术问题。该方案吸取过去剧院小包厢的形式，做成跌落式三层小挑台，解决了视线质量和大量座位之间的矛盾。同时为了减小上层观众厅的俯视角，提高观众观赏的视觉质量，该方案在挑台部分结构处理上创造性地采用了反向薄壳结构技术，从而使挑台构件非常薄，减少了视线遮挡[21]。

图59　上海3000人歌剧院设计模型（1959年）

该方案在专家评审时，在功能技术上受到了一致的好评。专家们认为它在观众厅的视角质量、水平控制角、俯视角等方面的质量甚至超过相同座位容量的国外一些剧院的设计水平；同时它在结构方面所采用的国际最新结构技术——悬索结构及装配式钢筋混凝土结构，也被认为比较超前。

继1950年代初期冯纪忠在武汉设计建造的东湖客舍在当地受到好评之后，1958年左右该地建设部门负责人邀请同济建筑系教师设计东湖的梅岭招待所（图60，图61）。建筑系教师李德华、王吉螽、吴庐生、戴复东、陈琬、傅信祁等人① 分别参与了先后几轮的设计工作。

① 　2004年12月笔者访谈李德华、王吉螽先生。

图 60 梅岭招待所一

图 61 梅岭招待所二

该建筑虽为准备招待党政最高领导人毛泽东同志而建造，但教师们的设计并未因此而强调其政治象征意义，而是倾向于采用类似于东湖客舍的质朴、亲切、带有地域特色的建筑形式。设计者使这一组建筑群依山就势，结合地形巧妙地组织空间，使每个房间都能领略到不同的室外湖景。同时建筑上精心采用了毛石、粉墙等普通的地方材料，室内外貌显得简洁、质朴、亲切大方，在现代建筑思想与中国传统地方性建筑结合方面又进行了一次很好的尝试。

随着经济调整工作中对基建规模的控制和缩减，建筑界的设计任务大量减少。同时经过前一阶段大量自行探索的建设工作后，建筑师们都感到此时很有必要进行总结和反思，于是在这一阶段兴起了对建筑理论广泛讨论的风气。

1959年5月18日至6月4日，建筑工程部和中国建筑学会在上海召开了《住宅标准及建筑艺术座谈会》，会议由建筑工程部部长刘秀峰主持。这次会议几乎集中了我国全部资深建筑师。[25] 大家就较为敏感的"建筑艺术"问题畅所欲言，展开了全面的讨论。国庆工程所具有的政治光环使得宽容和宽松的多元思想讨论局面延续到了这次会议。

会议中发言者的学术报告全面介绍近期国际建筑发展的概况。会上同济大学教师罗小未作了《资本主义国家建筑》的报告，葛如亮作了《苏联革命初期建筑理论上的争论》的报告，冯纪忠作了《介绍社会主义国家的建筑》的报告。在他们之后，汪坦、吴景祥和杨廷宝等教师对资本主义国家的建筑，金瓯卜和吴良镛对社会主义国家建筑分别作了补充。这些报告将国外现代建筑历史和蓬勃发展的现状向广大建筑师作了全景式的展现，开阔了大家的眼界。

值得关注的是，葛如亮介绍了苏联建国初期，先锋建筑和艺术思想兴盛的情况，打破了大家关于苏联建筑就是复古主义的片面印象，使建筑师们对于一直作为我国效仿对象的苏联在社会主义时期的建筑发展情况有了全面的了解。虽然葛如亮事后曾为这一报告受到有关领导的批评，思想意识比较保守的领导人员认为他"以偏概全"，但是该报告客观上对于解放建筑师们受意识形态钳制的设计思想产生了积极作用。对社会主义国家最新建筑情况的介绍让建筑师了解到此时这些国家已从斯大林的复古主义时代中走了出来，倾向于关注建筑技术及工业化、解决居民大量性住宅需求等问题。这些介绍为建筑界进一步走上现代建筑探索之路打下了一定的思想基础。

对于建筑设计思想的探讨一直没有中断，继1959年座谈会后相关问题的讨论仍在持续进行。1961年《建筑学报》第三期发表了题为《开展百家争鸣，繁荣建筑创作》的社论，全国各地也多次组织各种讨论会。虽然这些讨论仍然带有不少政治烙印，但已经一定程度上开放了大家的思想。随着对西方杂志的逐渐解禁，以及国内杂志上出现的不少社会主义国家建筑的新动向，现代建筑逐渐为越来越多的建筑师所认识。虽然国内杂志在对这些建筑介绍时，有时仍然会采用一些批判的口吻，但是产生的客观结果是大家逐渐越来越多地接受了现代建筑的理念。

4. 1960年代初现代建筑教育的再发展

急于求成的"大跃进"运动和之后全国普遍爆发的自然灾害，造成中国经济在1960年代初发生了严重的困难。政府不得不采取果断措施，实行了"调整、巩固、充实、提高"的国民经济调整方案，再次以稳步化、制度化的发展方式取代了先前急于求成的激进政治运动模式。

随着制度化的重新建立，各高校的教学也逐渐恢复了正常，建筑院系重新开始了正规院校教育。由于实践项目数量骤减，此时兴起了建筑理论探讨的风气。在此风气下，同济建筑系在教学理论方面又有了新发展。系主任冯纪忠在原来"花瓶式"教学模式的基础上，进而发展出"空间原理"教学理论。

"空间原理"全称为"建筑空间组合设计原理"，是建筑设计以空间组合为核心的思想在教学领域的实际运用。以往的设计课程大多将建筑按功能分为不同的类型，如住宅、医院、办公楼、学校等，逐个讲授设计原理，并进行设计练习。这种方法有不少弊端：一是建筑类型太多，学生无法在有限的几年时间内练习周全；二是为了将各种类型建筑的原理都教授给学生，理论课与设计课只能分开，各成体系进行教学，造成两者脱节的现象。

针对这些问题，冯纪忠先生试图以更为本质的"空间类型"代替传统的"功能类型"为标准将建筑进行分类，并重新组织课程。功能繁多的建筑在空间类型上有不少共性，由此分类数量减少，十分便于教学。新教学方法将建筑按空间组合方式分为四大类，分别是大空间、空间排比、空间顺序和多组空间组合。大空间是指建筑使用空间有一个大型主体空间和一些小型附属空间相结合的类型，如剧院等；空间排比是指标准空间形式的重复并置，如学校、办公楼等；空间顺序是指建筑具有变化的序列空间，如结合特殊工艺流程的厂房、展览建筑等；多组空间组合是一个建筑中兼有前面这几种类型空间，是在前面基础上的综合，例如综合性医院等。[26]

学生经过初期了解设计基础知识之后，逐步开始以上一系列空间类型的学习，理论课结合练习全面进行。其他技术等相关课程，则配合主干设计课的内容展开。例如大空间类型教学时，大跨结构、剧场声学等有关课程都要同时进行。整个教学体系在原有"花瓶式"模式基础上，形成了一个更为细致的有机整体。[17]

冯纪忠先生的"空间"概念，更好地诠释了现代建筑的本质。他以"空间"为线索的教学方法，进一步为现代建筑思想的发展奠定了基础。同时，由于抓住了空间组织这一建筑设计的核心问题，设计教学从以往靠"悟"性为主的经验方法转向了一条更加注重理性的发展道路。

对空间概念的关注不但体现在教学体系的组织之中，也直接反映在同济建筑系教师该阶段的设计作品中。1962年，古巴吉隆滩纪念建筑方案竞赛中，同济建筑系也组织了不少老师组成小组参与竞赛。其中，黄作燊、王吉螽等教师合作设计的作品，采用了与1956年波兰华沙纪念碑相类似的设计理念，通过对空间场所的营造来激发人的某种崇敬之情，达到纪念建筑的精神目的；而教师葛如亮等设计的螺旋形红旗的纪念碑方案，以螺旋形序列空间对进行于其中的人产生精神的纯化与冲击，使人产生崇敬感。这里，他们再次体现出对建筑空间精神功能的重视。

同年，由冯纪忠主持，教师刘仲、朱亚新、黄仁参与的杭州"花港观鱼"茶室的设计（图62），又是一个充分体现"空间"思想的重要作品。该设计采用了通透自由的布局，建筑上部覆盖一个民居形式的大而简朴的坡屋顶，成为作品最为突出的形态特点。冯纪忠先生设计该屋顶的深层意识原型在于他小时候的经历。他年幼时曾看到"叔叔结婚时在家中院里搭起宴请宾客的大草棚，草棚顶很大，檐口压得很低，具有很强烈的对土地的亲和感"。冯先生很为这种感觉所触动，感觉这种对土地的亲和性正是中国建筑及

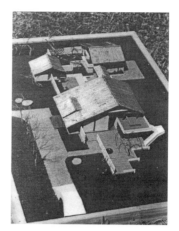

图62 "花港观鱼"茶室模型

空间的特点。他觉得中国人的精神、思想的特质是一种下沉式的，不是像西方那样拼命地向上去[14]；同时他认为从景观视线角度来说，看山要往上看，看水要往下看，茶室的景观主要是看水，高畅的层内空间、低沉的檐口会将人的视线向下引导投向前面的水面。这种视线的引导是空间对人精神作用的体现。

虽然20世纪60年代初期，现代建筑及教育思想得到发展，但是来自"国家"意识形态方面的压力不时对这一思想产生冲击。同济教师提交的古巴吉隆滩纪念碑方案也由于学校领导不理解而没有被选送。因此现代建筑思想的发展仍然受到很大阻碍。

不时爆发的政治运动更是对现代建筑思想产生极大冲击。1963年，冯纪忠先生的"花港观鱼"茶室设计初稿完成之时，适逢文艺界抓阶级斗争，冯纪忠先生的设计也受牵连，花港茶室被作为建筑界的，"早春二月"遭受批判，而随后1964年在全国建筑界开展的设计革命化运动中，一些人对冯纪忠的该作品以及他的空间原理进行了更为猛烈的抨击，同时花港茶室的设计也被完全做了改变。

"设计革命"运动之后不久，随着"左倾"政治思想的进一步上升，爆发了更为激进的"文化大革命"运动。在"文化大革命"运动直接影响下的第二次的"教育革命"运动，则将原来的正规化，体系化的院系高等教育再一次推翻，使得1960年代初期有所发展的现代建筑教育遭受挫折。"文化大

革命"运动使全国高等教育系统瘫痪。同济建筑系的教学中断了十年之久，直至 1970 年代末才逐渐恢复正常。

四、"文革"后建筑教育的恢复和现代建筑的再探索

"文化大革命"运动结束后，1977 年同济大学建筑系正式恢复招生，教学工作重新开始展开。教学恢复之初，建筑系就开始了富有创造性的尝试。

1. 初步课程中手工制作的恢复

教学的新尝试中，首先最突出的一点是初步课程重新引进了具有包豪斯特点的手工制作课程。此时负责初步课程的教师们是曾经在 1956 年左右接受了罗维东先生教育的学生，他们毕业留校后成为当时设计教学的核心力量。新一届的学生们在这些教师的指导下，自己动手用木头加工制作文具用品。他们根据专业绘图的要求，兼顾自己的特殊需要，进行发挥创造，制作出独具匠心的铅笔盒（图 63、图 64）。教师采用这种作业作为入门训练，培养学生对功能空间、形式关系之间的初步理解，从而为他们理解现代建筑以及进行现代建筑设计打下良好的基础。除了做文具用品之外，初步课程还安排了书籍封面设计、唱片套设计、海报设计等多种内容的训练，从实用视觉艺术角度为学生建立广阔的思维空间，从而展现了现代建筑广阔的内涵和外延。同时学生也通过实际操作，体会到现代建筑的特点，从而更好地掌握设计创作方法。

图 63　学生作业"台式文具盒"一
（王伯伟，1979 年）

图 64　学生作业"台式文具盒"二
（王伯伟，1979 年）

同济建筑系的这一独特的基础练习，与之前圣约翰的预备课程以及罗维东先生的预备课程一脉相承，这条线索的沿承关系体现了同济建筑系中现代建筑思想的延续。

2. 具有现代建筑思想的实践探索

现代建筑思想的发展不仅体现在教学方面，更直接体现在教师们的建筑作品之中。政治压力的消失，使不少教师被压抑已久的创作热情终于得到畅快的释放。教师葛如亮 20 世纪 70 年代末设计建造的习习山庄（图 65~ 图 67），吸取当地民居特点，充分运用了现代建筑的"流动空间"的特点。他同时期所设计建造的瑶琳仙境的"瑶圃"以及天台山石梁瀑布风景建筑（图 68、图 69），也都是贯彻现代建筑思想的杰出作品。

图 65　习习山庄（一）

图 66　习习山庄（二）

图 67　习习山庄（三）

图 68　天台山石梁瀑布风景建筑

图 69　瑶琳仙境"瑶圃"

冯纪忠先生之前在"花港观鱼"茶室设计中未能实现的建筑理念，也在后来的松江"方塔园"设计之中重新得以完成。松江"方塔园"从规划布置、环境设计，一直到单体设计都充分体现了他的"空间"思想——"隔而不绝，围而不合"，为游客营造多重空间感受。

他在"方塔园"建筑的材料和形式方面也创造性采用了多种处理手法。同样是营造极具空间威压和震撼力的坡形大屋顶的形式，在大门的处理中，他采用了新材料、新技术，屋顶由钢结构支撑，上铺中国传统江南民居常用的小青瓦（图70）；而在"何陋轩"茶室（图71、图72）设计中，他又采用了乡土材料竹子来做结构支持的节点，旧材料与新技术结合得非常有新意。从这些独特的处理手法中可以看出冯纪忠对材料和技术以及形式之间关系创造性的利用和把握能力。

图70　方塔园北门

图71　何陋轩（一）

五、结语

同济建筑系是一个兼具多方面特色，也有着深刻现代建筑思想渊源的院系。它从成立至早期发展的这一阶段，在全国复古主义思潮的强大压力下，走了一条追求现代建筑的独特的道路。教师们在建筑创作上追求具有中国传统"空间"特色的现代建筑，在教学上以"空间"和创新思想为基础发展出一套独具特色的系统教学方法，两个方面相辅相成。广大教师的努力，使同济建筑系在中国的一段特殊历史时期起到了传承和发展

图72　何陋轩（二）

现代建筑思想的重要作用。

应该看到的是，这一发展过程艰难而坎坷，国内国际政治形势风云突变以及建筑领域的各种思潮总是不断对它产生影响和冲击，但是建筑系的教师们总能顶住压力，坚持不懈地探索，锲而不舍。在此过程中他们最为可贵的是一种独立思考、执着追求的精神。这种精神正是知识分子独立人格的体现。而这一品质，作为知识分子的现代性特点之一，也是很值得当代建筑师们思考和借鉴的。

参考文献

[1] A.A. 福民苏联高等教育的改革——在京津高等学校院系调整座谈会上的讲话 [J]. 同济大学行政档案，1952.

[2] 之江大学编，《之江校刊》，胜利（1945 年）后第五期。

[3] 之江大学建筑系档案，1950 年。

[4] 朱亚新，谭门学子忆先师 // 同济大学建筑与城市规划学院 . 谭垣纪念文集 [M]. 北京：中国建筑工业出版社，2010.10.

[5] 同济大学建筑与城市规划学院 . 谭垣纪念文集 [M]. 北京：中国建筑工业出版社，2010.

[6] 陈从周、章明 . 上海近代建筑史稿 [M]. 上海：上海三联书店出版，1988.

[7] 罗小未、李德华 . 原圣约翰大学的建筑工程系 1942—1952[M]. 上海：时代建筑，2004.

[8] 侯丽、王宜兵 . 鲍立克在上海：近代大都市战后规划与重建 [M]. 上海：同济大学出版社，2016.

[9] 圣约翰大学建筑系 1949 年档案。

[10] 2000 年 4 月 19 日、2001 年访谈李德华先生记录。

[11] 阿瑟·艾夫兰 . 西方艺术教育史 [M]. 邢莉、常宁生 译 . 成都：四川人民出版社，2000.

[12] 2002 年访谈罗小未先生记录。

[13] 《同济大学志》编辑部 . 同济大学志（1907—2000）[M]. 上海：同济大学出版社，2002.

[14] 同济大学建筑与城市规划学院 . 建筑人生——冯纪忠访谈录 [M]. 上海：上海科技出版社，2003.

[15] 冯纪忠 . 建筑人生——冯纪忠访谈录 [M]. 东方出版社，2010.

[16] 李德华、董鉴泓，城市规划专业 45 年的足迹 [M] // 同济大学建筑与城市规划学院 . 四十五年精粹：同济大学城市规划专业纪念专集，北京：中国建筑工业出版社，1997.

[17] 2004 年 6 月 8 日访谈童勤华先生记录。

[18] 2004 年 8 月访谈贾瑞云老师记录。

[19] 2004 年 8 月访谈赵秀恒老师记录。

[20] 李德华、王吉螽 . 同济大学教工俱乐部 [J]. 同济大学学报，1958，1.

[21] 2000 年 7 月、2004 年 12 月访谈王吉螽先生记录。

[22] 王德千、张世政、巴世杰 . 对'我要现代建筑'一文意见 [J]. 建筑学报 .1958.9.

[23] 朱育琳 . 对"对'我们要现代建筑'一文的意见"[J]. 建筑学报 .1958.10.

[24] 杨东平 . 艰难的日出——中国现代教育的 20 世纪 [M]. 上海：文汇出版社，2003.

[25] 邹德侬 . 中国现代建筑史 [M]. 天津：天津科学技术出版社，2001.

[26] 同济大学建筑与城市规划学院编 . 建筑弦柱——冯纪忠论稿，上海：上海科技出版社，2003.

同济建筑教育思想及其渊源

传承与调适

——从包豪斯到上海圣约翰大学建筑系

近代中国早期建筑教育创始人大多接受的是西方学院式教育，因此中国近代建筑教育史上占主导地位的一直是学院式教学方法。与此主流方法有所不同，上海圣约翰大学建筑系较早采用了现代建筑教育体系。该建筑系于1942年由毕业于美国哈佛设计研究生院的黄作燊先生创办。黄作燊曾在伦敦建筑联盟学校（A.A. School of Architecture，London）学习，后追随现代主义大师——格罗皮乌斯至哈佛设计研究生院，深受他的现代主义建筑思想的影响。在黄作燊的组织下，圣约翰建筑系的建筑教育具有显著的现代特点，并体现出德国包豪斯学校的一些特征。

圣约翰建筑系的教学与格罗皮乌斯的建筑思想和教学方法的发展有着密切关系。格罗皮乌斯的思想和方法最初形成于他在德国主持的包豪斯学校。来到美国哈佛大学后，他根据新的社会环境，对其教学方法进行了一定的调整，因此哈佛建筑系的教学既体现了部分包豪斯的传统，又有针对新情况的新发展。受此影响，圣约翰大学建筑系的教学兼具包豪斯和哈佛大学的特点。同时，面对中国当时与西方的不同背景，圣约翰教学自身也有着适应特殊情况的新变化。本文试图从"包豪斯—哈佛大学—圣约翰大学"这一线索展开研究，考察起源于欧洲的现代建筑教育思想如何对圣约翰大学产生影响，以及受此影响下该校建筑教育呈现的特点，以期进一步充实扩展近现代东西方文化交流背景下中国建筑教育历史研究。

一、德国包豪斯学校

1. 包豪斯产生的背景

包豪斯学校的产生，是德国对实用美术教育改革以及手工业和工业相结合，以提高产品质量和竞争力要求的结果。

19 世纪初，随着工业化的发展，传统的手工作坊逐渐衰退，产品艺术质量也急剧下降，引起实用美术教育改革的需要。当时的工厂已经取代了手工艺作坊，过去技艺娴熟的工匠逐步被没有受过训练的工人也能够操作的机器所取代。传统的设计教育是工匠技艺训练中一个不可缺少的部分，在行会控制产品生产和工匠培养的时代，社会上有足够的训练有素的工匠。可是这时，中世纪的作坊师傅已经被企业家们所取代，这些企业家雇佣的是一些无需经过长期学徒生涯便可操作机械的无技艺工人。另外，随着老一辈手艺人（名匠）的绝迹，当时已没有了这一方面的补充人员。因此，尽管工业生产方式更为高效，可是它却不能提供工业产品所需要的设计人员 [2]，由此造成了工业产品艺术质量显著下降。

对此约翰·拉斯金率先开始批评英国的工业化方法，同时批判它缺乏人道主义，认为将工人沦落为机器的一部分，是反道德的。他希望通过社会改革和杜绝机器生产改变现状。他的理想是复兴中世纪作坊式的工作形式。受其影响，威廉·莫里斯实践了他的想法，并获得极大的成功。他创办了多个工坊，创作出大量的手工艺产品。在理论和实践的共同作用下，他们开创了"艺术与手工艺"运动。在此思潮下，英国成立了众多工匠行会。而这场运动由于存在着无法调和的矛盾，莫里斯最后转向了社会主义运动实践。

英国通过振兴手工艺来提供产品质量的做法给了欧洲大陆很大的启示，同时后者意识到振兴艺术产业关键需要发展合适的教育政策。1896 年，赫尔曼·穆特休斯作为文化间谍，前往英国考察成功的秘诀。他回来之后，建议普鲁士的手工艺学校开办工坊，改革实用艺术教育。由此，在传统学院教授纯美术之外，德国依靠综合性工艺学校以及工艺美术学校的建立来解决工业艺术教育问题。但是，工艺美术学校一直没有得到社会像对传统艺术学校一样的认可，艺术学院深信"只有它们自己才尊奉着终极的艺术价值"。[1] 因此要想在艺术教育上改革，就必须对精英主义的学院体系发起一场攻击。这就为欲将艺术家和劳作世界重新联系起来的包豪斯的成立打下了基础。

除了实用美术教育的改革之外，德国工业扩张尤其要求产品竞争力的增强，引起工业与手工业结合的强烈要求。德国自 1870 年统一后的 20 年，一直处在俾斯麦稳定的领导之下，它关心发展与扩张，由此德国的工业得到迅速发展。但是，德国的先天条件不如英、法等老牌资本主义国家，既无廉价的原材料和资源，又无现成的大路产品出口对象，只能用超等质量的产品来夺取世界市场。而这样的超等质量被认为"只能由一个具有艺术修养又能面向机器生产的人民经济地予以实现"[2]。因此，德国官方开始支持那种具有内在德国文化色彩的，新兴的艺术及手工艺复兴运动，并鼓励它们与工业的

图1 格罗皮乌斯

结合。在这样的氛围下，德国曾在1907年由艺术家、手工业者和企业家等共同组成"德意志制造联盟"，致力于改善手工艺创作，并紧密联系工业发展，对工业产品（包括建筑）进行新的探索。而在其基础上进一步对其继承和发展的组织是1919年格罗皮乌斯（图1）受命执掌的包豪斯学校。

包豪斯学校由魏玛的大公爵萨克森美术学校和大公爵萨克森艺术与手工艺学校合并而成。在旷日持久的有关纯美术和实用美术在教育界地位的争论中，格罗皮乌斯坚定地站在设计者和工匠的一边，号召包豪斯的成员"建立一个崭新的，工匠和艺术家互不相轻、亦无等级隔阂的行会"，他指出："手工艺和雕塑或绘画之间是没有隔阂的，它们都是建筑的组成部分"，"让我们一起创造未来的新建筑吧，让所有的事物都以同一种形式呈现，无论建筑、雕塑还是绘画"。

2. 格罗皮乌斯领导下的包豪斯学校教学思想及其渊源

包豪斯在不同的发展阶段呈现出不同的特点，其中格罗皮乌斯领导下的阶段在早期和后期各有侧重不同：早期主要强调手工艺和工匠的地位，具有表现主义倾向，倡导纯艺术理论课程和工艺实践课程相结合；后期1923年之后学校逐渐转向对工业化和新客观主义的兴趣，注重工艺设计和工业生产相协调。[3]

事实上上述两种思想在之前的德意志制造联盟中就一直存在，并长期处于争论之中，其突出反映就是以穆特休斯和凡·德·费尔德分别为代表的分

裂。凡·德·费尔德崇尚艺术家的自由精神，倡导对新形式的探索和个人主义精神，他的具有独特个性的如制造联盟剧场一类的建筑是这种倾向的代表。和他具有类似理念的还有布鲁诺·陶特、恩戴尔、奥尔布里希等。而与他理念相对的穆特休斯强调"工业化""类型化""标准化"，认为制造联盟是服务于工业和大规模生产高质量消费品的组织。在论战之中，贝伦斯和格罗皮乌斯也站在了凡·德·费尔德一边，提倡艺术家的自由创新。

第一次世界大战后于 1919 年由格罗皮乌斯担任校长的包豪斯学校持续了他在之前论战中所持的态度，而且一战的阴影也更加促使他转入表现主义和个人主义的阵营。一战是一场工业化的战争，肯尼斯·弗兰普顿评价这场战争"毁灭了一个进步工业国的一切期望及成就"[4]。在战后，艺术家们对于由工业化所代表的物质主义、国家主义、实用主义及艺术商业化的倾向表示强烈的憎恶，由此对其反叛的表现主义思潮强盛起来。表现主义强调表达个人动态而丰富的主观情感，和之前的新艺术运动一脉相承。成立初期的包豪斯学校具有一定的表现主义倾向，格罗皮乌斯设计的作品"三月死难者纪念碑"（图 2）便是这方面的代表。师生所共同创作的建筑索莫非住宅（Sommerfeld house）（图 3）也是一个集表现主义和赖特住宅特征为一体的建筑。

包豪斯学校的教学总体来说有以下一些特点：

（1）早期倡导纯艺术理论课程和工艺实践课程相结合

早期的包豪斯学校强调手工艺和集体化思想，其教学同时注重工艺实践，并将它和艺术理论教学结合起来。包豪斯的每一门工艺课程都由艺术家出生的"形式大师"和工匠出生的"作坊大师"共同带领学生进行探索和创作。为了彻底纠正长期历史传统业已形成的美术学院的优越地位，格罗皮乌斯明确反对学院习气，甚至在一段时间内不愿用"教授"这个他认为"散发着学院气息"的称呼，而改用"大师""学徒"和"熟练工人"等一类更接近于中世纪行会中的称呼，以抵制艺术教学脱离现实生活的现象。[1]

"形式大师"以抽象的视觉艺术分析实验训练学生的新型形式感，帮助学生形成自己独到的形式语言，主要教师都是当时欧洲一些先锋派画家，如伊顿（Johannes Itten）、施莱默（Oskar Schlemmer）、克利（Paul Klee）、康

图 2　格罗皮乌斯的作品"三月死难者纪念碑"　　图 3　索莫非住宅，柏林，1920/1921 年，

格罗皮乌斯和阿道夫·迈耶

定斯基（Wassily Kandinsky）等；而"作坊大师"主要是魏玛当地的各种作坊的主人，他们教会学生掌握一定材料的工艺制作方法和技巧。学生通过两方面的共同作用，可以将新型造型理论带入日常生活用品的形式创作，实现艺术的生活化和大众化。

（2）后期强调工艺设计与工业生产协同

后期的包豪斯学校越来越强调工艺设计与工业生产相协同。1923 年之后在频繁活动于包豪斯周边的凡·陶斯堡（Theo Van Doesberg）和风格派的影响下，并且由紧张的社会政治形势迫使，包豪斯逐渐脱离了浪漫化的表现主义和个人主义、手工业的倾向，逐渐走向严格和冷静的新客观主义（Neo-Sachlichkeit），更加注重实用性和平常性，以及和工业时代的结合。格罗皮乌斯在 1923 年的演说《艺术与技术，一种新的统一》中清楚地说明了这一点：如果说包豪斯早期的重点是要探索所有艺术门类共通的特性，并努力复兴手工艺技巧，那么它们现在则转为要教育出一代新型设计师，让他们有能力为机器制造的方法构思出产品来。[4]

格罗皮乌斯在 1923 年的文章《魏玛包豪斯的理论和组织》中，强调了工艺设计及工业生产协同的观点："手工艺教学意味着准备为批量生产而设计。从最简单和最不复杂的任务开始，他（包豪斯的学徒）逐步掌握更为复杂的问题，并学会用机器生产。"[1] 于是，为工业化生产提供实验性作品以及标准模具成为后期包豪斯的明确目标，更加体现了工艺设计与工业生产相协同的特点。

（3）独创的"预备课程"（Vorkurs）

包豪斯具有独创性和重大影响力的是它的"预备课程"（Vorkurs）。学生在进入各个工作室进行核心课程学习之前，都必须进行 6 个月的预备课程的学习。这门由约翰内斯·伊顿（图4）提议开设的课程，逐渐成为包豪斯训练课程的基础，使得该机构在艺术教育的历史上具有十分独特的个性，并由此对后来世界范围的艺术和建筑教育产生了重要影响。设置这类课程的目的是解放学生的创造力，培养他们对自然材料的理解能力，使他们熟悉视觉艺术中所有创造性活动都必须强调的基础材料。[1]伊顿让学生们操作各类质感、图形、颜色与色调，做平面和立体练习；要求用韵律线来分析优秀的艺术作品，试图让学生们把握作品精神与表现内容。这些练习，是通向独立自主的创作道路的准备工作。

图 4 约翰内斯·伊顿

3. 包豪斯的课程设置与教学方法

（1）主要课程内容

包豪斯的课程充分体现了纯艺术学校的理论课程与工艺学校的实践课程相结合的特点。教学内容同时包括以下两个方面：

第一是工艺方面，它包括诸如雕塑、木工、金属制品、陶器、染色玻璃、壁画和编织之类的作坊教学。

第二是关于诸形式问题方面的指导，第一类形式问题涉及观察、自然研究和材料分析；第二类形式问题包括画法几何学、构成方法、设计素描和建筑模型，致力于再现问题的研究；第三类形式问题是关于空间、色彩和设计方面的理论。[2]

（2）教学过程安排

包豪斯的教学过程在格罗皮乌斯阶段主要分成两个阶段。首先：是基础课的学徒阶段（Grundlehre）。在完成这类预备课程之后，学生进入某个作坊，进入核心课程工匠阶段（Hauptlehre）。虽然在后期德绍阶段格罗皮乌斯曾在训练计划中加入第三阶段——建筑课程阶段（Baulehre），但这一计划并未真正实现，而是直到格罗皮乌斯的后任梅耶的领导下才得以完成[6]。因此，格罗皮乌斯阶段教育仍主要为两个阶段。

首先是基础课的学徒阶段（Grundlehre）。这期间开设的"预备课程"，是学生入学后6个月试读期间的学习。该课程在1922年由现代技术倡导者拉兹洛·莫霍利—纳吉（László Moholy-Nagy）和约瑟夫·阿尔伯斯（Josef Albers）接替后，摒弃了伊顿的直觉训练，体现了更强的理性思维建构。包括三维物体模型，以及一系列直接运用各种不同材料如混凝土和其他现代材料等的实验活动。预备课程，组成了包豪斯训练课程的核心，使得该机构在艺术教育历史上具有十分独特的个性，并由此产生了很大的影响。

其次是核心课程工匠阶段。完成作为准备的"预备课程"之后，学生暂时被某个作坊所接纳，在那里他们主要倾向某一种工艺的学习和训练。在经过第二个6个月的考验期之后，合格的学生被接受为该作坊的学徒。三年期满后，该学生可以参加学徒升工匠的考试[2]。

4. 后期格罗皮乌斯和包豪斯的思想特点

后期包豪斯期间，主要是德绍时期，包豪斯的态度变得倾向于"客观"，与"新客观主义"发生了一些联系。所谓"客观"意指对产品设计所持的一种客观的、功能主义的及十分实在的态度。而"新客观运动"下的建筑专业则将重点着眼于平面布置的经济最优及精确计算采光、日照、热量得失及声学的方法。在格罗皮乌斯的德绍包豪斯校舍中，已经有了这方面的倾向，而在1928年他离开之后的包豪斯这种倾向更进一步占据了教学思想和方法的主要地位。

同时，包豪斯更加注重工业标准化的探讨。这一倾向在魏玛后期已经开始出现。格罗皮乌斯撰写的《住宅工业化》一书，对此有所阐明。他所出版的自己设计的"扩展住宅单元"原打算作为魏玛郊外建立的包豪斯住宅原型，但后来在德绍时期得到了较大的发展。最终这种系列住宅于1926年在德绍的包豪斯建成，成为教师们的住宅。

格罗皮乌斯于1928年离开包豪斯之后，进一步发展了其"新客观主义"

思想。在这一年的"总体剧场方案"中，格罗皮乌斯完全采用了"新客观"的手法，满足了剧场设计极其复杂的需要，提供了一个能够迅速变换成三种"古典"舞台形式中的任何一种的观众厅。他还设计了一个透明的观众厅的盒子，人们透过这个盒子，能容易地看到全部的基本结构。

同时，格罗皮乌斯更加致力于对低造价标准住宅体系问题的研究。除了他在 20 世纪 20 年代后期亲自督建的大量低造价住宅外，还在理论上关心住宅标准的改善及社区居民点中无等级体系的住宅街坊的发展。但是，发展低收入住宅体系必须要求广泛的福利国家体系，而这一体系却面临市场的崩溃无法维持。1929 年世界经济大萧条使德国再次陷入经济和政治混乱。随着1933 年德国纳粹党的夺权，新客观派中的人员纷纷离开本国。格罗皮乌斯于 1934 年匆忙移往英国，后于 1937 年又辗转去了美国。他的新客观思想在美国又有了进一步发展和变化。

二、包豪斯影响下的哈佛设计研究生院

1. 哈佛采纳现代建筑体系的背景

哈佛采纳现代建筑体系是在美国的现代建筑思想和方法大量兴起的情况下产生的，其最主要的促成因素一方面是美国的经济危机和"新政策"对现代方法的要求，另一方面是欧洲政治局势下大批现代建筑大师的移入。这两个因素共同促成了美国现代建筑创作和教育的大发展。

（1）美国的经济危机和罗斯福总统的"新政策"引起对现代建筑的呼声

美国的经济危机开始于 1927 年，美国是危机最严重的国家。1932 年新上任的总统罗斯福贯彻了他激进的政治与经济改革方案，在规划领域、住宅补贴等多方面进行了国家干涉，迅速改变了实施建筑规划的条件。通过这种方式，现代建筑运动的主旨更深入渗透到了美国的生活现实之中，远远比通过先锋派的论战和现代艺术博物馆的形式宣传更为直接 [5]。这些政策为大规模的开发建设提供了条件，进而产生了在单体计划的框架里将活动联系起来，以及将各个领域的专家汇集在一个团体里工作的需要。社会提出了新的问题，而面对这些问题，传统的方式几乎都无法解决，只有用现代运动的方式才能

解决，由此，对现代建筑的呼声越来越高。

同时，在解决这一问题的过程中，建筑师的角色也发生了转变。他们越来越不像是独立的技术人员，更像是其他技术人员工作之间的协调者。这一点也对格罗皮乌斯来美国后主要教学思想的转变起了重要作用。

（2）欧洲政治局势下大批现代建筑大师的移入将其思想直接与社会需要相衔接

1933 年，大批欧洲现代主义大师由于受到新上台的法西斯纳粹的迫害而纷纷移往美国，在美国正需要现代建筑的时候，极大促进了美国现代建筑的发展。同时，他们也将现代建筑的教育方法带入了美国，给了美国当时仍"以陶立克柱子的巨大渲染图开始的、以殖民地式体育馆和罗曼内斯克（罗马风）式摩天大楼的方案结束的"[5]典型的学院派课程以极大的冲击。

在这样的情况下，格罗皮乌斯于 1937 年来到哈佛大学设计研究生院，从事建筑教学活动，将修改后的包豪斯的教学方法介绍进入哈佛课程。

2. 哈佛设计研究生院建筑教学的特点

当格罗皮乌斯将包豪斯的方法介绍进入哈佛课程中时，他并没有打算在哈佛重建一个包豪斯，而是根据美国的实际情况，采用了一种全新的试验，针对美国最迫切的社会需要，将教学重点放在教会学生如何找到一个解决各种问题的方法。

（1）教学重点放在找到一个协调解决各方面问题的方法

面对美国呈现的诸多冲突的社会状况和多方面合作的要求，他强调教学重点放在如何通过研究协调解决多方面的问题，而不同于包豪斯阶段"为工业生产提供实践性典型作品，以达成手工业和工业联合"[6]的根本目标。

他指出："我的目的不是介绍一种从欧洲砍来的，干巴巴的'现代风格'，而是要介绍一种研究方法，可以让人们根据其特定的条件，解决一个问题。我要求一个年轻的建筑师，无论在什么环境中都能找到他的方法；我希望他能独立创造出超越技术、经济、社会条件的真实而诚实的形式，他会在此发现，自己不是把学到的公式强加于可能需要一种完全不同方法的环境里。……我希望让青年人认识到，如果他们运用我们时代取之不尽的现代产品，创造的方法也会用之不竭，鼓励这些年轻人找到他们自己的解决办法。"[7]他的目的是"培养具有洞察力和协调能力的建筑师"，强调"方法比知识更重要，训练应建立在团队合作的基础上。"

之所以产生这种变化，是因为"在包豪斯的日子里，他（格罗皮乌斯）的全部工作集中于钻研一种新的设计方法，以破除折中主义文化的矛盾"。在这一研究已获得理论方面基本成功之后，他于1928年离开包豪斯，"尝试将这一理论转变为现实，并努力与能够实现此转变的力量建立起更直接的联系。"但是1928年到1934年的6年经验证明同这些力量的联系要比想象的困难得多。这使得格罗皮乌斯认识到："建筑师必须面对每一个阶段的概念和实施相结合的问题，……必须对总的方案加以充分注意。因为忽视具体问题的任何一个方面，都会把缺陷带到结果中去，在实践阶段势必要付出代价。"[5]格罗皮乌斯在欧洲的这些经验，在美国更为复杂的情况下，得到了强化。"规模的巨大，经济发展节奏的紧迫，环境的变化以及在一个地方出现的诸多冲突因素表明，有必要保持极大的灵活性，以便控制如此复杂的现实，而且在任何时候都要记住组成因素的整体性。"[5]格罗皮乌斯的这段论述，充分地表明了他的观点。

（2）住宅设计思想从对最低限度标准单元的重视转向对住宅质量和综合性的重视

在美国阶段，格罗皮乌斯不同于他在欧洲时对最低限度标准单元的关注和探讨，而转向对住宅质量和综合性的重视。这个转变是由于欧洲和美国的不同背景所决定的。

在欧洲，格罗皮乌斯受新客观主义的影响，进行了大量低标准单元住宅的开发研究，这主要是针对欧洲的现实情况所采取的解决措施。格罗皮乌斯针对欧洲传统城市功能上的混乱，以其集中发展为出发点，目标是使其恢复秩序。他试图理性地功能分区，将建筑精确地置于城市的不同地段，居住功能被缩减到最低限度，与某种生活水准（所谓"最低生计"）相一致，使得住宅区由标准化单元重复组成。这种组织结构的千篇一律和不够完善的质量，设想由那些定为集体功能的公共建筑加以弥补，这样个人的生活可以通过社会关系的相互作用，重新找到其原有的完整性和复杂性。

　　而在美国情形完全不一样。自从出现汽车以来，分散居住在城市郊区的势头一直持续。与此同时，长途通讯的方法把以前出现在社区中心的消闲功能带进了人们的住宅，因此，住房的问题，主要发生在质量和更加综合性的问题上，而不强调统一性和低标准。因此，对于两条解决居住建筑问题的思路："合理分布多层单元的集中式建筑"和"预制不太集中的建筑"中，格罗皮乌斯觉得第二种更适于美国。于是他提出了"要把各种构件的标准化与整体的自由化协调起来"的观点[5]。

　　（3）进一步调整课程设置和内容

　　格罗皮乌斯是由哈佛设计研究生院的院长哈德纳特（Joseph Hudnut，图5）引介进入的，在格罗皮乌斯进入的时候，哈德纳特之前已经对研究生院的教学机构做了很大的调整。他将建筑系的课程分成了本科生的课程体系和研究生的课程体系，原先培养研究生的课大部分变成了本科生的课程，而研究生课程体系则变成了职业化的教学模式，即建筑设计工作室模式（master studio）。学生们从哈佛本科建筑系或其他受到认定的学校的建筑系毕业之后，参与哈佛大学建筑系开设的高级设计工作室并顺利完成其中要求的设计任务，即可得到哈佛大学建筑学的硕士学位。同时，哈德纳特在"哈佛学院"①开设了新的建筑科学系，将一些建筑学的通识类课程和基础课程放入了其中，包括建筑及艺术历史、艺术学、绘画、设计初步和概论等，重点在于让学生们在本科期间获得广泛的基础"人文类"（liberal arts）课程的教育。

　　此时的建筑硕士的培养充满着职业教育的成分，并且以模拟职前教育为目标。1937年格罗皮乌斯进入该校的时候，接管了这一课程。参加这个工作营的学生都由格罗皮乌斯个人挑选出来，第一组成员由来自于19个不同的建筑院校的学生共同组成。这件事也证明了格罗皮乌斯来到美国并通过媒体传播之后，获得了美国社会广泛关注。

　　他在课程中延续了对社会的关注。在他的第一节设计课中，就表明了其设计体系发展的方向。他布置的公共住房设计，由于受到每一单元住户每天都必须有至少两个小时日照时间以及需要良好的视线等严格条件的限制，一

---

① "哈佛学院"是当时哈佛大学培养本科生的学院统称，即为当时的本科生院。

排排长长的、拥有统一朝向的高层建筑成为了解决集群住宅的行列式住宅体系（Zeilenbau）（图6）的产物。

另一个可以证明"社会现实主导设计"（socially directed agenda）影响着新的现代主义教学体系的明显的迹象是"场地和遮蔽"（site and shelter）概念的出现。这门课程由M.瓦格纳（Martin Wagner）这位刚来美国不久的德国移民教授提出，课程目的是"对人类在规划、建筑、室外场所设计中的活动进

图5　哈德纳特

行研究，同时发现这些活动之间的相互关系。"[11]。他是由格罗皮乌斯介绍进入哈佛的，其研究聚焦于探明城市以及合理都市组团（rational urban organization）的最大密集度。他曾进行过"集群住宅合理形式"的探索，利用技术来生产"基本单元"（primary forms），在1940年，设计了一种预制构件居所，叫做MW房屋（图7），之后又采用自己设计的单元来组成住宅群落。他一直热衷于寻找一种形式不受传统约束，同时有望大批量生产的居住建筑。

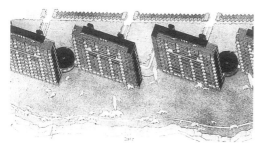

图6　行列式住宅体系（Zeilenbau）

图7　预制构件MW房屋

另外，现代主义课程体系在引导着哈佛设计教育改革的另一特征，就是历史课程的减少。而仅存的历史课程，也从之前作为设计基础的重要地位下降为通识课程。但历史对于哈德纳特来说仍具有特殊意义，并成为他后来与格罗皮乌斯产生矛盾的原因之一。

现代主义教育在哈佛扎根的另外一个关键事实是工作坊（workshop）形式

的成立。工作坊可以提供有关使用建筑材料进行工作研究生产制造建筑、景观相关构件过程的实际经验。这些在设计研究生院中开设的工作坊课程，目的作为本科生课程体系中工作室课程（studio）的补充，从而连接起研究生和本科生的课程体系。通过将材料和生产的方式呈现在学生面前，以及将手工技艺（在包豪斯被格罗皮乌斯视作基础训练的技艺）传授给学生等方式，让设计教学更加贴近真实的情况。对于木材、石材、玻璃的感官感受取代了传统的艺术和渲染绘画、模型和油画等课程，鼓励学生们开发各种材料在设计中的使用潜能。

哈佛大学的这些建筑教学思想和方法直接影响到了在其中学习的黄作燊，他受教于格罗皮乌斯和马歇尔·布劳耶，在1938—1941年期间接受了硕士阶段的教育，于1941年底回到中国上海，在圣约翰大学建筑系进行了新建筑教育的尝试。

三、上海圣约翰大学建筑系

1941年，黄作燊于哈佛大学毕业，回国后第二年开始在上海圣约翰大学内创立了建筑系。当时，中国建筑教育正处于学院式教学方法占主导地位的时期。专业学习通常是从"古典建筑五柱式"的渲染图开始，注重表现技法的训练，建筑设计强调平立面的构图和比例。而黄作燊创办的圣约翰大学建筑系采用了类似于包豪斯的基础课程，注重培养学生的创造力，启发学生对于时代发展的理解和把握能力，体现了现代主义的新特点。

1. 圣约翰大学建筑系概况

位于极司非而路（今万航渡路）的圣约翰大学（图8）是一所教会学校，在近代上海十分著名。1879年美国圣公会将培雅书院（Baird Hall）和度恩书院（Duane Hall）这两所监督会（又称"圣公会"）所设立的寄宿学校合并，成立圣约翰书院，1890年增设大学部，以后逐渐发展为圣约翰大学，是教会较早开办的一所高等学校。[8]

图 8　圣约翰大学怀施堂

　　圣约翰大学早在 1920 年代之前就已经开设了土木工程系。1942 年，黄作燊应当时工学院院长兼土木系主任杨宽麟邀请，在土木系高年级开设了建筑组，后来建筑组发展为独立的建筑系。

　　开始时，教员只有黄作燊一人，第一届的学生只有五个人，都是从土木系转来的。1945 年抗战胜利后，选读建筑的学生越来越多，也有更多的教师应黄作燊邀请，参与到教学工作中来。教师中有不少是犹太人、白俄、德国人、法国人等，包括有格罗皮乌斯在德国德绍时的设计事务所的同事鲍立克（Richard Paulick），还有英国人 A.J.Brandt，美籍华人李锦沛（Poy Gum Lee）、Chester Moy、留美回国的王大闳、还有程世抚、郑观宣、钟耀华、陆谦受、陈占祥、程及、机械工程师 Nelson 孙等。[①]

　　圣约翰大学培养了不少具有现代建筑思想的建筑师，如李德华、王吉螽、李滢、白德懋、张肇康、罗小未、樊书培、翁致祥等。其中的一位学生李滢，经黄作燊介绍，于 1946 年从圣约翰大学毕业后到美国留学，先后获得麻省理工学院和哈佛大学两校建筑硕士，并在 1946 年 10 月至 1951 年 1 月跟从阿尔瓦·阿尔托（Alvar Aalto）和布劳耶等大师实地工作。被她当年的外国同学们公认为"天才学生"[9]。

　　圣约翰的早期毕业生有不少留下作为该系的助教，协助黄作燊共同发展建筑教育事业。这与包豪斯的情况也有些类似。圣约翰的这支毕业生队伍为

---

①　2002 年 1 月访谈罗小未先生。

建筑系的发展作出了积极的贡献。

2. 圣约翰大学建筑系教学特点

圣约翰建筑系由于创办的时间不长，一直处于教学的探索之中，加之开始时教师和学生都不多，因此，教学内容十分灵活，每个学期，每个老师讲的课都在不停地变化，不做同样的事情。但是根本的教学思想和基本方法始终是一致的。这些思想和方法显示了不少包豪斯和哈佛的影响。

（1）继承了包豪斯的"预备课程"

圣约翰的建筑教育十分重视"预备课程"的训练。黄作燊开设的"建筑初步"课程，即是"预备课程"的再现。他让学生通过对不同材质的操作来体会形式和质感的本质。他曾布置过一个作业是让学生采用任何材料，在A4的图纸上表现"Pattern & Texture"。学生有的将带有裂纹的中药切片排列贴在纸上；有的将粉和胶水混合并在纸上绕成一个个卷涡形……[7]；该课程还布置过"噩梦""春天"这样的意象性题目 ①，让学生用各种方法自由表现这一主题。运用这些方法，教师们试图引导学生自己认识和操作材料，将学生们内心沉睡的创造性潜能解放出来。这也正是伊顿在包豪斯所独创的在艺术教育史上具有重要意义的教学方法。

课程中还开辟了垒砌砖墙等多种实践来让学生们理解"形式""图案""质感"力学原理等各方面因素的相关性。用垒砖的方式，试图一方面增强学生对于砖块这种材料的力学性能的把握，另一方面让学生领悟相伴材料堆砌过程而产生的形式（form）。助教们设计了各种垒墙的方式，学生们通过推力检验，了解哪一种方式垒成的墙体最结实，同时分析不同方式拼接砖缝及增设墙墩等方法对墙体稳定性的影响。学生在了解砖墙力学性能的同时，还在教师们的引导下，领会同时产生的形式和空间。墙体的弯折在增强了强度和稳定性的同时，产生了空间；不同垒墙的方式同时会形成墙面的图案（pattern）及产生某种质感（texture），这种质感和图案成为形式要素，又在观看者心中产生某种美学感受……[7] 这样一系列练习以材料为中心，将结构、构造和

---

① 2002 年 11 月访谈樊书培、华亦增先生。

形式美学等建筑的各方面知识结合成为有机整体，将现代建筑设计中一个关注点——"材料"通过简单直观的方法引入学生意识中。

通过这些方式，黄作燊将"预备课程"的训练原理和目的加以灵活运用，有针对性地培养学生对于建筑设计所需要的基础认识和感觉，为进一步的设计学习打下了基础。

（2）手工艺和工业化之间的调和

包豪斯时期存在着前后期不同特点的分别强调手工艺和工业化的倾向，以及与此相应的长期的争论，而圣约翰建筑系在这两方面并不存在矛盾与对立，而是兼顾二者的诉求。

圣约翰的课程训练中具有手工艺的训练，主要让学生通过动手操作各种材料，掌握材料的性能。如上文所述的"Pattern & Texture"的作业，便是这样的训练。1950年代初期，圣约翰毕业生李滢，从美国留学回来后在该系任助教时，曾和李德华共同开设了"工艺研习"（workshop）的课程，在其中引入了陶器制作，训练学生通过手、脑互动，体会通过塑性材料创作形体的感觉。为了让学生能够从事该类练习，助教们还自己设计制成了制作陶器所需要的脚踏工具转盘。

教师们还曾布置过"荒岛小屋"这样的设计作业，要求学生在与外界无法联系的情况下，于荒岛就地取材，用以设计。这就促使学生完全从仅有的材料出发，脱离一切既有样式的束缚，设计最具本源性的构筑，并在此间体悟建筑的本质。

（3）重点教会学生自己提出问题、解决问题的方法

黄作燊把设计的过程看成是一个不断发现问题，不断解决问题的过程，这一点与哈佛大学时受格罗皮乌斯的影响有关。格罗皮乌斯面对美国诸多冲突的社会状况和多方面合作的要求，重视研究如何协调解决多方面的问题。受格罗皮乌斯影响，黄作燊也将"问题"看成创作的线索，体现了严谨的理性主义态度。在教学中他往往引导学生自己独立思考，从问题开始、分析问题本身并逐渐解决问题，将"问题"作为设计入门的线索，使设计教学过程能够通过比较逻辑的方法展开。

与此相应，设计课的训练目的不是仅仅教会学生如何设计某一特定类型

的建筑，而是让学生在此过程中思考"什么是建筑""如何进行设计"等一系列更为根本的问题。例如，他曾布置过一个设计题目：周末别墅。学生在设计之前，要根据周末别墅的特点，考虑如何解决它所特有的问题，如：安全问题、设施问题等。又例如有一个题目是设计产科医院，黄作燊不仅请产科医生来给大家作有关医院内部如何运作的讲座，还让学生们去医院现场了解情况。学生们要向医生、护士作调查，并每人在一定的岗位上协助实习半天，回来后汇报交流。然后大家在充分了解医院运行方式的情况下，自己提出

图9 圣约翰建筑系教室内

设计要求，针对要求进行设计。[①] 这些都是培养学生如何从问题着手，做出合理设计的很好的方法。

（4）注重与社会的密切联系

黄作燊作为一个深受现代主义思想影响的人，"具有强烈的社会责任感"这一现代主义基本特征在他身上表现得很突出。他在1947年左右向英国文化委员会官员所作的题为"一个建筑师的培养"的演讲稿中写道："今天我们训练建筑师成为一个艺术家、一个建设者、一个社会力量的规划者……最重要的变化是重新定位建筑师和社会之间的关系。今天的建筑师不该将自己仅仅看作是和特权阶层相联系的艺术家，而应将自己看成改革者，其工作是为生活在其中的社会提供环境。"[10]

正因为具有现代主义的合理组织城市秩序的理想和责任感，他积极参与了1946年大上海都市计划的讨论和制定工作。这一思想也使他在后来1952年圣约翰建筑系并入同济大学建筑系时积极支持系中城市规划专业的单独设立。

他注重社会问题和社会力量的组织的思想也体现在圣约翰的建筑教学之中。圣约翰教学十分强调培养学生的社会责任感。黄作燊曾带领学生们参观

---

① 2002年1月访谈罗小未先生。

拥挤破旧的贫民窟，去体会社会下层生活的悲惨境遇，以此来触发他们对社会平等的追求并将这些思想反映在设计和规划之中。黄作燊在高年级设置了规划原理课程和大型住宅区规划的毕业设计内容。此外，他还倡导学生应有一些在政府部门工作的实践经历，以便更好地理解现代政府管理的具体情况，以助于设想建立合理的城市秩序。从这些措施中我们可以清楚地看到他对建筑师社会责任意识的重视。

（5）对于相关现代的全面理论课程的引入

与哈佛大学类似，圣约翰建筑系在初期并没有建筑历史课，而主要是有关于现代建筑的一系列理论讲座课程。建筑系在后期才逐渐引入了有关历史方面的课程。

为了更加迅速地引导学生入门，使他们建立正确的设计思想，并增强其综合理解能力，圣约翰的教学中设置了适应不同阶段的理论课。这一点是圣约翰教学并不相同于包豪斯和哈佛之处，具有自身的新发展。

一年级在"建筑初步"课程之外，黄作燊还开设了一门建筑概论课，讲述建筑的概念、建筑与生活、建筑与技术的关系等，让一无所知的学生对建筑有一个基本的认识，便于之后各种相关课程的展开。

二年级以后设立了建筑理论课，总称"Lectures"，由黄作燊以及他所邀请的客座教授共同讲授。课程除了主要介绍现代主义建筑大师的建筑思想之外，也有不少与现代精神相关的内容，例如文学、美术、音乐、戏剧等各个方面，大多和现代艺术相关，让学生对于现代主义运动有全面了解。甚至，为了让学生了解现代社会的科学和技术特征，有不少讲座是关于喷气式发动机、汽车等先进工业产品的原理。黄作燊安排这些课程，试图使学生更好地把握时代的变化和动向，从而更加理解现代建筑出现的整体社会背景。

四、结语与启示

作为圣约翰大学建筑系教学渊源的德国包豪斯学校具有复杂的社会和思想背景，它与艺术与手工业运动、新艺术运动、分离派等探索新建筑的思潮以及实用艺术教学改革都有着千丝万缕的联系。它的发展更是与之前在德意志制造联盟已经开始的关于艺术的自由创作和手工业与产品的工业化大生产的争论相伴随。在于这短短的十四年历程中，它经历了各种思想相互冲突碰撞、此起彼伏的不同阶段。

包豪斯学校的实验通过哈佛大学设计研究生院的中介，进而影响了中国上海的圣约翰大学建筑系的教学。包豪斯开创的"预备课程"以及注重手工艺和工业的思想，都由多重途径影响了圣约翰的教学。在教学和建筑实践中，圣约翰的师生体现出对手工艺和个人创造性培养的重视，他们同时也并不排斥工业化，在其理念中试图将个人独创性和工业化大生产相融合。始终贯彻于他们的教学和实践的是对于手工艺、个人创造力的各种探索。

从包豪斯学校到后来格罗皮乌斯所在的哈佛大学设计研究生院，既有某些理念的继承，也有特点的转变。格罗皮乌斯无法在美国建立一个包豪斯学校，美国的社会现实与德国的情况已完全不一样，他与院长哈德纳特先一致后冲突的关系反映了这种纷繁复杂的关系。他也一直没有能够完全建立起如包豪斯的预备课程。应对美国的环境，格罗皮乌斯更加注重以问题引导设计思考，注重团队合作（teamwork），这些思想都被黄作燊接受而引入到了后来圣约翰的建筑教学之中。

圣约翰的教学一方面显示了包豪斯和哈佛设计研究生院这二者的共同影响，也有黄作燊早年在伦敦 A.A. 学校学习的一些痕迹，另外更多的是根据当时中国情况的调整和发展。这个整体的过程十分丰富而复杂。圣约翰大学建筑系的教学，使得在当时中国建筑教育界"学院式"方法的主流局面中，有了另一种声音的出现。而它的一些思想和方法即使今天看来依然很有特色，对于思考我们的建筑教育如何发展仍具有一定的启示意义。

参考文献

[1] （英）弗兰克·惠特福德. 包豪斯 [M]. 林鹤译. 北京：生活·读书·新知三联书店，2001.

[2] （美）阿瑟·艾夫兰. 西方艺术教育史 [M]. 邢莉，常宁生译，成都：四川人民出版社，2000.

[3] Angelika Muthesius，English translator：Karen Willians，Bauhaus，Bauhaus—

Archiv Museum Fur Gestaltung.

[4] 肯尼思·弗兰姆普敦. 现代建筑，一部批判的历史 [M]. 张钦楠等译. 北京：生活、读书、新知三联书店，2004.

[5] （意）L·本奈沃洛. 西方现代建筑史 [M]. 邹德侬 巴竹师 高军 译. 天津：天津科学技术出版社，1996.

[6] Marty Bax, Translator: Kist Kllian, Bauhaus Lecture Notes, Architectura & National Press.

[7] K.Frampton, A.Latour, Notes on American's Architectural Education, Lotus International, 1980.

[8] 陈从周、章明. 上海近代建筑史稿 [M]. 上海：上海三联书店出版，1988.

[9] 赖德霖. 为了记忆的回忆 [M].// 杨永生. 建筑百家回忆录. 北京：中国建筑工业出版社，2000.

[10] H. Jorsen Huang, The Training an Architect, 1947 年左右.

[11] Alofsin A. The struggle for modernism: Architecture, landscape architecture, and city planning at Harvard[M]. WW Norton & Company, 2002.

（本文原载于《建筑百家杂识录》，知识产权出版社，中国水利水电出版社，2004.2，此次作了部分修改和补充）

1920 年代美国宾夕法尼亚大学建筑设计教育及其在中国的移植与转化
——以之江大学建筑系和谭垣设计教学为例

　　中国近代建筑教育体系和制度是留学西方学习建筑的留学生回国后创立的，这些留学生所留学国别和学校的建筑教学思想直接影响了中国早期建筑教育体系以及主体建筑设计师的设计思想。中国最为集中的留学生群体是1920 年代留学美国宾夕法尼亚大学的"庚款"留美学生，当时的宾大正是深受法国"布扎"体系影响的时期，它的教学方法和理念直接影响了中国早期建筑教学体系的创立。

　　中国近代建筑教育深受美国宾大的学院派体系，或称为"布扎"（Beaux-Arts）体系的影响。那么什么是"布扎"？它的基本特点是什么？宾大的设计教学又到底怎样，留学生如何将这一整套思想和方法引入中国并加以实践？本文试图对这些问题作具体剖析，并进而以近代中国的之江大学为例分析这些教学方法和思想如何对中国院校产生影响，阐述其在中国移植与转化的情况。

一、宾夕法尼亚大学建筑设计教学及哈伯森的《建筑设计学习》

　　对于宾大建筑设计教学的深入理解是我们认识中国早期建筑教育的重要起点。整体来看，宾大的"布扎"设计教学体系是在法国巴黎美术学院的基本教学思想和方法下，结合美国本土大学教育体制的特点，并应对美国社会的特殊要求进行调试和转化的结果。

　　中国留学生群体最为集中的是在 1920—1926 年，关于这段时期设计教学的具体内容和特点，一些当时执教的设计教师撰写了相关文章，对此作了非常详细的描述，让我们得以一窥其貌。约翰· F. 哈伯森（John F.Harbeson）编写的《建筑设计学习》（The Study of Architectural Design）[1]（图 1）便是其中最重要的一本。

64

哈伯森本人是宾大"布扎"教学核心人物保罗·克瑞的学生，在 1920 年代是宾大建筑系的设计教师、设计教学的主要人员之一。他所编写的这本书是他们所实施建筑教学的详细介绍和总结，从书中可以直接了解其教学的具体情况，对我们了解中国留学生所接受的设计教育起点具有重要意义。此书主要章节于1921年首次发表于《铅笔尖》杂志（Pencil Points），之后经过增补和修订，又于1926 年由铅笔尖出版社（The Pencil Points Press）正式出版。全书共分为 7 个部分。

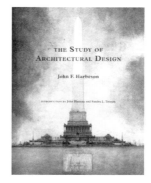

图 1　约翰·F. 哈伯森的书《建筑设计学习》(The Study of Architectural Design)

第一部分：对布扎设计的初步介绍，概述了布扎设计的方法及其与法国的渊源。

第二部分："分解构图或柱式问题"（The "Analytique" or Order Problem），是关于建筑学的基本知识与技能学习，包括：如何做构思草图（Taking the Esquisse），如何准备首次评图（Criticism）及建立设计工作时间表，古典柱式学习，历史文献的使用，设计图的图面排布，描绘正式设计稿，以及画渲染图的方法。

在这个阶段，学生需要设计一个建筑局部，如某个小型建筑的立面，或是某个建筑的入口或

图 2　分解构图和柱式作业

门廊等非独立的建筑片段，以此来熟悉古典建筑的要素（Elements，如墙体、入口、窗户、檐口、栏杆、门廊、拱廊等）和比例特点，并通过对一种柱式的具体运用来掌握基本的柱式构成（图 2）。这个阶段是整个宾大设计课程中用大比例尺度去研究细部问题的重要机会，包括对常见的线脚轮廓（Moulding profiles）、建筑装饰细节（Architectural ornament）等的设计。哈伯森非常强调该阶段学习的重要性，因为学生只有掌握了这些基础性的"要素"，才能在后期运用这些"要素"完成更为复杂的组构（Composition），而且到了后面的 B 级或 A 级阶段，学生也没有机会再去研究这些细部问题，因此它是

所有设计的基础。

对于"要素"的学习，哈伯森指出在初期阶段更多的是模仿，设计采用的细部尽可能来自参考书或者优秀的建筑作品，认为除非对古典（Classic）有充分的理解，否则不要试图去原创。

第三部分："B级平面问题"（The class B plan problem），是相对小型的整体建筑设计，往往以小学、小镇图书馆或类似小型公共建筑为主。与建筑"要素"的学习阶段不同，B级平面设计往往更为复杂，多是一系列房间或者其他平面单元的组合。它不像"要素"阶段那样主要是关于立面长和高的二维训练——此时的设计涉及到三维问题，不过立面和剖面往往会在平面问题基本解决之后才成为主要问题。此外，在这个阶段学生还需掌握尺寸和尺度（Size and Scale）、格局（Parti）、性格（Character）及格局（Parti）与立面的关系（character in the parti or scheme as well as in the treatment of facade），"马赛克"分析方法（studying by means of Mosaic），周边环境（Entourage），图面表达（Indication），以及渲染图等方面的问题。

无论是"要素"设计阶段，还是B级平面设计阶段，设计过程的要求都是类似的。设计首先要做一份草图（Esquisse，相当于英文中的Sketch），通常采用徒手画（Freehand drawing），要求学生在规定时间内，在没有任何参考资料的情况下独立完成（图3）。之后会进行第一次教师评图（the first criticism），主要解决草图的平面关系和大的比例问题。同时学生需要按题目要求提交一份工作时间表。之后他们会进入深化设计（study）阶段。草图过程中，学生需要提出整个设计的"格局"——"parti"，一旦确定后就不能更改，否则整个设计会被视为无效。对于"parti"的要求，在"B级平面问题"之后更为严格。"Parti"是从法国直接继承过来的词汇，即英文中"Scheme，Idea，Intention"。P. 克瑞对此作过很有意思的解释："Parti"就是党派，就像政治中的共和党和民主党。作为选民虽然并不知道最终谁会取胜，但你必须根据自己的推断选择一方。建筑设计中的"Parti"也类似，因为"Parti"的选择就意味着解决方法的选择，而方法的选择就是基本态度的明示，即相信这一方法能够令人满意地解决所有问题。这是P. 克瑞对"Parti"的解释，不过这个词的确切含义可能要追溯其词根及其引入建筑领域时的语境才能进一步了解。

哈伯森在书中强调对于"Parti"的选择很重要，它不但要能够解决建筑的功能、交通流线、整体比例关系等基本问题，还要对建筑所在环境、建筑类型等方面有所回应。他指出往往对"Parti"的选择直接决定了整个设计的成功与否。而对于学生的设计学习而言，很重要的是让他们学会如何在规定时间内快速准确地找到满足题意的"Parti"的方法。这需要他们掌握一些基本的平面构图技巧，积累相应的建筑设计知识，了解建筑的运作（如建筑物中的人流、交通流线），另外更重要的是要养成良好的设计思维习惯。

草图完成后的方案深化阶段（Study）中，学生需要对之前的"Parti"进行深入推敲，对方案的比例、构成、细部功能、流线等进行细化和完善。哈伯森指出这一过程可以通过研究类似案例来进行，这些案例包括当时建筑杂志中的作品和优秀的历史案例。学生可以借鉴它们的技术性细节（例如功能、尺度、平面布局及规范方面）、良好的比例和细部做法，如窗户、墙体、开口（Opening）等，在自己的设计中尝试运用。

在"Parti"选择以及方案深化过程中，很重要的一点是要关注建筑的性格（Character），以及在设计的平、立、剖面中，如何反映这种性格。事实上，P. 克瑞在做设计时非常关注不同项目所体现的不同性格特征，这对他来说是某种精神氛围的营造，代表着最高层面的追求，是一切设计所围绕的核心。哈伯森在书中叙述了什么是建筑的性格。他说虽然建筑服务于不同的目的，由不同的材料组成，由不同的人设计，但是我们总能感受到一类建筑物的相似之处，这就是建筑的性格。例如教堂应当有一种令人仰慕的氛围，居住建筑应当亲密无间，堡垒应当坚固等。性格涉及到很多方面：如风格或时代、尺寸和尺度（Size and Scale）、建筑材料等，不过最为重要的是它将用于什么样的用途——是纪念性的还是实用性的（Utilitarian）、家庭的还是公众的、宗教的还是世俗的等。

对于建筑的立面和室内来说，性格（Character）比较好理解，而对于建筑平面来说，哈伯森解释它们也有不同的性格：首先不同种类的建筑本身具有不同的平面特征，不同类型建筑的交通流线、基地特征也体现了不同的个

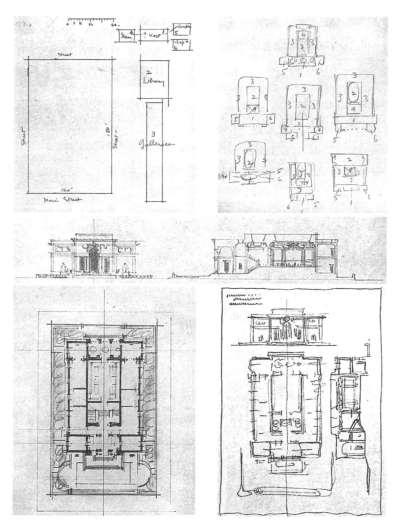

图3 小型艺术博物馆（A small memorial art library and museums）设计的草图设计

以上各图是哈伯森在书中所列举的一个 B 级草图的具体过程：首先根据题目的内容要求按正图比例的一半画出相应图解（左上图），其中一层的功能房间有：1（门厅）、5（馆长室）、6（值班室）、4（楼梯间），而对于 2（图书室）、3（展廊）按题目要求则可分两层。接下来是对各种设想方案的相互比较：先画出各种方案的初步图解（如右上图），然后深入比较各种方案（如左下图），此时还要设计基本的建筑平面、剖面（中图），如此，反复比较后选出相对最好的方案。不过哈伯森强调以上的过程主要用于展示，在实际的过程中由于时间关系，不用拘泥于过多细节，只要表达出其中的主题特征即可（如右下图）。

性。其次是习俗方面（Tradition），一些常用的房间因长期被人们所熟知有其固定的形状，如用于洗澡的公共空间非常容易让人联想起罗马帝国的浴场。再就是图面表达方式所造成的不同，如平面图中不同粗细的墙线代表了不同的特征（the Nature of Poché）：布扎图纸中墙线的粗细代表了房间不同的跨度，而同一位置墙线的繁简程度则反映了建筑的种类（如纪念性建筑会拥有繁复的墙线以代表柱子、壁龛、线脚等）。此外，不同性格的房间会用不同的"马赛克"图案表现（the indication of Mosaic）（图4），如用于工厂的房间有整齐排列的机器、用于办公的房间有均匀布置的书桌等。这些特征塑造了不同的建筑平面性格。

图4　某获奖作品的"马赛克"表现
图中交通被大面积留白，并与部分房间的马赛克图案形成的灰色、局部的黑色形成鲜明的对比。作者是20世纪初法国巴黎的学生，非常善于马赛克表现（Mosaic Indication）

　　设计中，学生需要随时关注比例（Proportion）和尺度（Scale）问题。在草图阶段，他们需要解决整体大的形态比例，而在深入设计阶段，则需要随时注意各设计部件的比例和尺度。尺寸、尺度、比例是布扎设计训练的重要内容，学生只有掌握了这方面内容，才能将各种不同建筑要素以恰当的尺度和比例组构（Composing）起来，使之既符合实际的使用又能达到一定的艺术效果。在这方面，学生除了需要掌握前一阶段常用建筑要素的尺寸外，还应熟知各种常用房间、局部立面、交通空间（Circulations）的尺寸（如门厅、通道、敞廊等）。如此学生在构思之时就有了一个相对的参照标准。如果题目要求做一个比较宽敞的大厅，那么学生会考虑到不仅尺寸需要放大，其尺度和比例处理也要相应跟着改变；而在遇到给定尺寸的立面时，他们也能准确判断出可以安排多少个母题（Motives）、拱券或是开口（Openings）。

　　哈伯森指出比例的学习非常困难，如何去更好地练习，他引用了加代（Julien Azaïs Guadet）的话："尽可能地去多画。比例在深化设计中占有绝对重要的地位；比例是所有艺术家所必备的首要感觉，对于它的训练只有通过长时间的绘画来练习。"而在绘画的过程中则要去感知、表达那些具有显著特征事物的比例，不断强化自己感知线脚形式、尺寸、比例的能力，并且在这一过程中不断吸收渲染和表达方面的经验。

在设计的图纸绘制方面，图面表达（Indication）、"马赛克"表现法（the Indication of Mosaic）、建筑配景（Entourage）是三个非常重要的部分，对于它们的正确运用将有助于突出设计中的"Parti"，并增加图面的趣味。

"马赛克"（Mosaic）在平面中表示地板、天花或是家具的线条和图案，事实上它也是一种构图因素，是对整个图面黑、白、灰色调的安排。在正图表达之前，平面和立面的马赛克可以用一定灰度的图块、线条来表现，以代表那些当前尚不需要仔细推敲的细节问题，目的是为了突出"Parti"的整体意图。而之后的"马赛克"表现则常常和剖碎（Poché）①、渲染等问题一起考虑，以达到整体更好的表达效果。如可以将交通空间留白，将房间填充相应的图案，或者反过来；也可将墙体留白，然后利用房间内的马赛克图案对平面进行表达。

建筑配景（Entourage）是对建筑与建筑、建筑与环境之间关系的一种图面表达方法，其中包含了平、立、剖面对周遭环境的图面处理。值得注意的是，环境表达并不仅仅是对建筑环境的图面表现，也应该是对建筑环境的设计和推敲，所以从设计之初就需要对其进行考虑。不过遗憾的是当时大多数学生都将这一过程推迟到了正图阶段，所以他们的建筑作品往往与基地关系不怎么协调。

图面表达（Indication）是指准确地传达出设计意图，在设计的不同阶段：草图、深化设计（Study）及正图中，其表达的重点是不一样的。草图中，图面主要用来表达主体构思（Scheme），其他的细节大都可以省略，绘图相对比较自由，不需要很精确。深化设计中，为节约时间，图面表达力求构思（Scheme）的逐渐深入和清晰化，因此常常凸显主要问题，而弱化不太重要的细节。例如推敲比例问题时，可以将各种开口（门窗等）实体轮廓

---

① "剖碎"是平面图中黑色墙体填充部分。

用线条加黑，一些细节只用色块表示，以此来突出比例关系。随着设计的深化，越来越多的细节得到考虑，已经确定部分可以用尺规画出，需进一步推敲的则继续以徒手示意，直至最终所有的细节都得到推敲和表达。在正图中，除非比例尺够大，否则对于一些装饰的细节也可以不用细致表达，仅仅示意即可。哈伯森指出图面表达在平面上比在立面上更重要，因为平面是一种惯例的表示方法，会直接对"Poché""Mosaic""Entourage"产生影响。

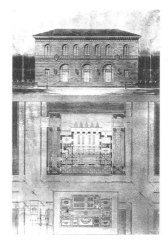

图5　宾大学生设计作业渲染图

在正图表达时，学生们可以采用水彩渲染（Color rendering）（图5）。之前他们已经在"分解构图或柱式问题"的单色渲染中掌握了平涂（Run washes）和明暗等方面的基本技巧。虽然单色渲染基本可以应付大多数问题，但是对于一些特定的图面表达和更为复杂的设计，水彩渲染往往有其独到之处，也是折中主义布扎时期的一大特色。哈伯森强调，无论是水彩渲染还是单色渲染，其根本目的并不是为了获得一个漂亮的图面，而是为了让图面更容易阅读和交流。不过这种观点在当时十分强调渲染和图面表达的时期，常常是不被重视的。

第四部分："考古项目及测绘图"（The Archeology Project and Measured Drawing），是教会学生如何去研究历史案例和现实建筑中所采用的建筑语言、格局（Parti）和组构（Composition）等方面的内容，更重要的是通过它可以同时训练渲染、图面表达的技巧。

考古项目能够表明具有某种特定的历史风格或某种特定主题建筑的特征，它实际上是布扎学生或建筑师研究历史建筑或现实案例的一种方式。学生在教师的指导下选择一个最能代表某历史时期特征的建筑案例或多个建筑案例局部的组合，再配以适当的细部图案进行构图，最终以渲染的方式呈现出来。

考古是学生们真正集中研究图书和绘画资料的最佳机会，在这一过程中学生不必大费周折地去寻找方案的"Parti"，而是可以全面关注建筑的风格

（Style），关注构图、渲染、表达方面的技巧，甚至还可以采用一些在设计作业中不太被允许的表达方式如透视、不透明的颜色（Opaque Colors）、石版画效果（Lithograph）等。另外，在这一过程中学生被允许去研究古典以外的风格，对此法国学生多以哥特和罗马风为主，而美国学生们则主要研究早期美国的一些建筑风格。考古项目最终的评判标准与设计题目大致相同：对于特定时期特征的把握；构图和表达。

此外哈伯森还强调建筑测绘（Measured Drawings）方面的训练，他认为只有通过实地测绘，学生才能够真正认识建筑的细部轮廓（Profiles）、装饰（Ornament）以及表面纹理（Surface texture）。它是让设计、创造变成真实效果（Execution），让图纸变为现实的最有效的手段。

第五部分："A级课程"（The class A problem），这是进一步更高层次的学习。之前第二至四的三个部分，是成为一名职业建筑师的基本训练。而从 B级进入 A 级远比从建筑要素分析进入 B 级阶段困难。学生进入此阶段，便从一个新手变成了老手（The ancien），即他在之前学习过程中所形成的一整套自己的设计方法以及相关知识已被得到了认可。所以，此时学生有一个重要任务，是对新生的设计提出批评和建议。

在该阶段学生需加倍努力，因为 A 级题目往往功能更复杂，规模更庞大，甚至连许多实践建筑师也很少有机会接触，例如大型博物馆、旅店、剧院或者大型别墅等。A 级阶段题目中某些就是全国布扎竞赛的题目，所以不仅学生，就连教师也得格外用心。

哈伯森强调此阶段最为重要的还是草图中对"Parti"的选择。由于问题复杂，所以解决办法也非常多样。学生要在短暂且无任何建议的情况下作出最正确的选择是相当困难的。而即使在"Parti"确定之后，在接下来深化方案的过程中也有多种不同的方法。对此，学生需要多加尝试，相互比较以获得最优的效果。除此之外，他们还要对建筑体量组构（Mass composition）、成组的平面（Group plan）布置、建筑的纪念性（Monumental conceptions）（题目多为官方建筑），以及一些更为实际的如结构等方面问题进行深入研究。总之，该阶段除了需要一定的设计、表达能力之外，对于学生之前所学的整个知识体系都有一定的要求。

第六部分："草图和竞赛问题"（The sketch problem and prize problems），是关于学生如何参加巴黎大奖（the Paris Prize）[1]的设计方法和要点，针对一般为期 3~6 周的初级和二级预赛项目。这既是对过去所学知识技能的高度综合，又有应对竞赛的特殊方法。

第七部分："总结"（Conclusion），内容包括工作中对透视图的应用，优良的心理素质，以及建筑学其他方面的一些背景知识等。

以上这几个部分是哈伯森描述的建筑设计教学从初级到高级各个阶段的过程，也就是"布扎方法"（the Beaux-Arts method）的具体内容。设计训练基本分为三个阶段，从初级到 B 级，再到 A 级，整个过程是一个有机整体，相互渗透和结合。

对照宾大实际的设计课程体系[2]，它与哈伯森所述设计学习过程相对应。根据 1920—1924 年的课表，四年的设计课基本分为 6 个级别，分别以Ⅰ~Ⅵ作为标识。（1924—1926 年合并为 4 个级别，以Ⅰ~Ⅳ表示，分别对应每一年级）

一年级的设计课主要涉及一些基本元素如柱式、墙、拱等。该课的设计内容与同期展开的基础课"建筑要素"（The elements of architecture）相结合。"建筑要素"课程主要以讲座形式介绍古典五柱式，以及附属和衍生形式及其他文艺复兴时期的建筑要素，同时辅以绘画和渲染的练习。在后一阶段也讲解有关建筑特征、墙面处理、拱，拱顶以及它们在建筑组构中的运用等。

二年级的设计Ⅱ级主要进行建筑组构（architecture composition）练习和渲染以及对"建筑画"所学知识的具体运用，设计Ⅲ级则进入到建筑部件和小型建筑基础设计中（Problems of elementary design of the small ensemble and the design of architectural motifs）；三年级的设计Ⅳ、Ⅴ级主要是建筑部件设计、建筑设计以及建筑装饰草图方面的学习；四年级的设计Ⅵ级主要是建筑的组构（composition），包括平面组构和室内组构，也有一天时间的平面草图训练（One-day sketch problems）。

一年级设计课基本对应哈伯森书中的第二部分，二、三年级设计课对应

---

① 类似于法国巴黎美术学院设置的"罗马大奖"，美国建筑院校设置了"巴黎大奖"（the Paris Prize），竞赛获胜者可以受资助前往巴黎学习。

② 参考宾夕法尼亚大学课程档案，宾夕法尼亚大学档案馆。

其第三、四部分，四年级设计课对应其第五部分。因此，哈伯森书中对设计教学的描述，基本展示了宾大整个设计教学的情况。

二、宾大"布扎"设计教学体系在中国的移植与转化——以之江大学建筑系为例

中国最大批留学美国学习建筑的人员多在 1920 年代的宾夕法尼亚大学，他们回国后，将宾大的设计教学体系及方法移植和引入了中国，在中国各个建筑院校进行了教学的尝试。本文试选取其中一所建筑院校——之江大学建筑系，对其教学情况进行剖析，以展示来自美国的"布扎"教学体系在中国传播和发展调适的具体情况。

1. 之江大学建筑系概况

1940 年成立于中国杭州的之江大学建筑系（1940—1952），是一所深受宾大教学体系影响的建筑院系。它所在的之江大学是一所历史悠久的教会大学，其源头可以上溯到 1845 年美国长老会在宁波设立的崇信义塾。1938年，在建筑师陈植的倡导下，开始在土木系中筹办建筑系。陈植曾在东北大学与梁思成、林徽因、童寯等共同任教，和他们同样是美国宾大留学生。他于 1931 年离开东北大学后来到上海与赵深组建了事务所，从事实践业务。1934 年他曾参与了上海沪江大学建筑科（1934—1945 年专科，两年制夜校）的筹建工作。1938 年，他和后来成为工学院院长的廖慰慈先生共同商议在土木工程系基础上筹建建筑系。1939 年聘请到了当时沪江大学建筑科主任王华彬兼任系主任。1940 年左右，建筑系在上海正式成立。

1941 年由于太平洋战争爆发，英美等国卷入战争，原来尚属安全的教会学校此时也无法自保，于是之江大学内迁云南，而建筑系由于人数不多，且考虑到师资问题，特许留在上海。在南京路慈淑大楼内完成学习。1945年抗战胜利后，之江大学迁回杭州，形成一、二年级在杭州上课，三、四年级在上海慈淑大楼上课的惯例，并一直到 1952 年全国院系调整之江大学并入上海同济大学之时。

曾在之江大学任教的主要教师如陈植、王华彬，以及谭垣（1946年来到系中）等都是美国宾大留学生。因此该系的基本教学思想深受宾大的影响。系中教师还有罗邦杰、黄家骅、汪定曾、吴景祥、颜文樑、张充江、陈从周以及毕业留校的助教吴一清、许保和、李正、黄毓麟、叶谋方等。

至1952年院系调整前，之江大学毕业了共一百余名学生，在沪杭地区建筑教育历史上发挥了重要作用。

2. 课程体系所受宾大的影响以及针对中国国情的调整

由于之江大学建筑系的主要建筑教师都具有美国宾大的建筑教育背景，主创者陈植又具有东北大学的办学经历，东北大学曾直接受宾大教学体制的影响，因此，1940年他创办的之江大学建筑系也同样带有宾大"布扎"体系的深刻烙印。

从之江大学1940年代末期的课程表可以看到它和1939年全国统一课程表高度一致。而1939年在重庆颁布的全国统一课程表是由东北大学建筑系主任梁思成、中央大学建筑系主任刘福泰和基泰工程司的关颂声共同制定，课表综合了梁思成受教的宾夕法尼亚大学建筑系的课程体系和刘福泰受教的美国俄勒冈大学建筑系的课程体系，以将部分技术和美术设为选修课的方式，提供了从重视美术到重视技术的多种选择可能性，成为了全国建筑设计教学的样板。[2] 其中具有大量美术课程的设置正是东北大学参考宾大的结果。之江大学课程与统一课程表非常相似，特别是美术课拥有较高比重，体现了其原型宾夕法尼亚大学的特征。之江美术类课程有：建筑画及建筑初则、徒手画（铅笔画）（上、下）、模型素描（木炭画）（上、下）、模型素描（二）、单色水彩、水彩画（一上、一下）、水彩画（二）、木刻、雕塑及土塑、人体写生等，可以看到宾大课程体系将建筑看成主要是艺术门类的特点。此外，统一课程中大量艺术史论课程如艺术史、装饰、壁画等课程也都被之江大学吸收，同样反映出对宾大－东北大学"布扎"式课程体系的延续和借鉴。

不过，之江大学的课程体系也对宾大课程体系有一定的补充和突破。表现在同样借鉴了来自于俄勒冈大学的众多技术课程，以及另设了音波学、房屋管理、工业建设、卫生设计等课程，反映当时面对实践情况所做的强化技术方面教学的调整。

从具体的设计课程来看，之江大学也有着某种程度的延续和调适。学生入门的"建筑画及建筑初则"，基本对应于宾大课程体系中的"建筑要素"（The elements of architecture）课程，介绍古典五柱式，学习墨色渲染技巧并用该方法描绘古典柱式。之后的"初级图案"课程，基本是哈伯森介绍的"分解构图或柱式问题"（The "Analytique" or Order Problem）。这门课程在之江大学教学档案中介绍如下：

本学程（初级图案，下）系七个星期之连续学程，一年级下半年开始，采取个别教授方式。学生在每一题目出后即在一定之时间内做徒手草图，先生根据学生每人不同草图，启发他们自己的思想，并修减、指导及讲解。且每次修正时先生绘一草图与学生，学生根据此草图绘正图案，待下次上课再修减。学生根据先生草图而绘就之图案。如此工作约有四星期之久，然后作最后表示图案，用墨色渲染。（吴一清）

设计题目标明专门为古典式之训练的题目分别为：1. 甲组：凯旋门；乙组：纪念馆；2. 甲组：休息厅；乙组：公园大门；3. 小住宅。[*]

[*]资料来源：之江大学建筑系教学档案，1950年

从对课程的介绍中，我们可以体会到哈伯森介绍的各种设计特点和术语的一些反映。比如学生必须在一定时间内做徒手草图，这个徒手草图，便是哈伯森所指"构思草图"（Esquisse）也即英语中"Sketch"的含义。这个草图具有一定的构图特征，便是"Parti"，Parti一旦确定，就不能更改，直至作为最后的评判标准。从这段描述中我们还可以发现，学生所做的徒手草图，先生会根据它们的不同特点进行一定的修改，并绘制草图给学生。学生根据草图发展概念，直至最后成图。成图必须与草图一致。否则将会不合格。这种对于"Parti"的坚持，贯穿在之后的系列设计作业中，是"布扎"教学的一个重要特点，后人曾对此多有质疑，P. 克瑞对此解释是认为这种带有一些"强迫式"的教学方法，意义在于提供一种"心智训练"（mental discipline），训练学生能够快速准确地解决问题，能迅速确定一条道路并且不断深化下去，而不至于花费大量时间寻找解决问题的新途径，以至于最后没有足够时间深入，有时会造成一个班级的学生方案趋同等。教师们认为确定"Parti"后引

导整个方案设计，可以保证班级学生解决问题的多样性。同时这种严苛的限制条件也可以让学生为以后实际工作中应付财务、技术等限制或是奇怪的甲方品味作准备。

前文档案中提到方案确定有四星期，那么方案表现留出了足足三个星期，要求是墨色渲染。可见其对绘图表现的重视，所用渲染表现的方法，也与哈伯森的叙述完全一致。设计题目主要为古典柱式之训练，也同样采用凯旋门、公园大门等一类小型训练题目。从这一设计作业成果（图6、图7）中我们可以看到它们对哈伯森叙述的设计方法的直接传承。

图6　之江建筑系学生组构渲染作业一　　　图7　之江建筑系学生组构渲染作业二

之后之江学生的设计题目同样采用从简单到复杂的序列，但是，与哈伯森叙述的方法相比，哈伯森比较强调纯正的古典训练，而之江大学的设计题目则更加趋向实用。这一方面宾大在1920年代后期教学中已有的部分调整，P. 克瑞自己在设计中也比较强调实用，另一方面也是之江大学面对上海的实践市场进行实用化调适的结果。二年级设计课要求学生做的三个设计分别是（1）古典形式及民族形式构图。（2）近代形式建筑物构图。（3）实用房屋设计。第（2）个作业中，要求学生"采用近代形式自由构图，不受古典之约束，以启发学生之创造能力"。第（3）个题目则更加不论风格，而"注重实际效果"[4]。从课程安排中可以看到从古典向实用化的过渡。最后的设计都是很实用的，而且样式可以采用现代的形式。这与哈伯森书中所提及的设计过程有一定区别。书中虽然也是从简单向复杂建筑的过渡，但后期的题目多是不大常见的大型建筑，往往就是"巴黎大奖"的设计竞赛题。因此建筑样式也大多采用比较富丽堂皇的复古样式，其类型甚至是不少实践建筑师都未曾真正遇到过的。由此可见，在作业设计过程中，之江大学的教师摆脱了以"大奖"为目标的复古繁华的建筑类型，转向面对社会需求的实用类型和同样受社会影响的现代样式，体现了宾大"布扎"设计方法在进入中国后进行的调适与转变。

图 8　之江建筑系作业一　　　图 9　之江建筑系作业二　　　图 10　之江建筑系作业三

从之江学生作业（图 8、图 9、图 10）可以看到在后期阶段实用建筑类型的引入，以及在图案表现中有关图面表达（Indication）、建筑内部的"马赛克"表现方法（the Indication of Mosaic）以及建筑配景（Entourage）等方法。具体表现在渲染图中，平面用深浅不同的部分强调功能空间和交通空间，在总平面图和立面图中用深暗的背景衬托突出建筑主题等。

除了设计课程的大纲能够体现宾大设计方法的影响外，教师在指导学生设计时的具体做法和强调的因素更能直接体现教学的核心思想。宾大设计教学中的一些核心理念，同样也是哈伯森在他的书中所提及的一些重要概念，更是直接通过在宾大受教育的留学生传承引入到他们的教学之中。这方面之江大学建筑系核心设计教师，宾大毕业生谭垣（图 11）的教学指导，深刻体现了宾大的"布扎"思想。

从哈伯森的书中，我们可以看到其对建筑的"性格""比例""尺度"等概念的强调，而这些词语，恰恰是谭垣平时指导学生时常常挂在口边的，这些从后期学生对他的回忆文章中可以清楚地看到。[3]

例如，谭垣十分强调对比例和尺度的掌握，为学生改图时总能很好地处理立面的"比例、尺度、虚实、韵律等关系"，而被学生们称为"谭立面"。而对于这些要素的强调，之江大学的课程大纲中也有清晰的体现。其建筑理论课包括"建筑物各组成部分结构及设计原则""艺术之原理""审美之方法"等与古典美学原理直接相关的内容。其"建筑图案论"课程大纲，包括"设计之统一性""主体的组合""反衬的元素""形

图 11　谭垣

式与主体的衬托""次级的原理""细节的比例""个性的表现""比例的尺度""平面的构图"等多种构图原理，[9] 对"布扎"体系中古典美学原则的传承非常详尽。

同时，谭垣指导设计时也十分强调对建筑"性格"的把握，吴良镛先生曾回忆："1942 年谭先生给全系做专题讲演①，题目叫做'建筑的性格（Character）'……他认为最重要的是建筑师要抓住每一建筑的性格……即根据不同设计对象的外部环境、文化内涵、功能特质，对建筑造型进行创造。在中大求学的刘光华也记得谭垣对于建筑"性格"的强调，谭垣满意他的小银行设计是因为使用了'巨大的古典柱子'，能使建筑让存款者放心……"谭垣教学中关于建筑'性格'的强调，与宾大设计课程中对'性格'的关注完全一致。而这一点，也是 P. 克瑞在设计中反复强调的，他一直将设计中带有精神层面的气氛营造看作建筑设计最高层次的追求。

此外，设计中谭垣在指导学生设计中，也非常关注对"轴线"（axis）的运用，这是布扎体系用来组织建筑秩序的关键要素。哈伯森的书中强调，有助于获得快速而准确的建筑构图的最好方法就是轴线。轴线的重要性在加代（Julien Guadet）主持下的巴黎美术学院的设计教学中已极为强调，是安排建筑布局的主要线索。它通过教师的实践指导和加代的著作《建筑要素与理论》一书一直在"布扎"体系中得到延续和发展，并融合在了建筑组构（composition）

① 谭垣 1946 年入之江大学执教之前，自 1932 年起一直在中央大学建筑系教授建筑设计，其基本设计思想和方法与后期一直基本一致。

的系列原则之中，这也是谭垣所受设计训练的重点之一。当然，这里的轴线已经不完全是对称轴线了，也包括不对称的主次轴线，用来引导整个建筑形体的组成和延伸。①

三、总结

总体来看，源自美国宾大的"布扎"设计课程体系在中国获得了全面的借鉴和引入。从之江大学的案例来考察，既有对其基本特点的传承：如课程体系、设计教学的基本组织模式，类似的设计和教学思想等，同时也有着应对中国实际情况的调适：如设计题目的更加实用化，去除了"巴黎大奖"的最终指挥棒，教学与学生毕业后的实际工作要求联系更紧密，设计样式上也更多了现代样式的影响等。这主要是由于教学目标的实用化，师生更多受社会对建筑思潮影响的结果。

不过，"布扎"体系的一些基本的核心原则，仍然在中国如之江大学一类的建筑院校中得到了延续，如对于建筑性格的关注；对于比例、尺度、均衡、韵律等构图要素的强调；对于轴线引导设计方法的运用，对于方案各阶段表达方式的重视，对艺术性的追求，以及作为一种训练方法所形成的精致严谨的态度等等。这都在中国的学院派"布扎"体系教学得到了深刻的传承，共同形成了中国建筑教育的强大传统，影响深远。

参考文献

[1] John F. Harbeson.*The Study of Architectural Design*, *with special reference to the program of the Beaux-Arts institute of design*[M]. The Pencil Points Press. 1926;W.W. Norton&Company, 2008.

[2] 钱锋、沈君承."移植、融合与转化：西方影响下中国早期建筑教育体系的创立"[J]. 时代建筑，2016. 4.

---

① 对于谭垣设计教学指导中对"布扎"设计方法的运用，卢永毅教授的文章"谭垣建筑设计教学思想及其渊源"中有非常详细的分析和介绍，参见卢永毅，谭垣建筑设计教学思想及其渊源 // 同济大学建筑与城市规划学院编，谭垣纪念文集 [M]. 北京：中国建筑工业出版社，2010, 10.

777

[3] 同济大学建筑与城市规划学院 . 谭垣纪念文集 [M]. 北京：中国建筑工业出版社，2010.10.

[4] 之江大学建筑系档案，1950 年 .

相关书目

[1] Joan Ockman. *Architecture school*：*three centuries of educating architects in North America*[M]. MIT press，2012.

[2] Arthur Clason Weatherhead. *The history of Collegiate Education in Architecture in the United States.* A Dissertation［M］. Columbia University，1941.

[3] Arthur Drexler. essays by Richard Chafee，Arthur Drexler，Neil Levine，David Van Zanten. *The Architecture of the École des beaux-arts*［M］. Martin Secker & Warburg Ltd. Reissue edition，October 1977.

[4] Robin Middleton. *The Beaux-Arts and nineteenth-century French architecture*［M］. Thames and Hudson，1984.

[5] 单踊 . 西方学院派建筑教育史研究 [M]. 南京：东南大学出版社，2012.10 .

（本文原载于《时代建筑》2019 年 3 月 ，原作者钱锋、王森民，此次由笔者略作修改和调整。）

冯纪忠先生在同济的建筑教学和设计探索

　　冯纪忠先生是同济建筑系早期历史中一位核心人物，他在建筑教学和设计方面的一系列探索为建筑系的发展打下了坚实的基础，并使其呈现出独特的面貌。对冯先生的研究已经有无数丰硕的成果[①]，但他思维的深度和广度、学贯中西的特质使得其始终具有继续研究的无穷领域。本文试图对其建筑教学和设计方面的特点作进一步探讨。

一、冯纪忠先生的早年经历

1. 求学经历

　　冯纪忠先生的诸多自述展现了他的主要经历。他 1915 年出生于河南省开封，早年曾居住在北京、上海等地。1934 年时入上海圣约翰大学学习土木工程，与贝聿铭是同班同学。1936 年时在驻德奥公使的姨父的影响下，赴欧洲留学。他先是在德国停留，此间认识了李承宽、陈伯齐等在柏林学习建筑的中国留学生。后来他听从姨母的建议至奥地利，进入了维也纳工业大学（Technische Hochschule）学习建筑。[1]

　　维也纳工业大学是奥匈帝国参照巴黎理工学院（Ecole Polytechnique）的模式建立的一所学校，非常注重技术和历史的基础，也注重设计教学，是现代主义思想的发源地之一。

　　Christopher Long 在论文《通往现代主义的又一途径：卡尔·克尼西和维

---

① 关于冯纪忠先生个人历史的研究成果集中在几套丛书中，一套是 2003 年同济大学建筑与城市规划学院编写的两本书《建筑人生——冯纪忠访谈录》和《建筑弦柱——冯纪忠论稿》，一套是 2010 年赵冰主编的"冯纪忠讲谈录"的三本书《建筑人生——冯纪忠自述》《与古为新——方塔园规划》和《意境与空间——论规划与设计》，另外还有一套是 2015 年赵冰、王明贤主编的冯纪忠研究系列三本书《冯纪忠百年诞辰纪念文集》《冯纪忠百年诞辰研究文集》和《与古为新之路：冯纪忠作品研究》（赵冰、冯叶、刘小虎著），这些著作为冯纪忠先生的系统研究奠定了基础。

图1 冯纪忠先生与 Böer schmann 教授在德国

图2 1937年冯纪忠先生在意大利

也纳工科大学建筑学教育（1890—1913）》[3]中介绍了当时学校教育的主要状况：当时在奥地利比较主要的建筑院校分别有维也纳艺术学院（Akademie der bildenden Künste）、维也纳工艺美专（Kunstgewerbeschule）和维也纳工业大学（Technische Hochschule）。在艺术学院，主要核心教师是奥托·瓦格纳（Otto Wagner）以及弗里德里希·奥曼（Friedrich Ohmann），他们都在探讨新的青年风格派的形式语言，新的构造技术和材料的应用。在美专由 J·霍夫曼（Josef Hoffmann）和一些分离派的代表人物向学生介绍最新的设计思潮。而工业大学则培养出了很多现代建筑者。包括有约瑟夫·弗兰克（Josef Frank）、弗里德里克·基斯勒（Frederick Kiesler）、理查德·诺伊特拉（Richard Neutra）和鲁道夫·辛德勒（Rudolf Schindler）等。第一次世界大战前几十年，卡尔·克尼西（Carl König）成为了工业大学的权威，并且形成了克尼西学派。

艺术学院的教学特点是两位教授轮流指导一个班级的独立工作室，常年针对一个题目，这使得学生们深染教师的特点。而工业大学学生要上各种课程，必须经过各门考核，并通过两次国家级大型考试，涵盖专业基础知识和专业化的各种课题。课程除通常的设计、设计原理、建筑画、徒手画、模型制作之外，还要学习高等数学、物理、地质、力学、测量、机械、土木工程、化学和构造施工，教师的面很广，学生的学习也很多样。

同时，工业大学核心教师卡尔·克尼西也逐渐形成了他的教学特色，并影响到广大学生。1890年代的时候，克尼西并非一位典型的现代主义者。当欧洲已经有了诸多新思想的探索时，他是青年风格派的一位坚定的反对者，他的典型作品使其成为历史性"类型建筑"的代言人之一，他给维也纳除新哥特、新古典、新文艺复兴等语言之外，还带来了一种新巴洛克的语言。他的作品不仅对巴洛克语言有充分掌握，而且以新的方式重组了一些素材。

1921年他就任学校校长时的演讲攻击了分离派设想创造一套新语言的企图，声称他们这是"空洞的狂想"，他坚信唯独经验赋予建筑形式以意义。所以他在教学上十分重视建筑史，课程的分量极重，但是他却并不把历史建筑仅仅看成一种样式而运用在新的创造中。他追随的是维奥莱·勒·迪克和戈特弗利森·森佩尔的精神，倡导对过去建筑的深入而科学的研究，认为建筑应该反映过去建筑材料真实性和空灵性的同时适合现代生活需要。他十分强调建筑的技术方面，即使是历史建筑，也常常研究其技术对形态的作用。他的很多练习题都"展示构造生成，而不是古典符号的运用"。

冯纪忠在他的回忆录中曾经提到讲课讲到柱式的时候，他们不是只学习其形式，老师会说明"工程和形式关联"的历史，例如多立克的柱式柱头下面有一圈横纹，这是因为要做下面柱子的竖向纹路的吊线，得先有一个颈部，从颈部挂下线来，然后再刻柱子的纹。[1] 老师们讲课时，也常常提到结构方面的美拉德、奈尔维和坎德拉薄壳。老师对构造和技术的关注，也深刻地影响了冯纪忠。

克尼西学派所坚持传授的对技术的把握，使得该校的学生们在1920年代至1930年代踏上了现代主义的探索道路。正如1932年克尼西的学生西格弗里德·苔斯所论述：在工业学校接受保守教育的所谓"巴洛克学生"已经开辟了他们通往现代主义的途径，而艺术学院大多数被灌输了现代风格的奥托·瓦格纳的学生，却正"探索回归传统之路"[3]。当时后者的很多学生都在作品中有复苏历史主义形式和思想的影子。而此时工业大学的教育却逐渐过渡到了现代主义。正是他们教学中发掘技术、结构逻辑、材料、空间等因素，使他们发生了这样的转化。

冯纪忠先生回忆他们在学校里时，老师们的教学已经深受现代主义思想的影响："当时各个方面不像现在这样消息灵通，但阿尔瓦·阿尔托在老师的口中已经是个人物了。柯布西耶、格罗皮乌斯就更不用说了。脑子里都是：谁是谁的学生……谁是奥托·瓦格纳的学生,这样的延续关系就不陌生。"[1]56

　　他们的教学中同时还十分强调城市规划,设计老师也会讲解规划的内容,规划和建筑是并不完全分开的。这也使得冯先生回国后一度从事城市规划工作,并且在教学中也一直担任规划课程的教师,后来也积极推进在建筑系中成立城市规划专业。

　　冯纪忠先生的学习包括绘画、雕塑、水彩、铅笔和炭笔画等内容,也需要做渲染图的练习。他当时 1937 年的一张渲染作业（图 3）现在收藏在同济大学建筑与城市规划学院院史馆里,内容是雅典

图 3　冯纪忠先生在维也纳工业大学学习时的渲染作业

的列雪格拉德音乐纪念亭。作品使用墨线绘制,长线部分用直尺,复杂曲线部分徒手,淡墨渲染,极其细腻精致。

　　硕士毕业之后,冯纪忠先生曾想继续攻读博士学位,赫雷是他的导师。赫雷给他出的博士论文题目是研究哈拉什河（Harrach）宫,一座巴洛克盛期的维也纳官邸。冯纪忠做了初步的测绘,翻译了一些相关文献,但是后来这座建筑在轰炸中被炮弹炸毁,他的论文没有做下去。但是测绘工作还是对他的思想产生一定影响,并反映在他后期的设计活动之中。

　　他曾经在克普斯基（Kupsky）的事务所中工作过一年,设计了一些厂房,也学到了一些基本的实践知识。后来他又在两家事务所中工作过,做了一些中学学校设计、变电厂、住宅、办公楼等项目。到了战争后期,当地频繁受到轰炸,局势也不太稳定。1945 年第二次世界大战结束后奥地利复国,1946年他就取道瑞士坐船回国。

2. 执教同济土木系

　　1947 年,冯纪忠先生被聘为同济大学兼职正教授,在土木系高年级讲授建筑构造、建筑历史、房屋设计、城市规划等课程,当时的学生有傅信祁等,后来傅信祁成为助教,协助他共同教授建筑方面的课程。1949 年冯纪

忠先生曾兼职担任交通大学土木系教授，讲授建筑构造和建筑设计。

同时，冯先生还在南京和上海的都市计划委员会工作，参加了这两个城市的部分规划工作。在南京做了"房屋调查""工业调查"以及"建筑法规"；在上海则从担任顾问，逐渐参与了后期大量发展的居住建筑项目，如曹阳新村的设计，在其中倡导用模型推进设计研究的方法。之后他又和程世抚讨论编著了《绿地研究报告》，提出了"有机疏散"的概念，提议将整个上海按功能分成区，当中用绿带分隔开，各部分有机地组织在一起。

1949—1950 年，冯纪忠先生在校长夏坚白的提议下，准备筹建建筑系，由于尚未找到更多合适的建筑方面的教授，他和金经昌先生准备先行筹建城市规划专业，于 1950 年从土木专业中选出了三十多个高年级的学生，成立了"市政规划组"，这是城市规划专业的雏形。

1952 年，全国高等院系调整，同济的医学院和法学院都被调出，基本就剩下了工学院。华东地区的其他几所院校的建筑系合并进入了同济，主要有圣约翰大学建筑系、之江大学建筑系，以及交通大学、复旦大学、上海工业专科学校部分教师以及浙江美术学院建筑组学生。于是，同济开始有了新的建筑系。

二、在同济建筑系教学方面的探索

在院系调整之后，冯纪忠先生一度在城市规划教研组，从事城市规划方面的教学。1955 年下半年他曾参加中国建筑师代表团去苏联访问，年底回来后宣布他为建筑系的系主任。1956 年初他正式担任建筑系主任，开始进行了一系列推动现代建筑教育的工作。

任系主任之后，他首先是和金经昌先生一起推动城市规划专业的正式筹建。在建筑系刚成立时，在苏联影响下同时设置了最接近城市规划专业的"都市计划与经营"专业，此时这个专业已经有了毕业生，他们准备正式成立该专业。1956 年冯纪忠先生前往北京参加全国建筑系的教学计划会，和黄家骅、王吉螽一起去争取能够得到批准成立这个专业。全国其他 7 个建筑院校大多不同意，认为不用成立专业，只需要在建筑系最后的四、五年级增加一些课程就可以了。但冯纪忠先生坚持要办专业，经过据理力争终于获得批准。当时城市规划教研组包括冯纪忠先生、金经昌先生，还有李德华、邓述平和董鉴泓共五位老师。

同时在参加1956年的全国建筑系的教学计划会时，冯纪忠先生和黄家骅、王吉螽共同讨论出一个"花瓶式计划"，也就是五年的教学有着"收—放—收—放"形如"花瓶"的结构模式。关于"花瓶计划"（具体内容参见前文）这是针对学生设计学习特点的整体计划，将自由想象和技术限定性的不同方面融合在一起，培养学生在理解建筑学科基本规律的基础上进行创新探索的能力。

虽然在教学计划会上他提出这个教学模式时受到了不同学校的反对意见，他们所提出的模式包括金字塔形和倒三角形等，大家意见不一，但是冯纪忠先生回来后在建筑系中推行了这一模式，进行了积极的尝试，获得了良好的效果。但是这个教学计划却使他后来在一些政治运动中遭受不公正的批判。

1958年时，全国开展"大跃进"运动，学校党委发动一些学生，批判建筑系"资产阶级教学思想"，要"破建筑系资产阶级顽固堡垒"，被称为第一次"火烧文远楼"。在此次运动中，建筑系被撤销，建筑学专业并入建筑工程系；城市规划专业并入另一个新成立的城市建设系，冯纪忠先生转入建筑工程系中，也由此脱离了一直进行的城市规划教学工作。之后直到1962年，建筑系才从建筑工程系中分出，重新独立，1963年城市规划专业也回归建筑系。

在1960年代初时，冯纪忠先生一度担任建工系副系主任，此时设计项目也不多，相对比较有闲暇时间，于是开始酝酿"建筑空间组合原理"。思考这个课程起源于冯先生在上海交通大学兼授的一门"建筑概念课"，这门课程需要讲一些有关历史、设计、规划等各方面的内容，他当时讲授这门课时参考了在奥地利学习时几乎人手一册的《给设计人的手册》（BAU ENTWURFSLEHRE）[1]，作者是诺伊费特（Ernst Neufert）。他曾经将这本书和

---

① 该书1936年德语初版的书名直接字面含义为《建筑设计》，1970年曾被译为英文版《Neufert: Architects' Data》，其改编版本一直至今，世界销量极大。

另一本奥地利学习带回的参考书《Das Grundriβ werk》在1940年代末期时介绍给同济土木系高年级的学生（图4）。

图4　冯纪忠先生带回国的德文专业书籍《BAU ENTWURFSLEHRE》[5]和《Das Grundrißwerk》,[6]是当时建筑设计教学的重要参考资料（学生1948年影印本）

《给设计人的手册》从图纸的规格讲起，介绍了画图的基本工具，之后极具特色的是描绘了人体尺度，并且结合黄金分割比来阐述（图5），比1948年勒·柯布西耶出版《模度》一书要早12年。在此基础上，手册展示了各种人体的使用空间尺寸，由此展开一系列建筑空间和构件的尺度描述，并介绍了保温、隔热、通风、照明的技术要求；以及门、窗、楼梯、电梯等构件；道路、花园和住宅功能要素。然后以各种建筑类型为线索，介绍了其基本尺度和功能组成特点（图6），并列举一些案例做说明。

《给设计人的手册》对冯纪忠先生影响最大的是其类型的思想。他认为其"共通的东西，这部分对我最有吸引力了，我觉得这个很重要：假使你讲一个具体的建筑类型，只讲一个类型，深入讲可以，对'建筑概念'来说，它不起作用，倒反而是这共通部分最起作用。这样，就考虑到有个大的分类，'大的分类，以什么为题，才能把整个联系起来，骨架搭接起来呢？'我想就是'空间'了"[1]。

空间思想对于冯纪忠先生来说并不陌生，通过吉迪恩的《空间、时间和建筑———一个新传统的成长》一书，他早已熟识了这一现代建筑的核心概念。而他认识到，如同"声学"和"室内声学"的区别，对于"空间"，从历史来源、思想上、哲理上来谈空间只是认识空间的问题，他更进一步地思考如

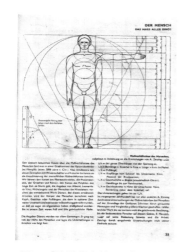

图 5 《给设计人的手册》（BAU ENTWURFSLEHRE）中介绍人体尺度和黄金分割比

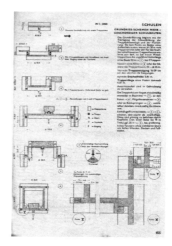

图 6 《给设计人的手册》（BAU ENTWURFSLEHRE）中介绍教学楼的几种平面布局形式

何"安排空间"，这样就跨入了设计方法论的领域。他抓住了 4 种"空间组合"问题，一个是大空间，一个是排比的空间（ABA 或 AAA 的节奏），还有流线型空间（ABC），以及综合空间，即几种空间并存，互相渗透和组合。这样，就将以前的按功能类型来讲解的方式，转变为以空间类型来讲解和进行设计练习，以避免前者方式的类型过多而无法在短短两三年的教学中穷尽的弊端，使教学可以方便覆盖各种空间的组合类型，达到全面训练的目的。那么，学生如果毕业进入实践阶段，即使碰到一个新的功能类型，他也能根据其空间特点将任务分解成不同的空间类型，运用空间组合的方法来灵活应对。

冯纪忠先生的空间原理的想法是与他的早期教育相关的。他当时的教育就已经达到了"不分这个工业、民用"的程度，各种项目都有训练，并不进行本质的区别。他在毕业后的事务所实践也是有工业、有民用。而在同济的教学中，由于受到苏联模式的影响，民用和工业的分界线十分清晰，教研组也是完全分开的，因此在各自上课的时候，会有一些空间类型重复讲解的情况。针对分类比较机械的状况，冯先生试图以"空间"模式打通各种不同的设计分类，以一种概括、简略的方式让学生掌握整个建筑设计的基本方法。

在实际教学中，他曾经和部分老师共同试验了两年多，并且写了部分"空间原理"的纲要，但还没有完全形成文章，曾经就此内容在年级给大家上过课。其中也有一部分内容后来由一些年轻教师如赵秀恒等参与讲解。吴庐生曾经记录过冯先生的课程讲解，并予以发表，来解释"空间原理"。[4]

1962 年的全国建筑学专业的会议上，冯纪忠先生展览了"空间原理"的讲解内容和相应的学生作业。在会议上不少学校对这一计划表示了一定的疑义，认为可能"打乱了以前的教学计划"，怀疑"是不是能概括得了整个建筑"，但也有个别老师，如天津大学的徐中老师表示了一定的认可。

1979 年他创办了风景园林专业，事实上之前 1959 年城市规划四年级中曾经分出七人成立园林规划专门化方向，成为风景园林专业的先声，1979年时正式创办此专业。1970 年代末他又曾赴安徽九华山提出历史遗产保护方面的建议。他还从西德邀请来了德国专家贝歇尔教授做短期教学，后者在"建筑初步"课程方面带来很多很有意思的题目（图 7），在结构、材料、构图方面都有积极的探索，很多同济当年的学生都清晰地记得这些课程练习，[6]为建筑系的现代建筑探索作出积极的尝试。

三、建筑创作实践方面的探索和特点

冯纪忠先生在同济时期完成了一批建筑作品，对他作品的分析可以透见他的设计特点。首先从整体上来看，他的作品具有注重功能和理性的特点。

当时同济的老师们完成了一批校舍作品，最早是冯纪忠先生于 1951 年开始设计的和平楼（图 8），其间正处于"三反五反"和"思想改造运动时期"，[5] 项目于 1953 年建成使用。

而 1953 年开始，上级指示建筑系的教师们正式成立了"同济大学建筑工程设

图 7　贝歇尔教授（Max Baecher）参与基础课程，指导作业"负荷构件设计"（1981 年）

计处"，以设计建造华东地区的一批校园建筑。其中第一设计室由哈雄文、黄毓麟负责，第二设计室由冯纪忠等负责，此外还有第三和第四设计室。[7]老师们和高年级建筑系学生一起，完成了大量校园建筑设计任务。其中包括同济文远楼（哈雄文、黄毓麟，图9）、理化馆（哈雄文、黄毓麟）、华东师范大学化学楼（冯纪忠、陈宗晖，图10）、华东水利学院工程馆（冯纪忠、王季卿、图11）等。

早期这批校园建筑作品都具有非常相似的平面布局特征，都是直交网格状自由轴线布局，这里的轴线更多的是建筑体量延展轴线，并呈现不对称的、按功能延伸的组合状态。

吴皎曾经在硕士论文《新中国成立初期同济校园建设实践中本土现代建筑的多元探索（1952—1965）》[8]中比较过部分校舍平面，并提及邓述平先生的文章中谈到"和平楼的平面就是我们这个文远楼的平面翻过来。文远楼在和平楼以后造的，文远楼的整个方案实际上是把和平楼翻了一个个儿"[10]。

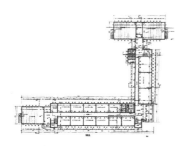

图8　同济大学和平楼一层平面图

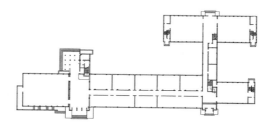

图9　同济大学文远楼一层平面

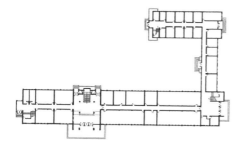

图10　华东师范大学化学馆一层平面图

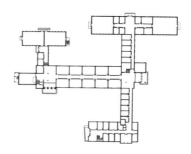

图11　华东水利学院工程馆一层平面

而文远楼、和平楼、华东师范大学化学馆以及华东水利学院工程馆等这些建筑确实有非常类似的布局方式，很可能这些老师们在同期设计这批作品的时候，曾经有过相互的影响，至少大家的设计理念都非常一致，在碰到基本比较规则的场地时，大多采用了直交体量，用走廊串起各个不同的小教室，并在端部安排较大的阶梯教室，体现了按功能灵活布局的特点。

而冯纪忠先生的一些作品在此基础上也有着和大多数老师比较强调直交体系的手法所截然不同的另一方面显著特点，就是他的多向性、旋转性、变动性的设计特征。这方面特点在几个作品中有极其鲜明的体现：包括东湖客舍、武汉医院，以及后期的松江方塔园，另外还有就是他在2000年左右未曾实施的方塔园博物馆和烹雪斋的设计方案。

他的1950年开始的东湖客舍方案（图12、图13）是他早期的代表作品之一，其功能主要是休养所，包含了住宅、会客、餐厅、厨房等空间。针对半岛上起伏的地形和现场的树木，他采用了一种自由伸展的多枝状布局，没有常见的正交或完美几何的形态，显得自由而活泼。他对此的解释是出于观看和借景的需要："去休养，何必要别人看你呢？是你看四面八方。所以最好人家不要太多看我。景点，主要是要看风景，是休养的意思。所以首先要管环境：基地的环境、视线的环境，使用也要考虑。"所以他的布局围绕着现场保留的树木，而且考虑到地形，将建筑布置成几个自由伸展的分枝，其中主要房间都有良好的视线景观朝向，相互错开，观看四面八方的景色，互不遮挡，形成十分动态有机的形体。

他指出整个建筑的平面和立面是同时操作的，屋脊也不是一个完整的四

图12　东湖客舍甲种休养所平面

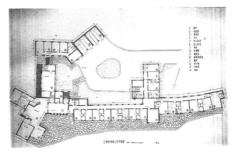

图13　东湖客舍乙种休养所平面

落水，而是这里变一下，那里变一下，这样就活泼了，就像苏州园林里许多半亭、亭和廊的接头有一些不同的穿插，这个穿插会很自然。他说这方面德国有两位建筑师很会设计，他也是吸收了他们的一些想法。卢永毅教授曾经提及这一点并指出了这方面很可能受黑林（Hugo Häring）和夏隆（Hans Scharoun）的影响[11]，他们的有机建筑的设计手法应该通过一系列途径，包括其学生，也是冯先生好友的李承宽为冯先生所熟悉。而事实上冯纪忠先生带回国的参考书《Das Grundriβ werk》中就有有机建筑的案例（图 14），说明他对于这类建筑手法应该是十分熟悉的。

图 14 《Das Grundriβ werk》一书中建筑案例：维也纳某乡村住宅，建筑师：Karl Holey，
作品带有有机建筑的特征

而与东湖客舍类似的多向性、旋转性、变动性特点也存在于之后不久的 1952 年的武汉同济医院（图 15）的项目中。在此，作品同样采用了非正交平面，而是出现了诸多斜向分枝，呈放射形。这一布局方式从意图上分析起来是出于功能和效率的考虑，强调"满足安静、清洁和交通便捷三个要求"，冯纪忠先生在《同济大学学报》的文章"武汉医院"介绍了他的基本思想。建筑体型一来受狭窄的基地限制，二来他希望医院内部的各个部门形成尽端，这样可以避免非必要的穿越，减少交叉。同时在尽量减少交通连接空间的情况下，他采用了放射形的平面布局，体现了功能主导的思想，而且在此基础上灵活布局，不拘泥于常见的直交体系，而是运用了多向伸展的方式，使得每个分枝都具有独立的空间，便捷的联系交通和良好而开阔的景观。

图 15　冯纪忠先生设计武汉同济医院
平面图

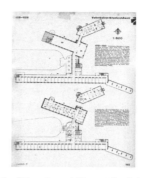

图 16　《Das Grundri β werk》书中帕米
欧肺病疗养院平面图

综观他的这两个作品，似乎和阿尔瓦·阿尔托的帕米欧肺病疗养院有着异曲同工之妙。而且冯纪忠先生的参考书《Das Grundri β werk》中也恰好有这座建筑的平面图（图 16），他应该对此非常熟识。帕米欧肺病疗养院同样采用了几个分枝的体量，在周边森林的环境中自由地布局，使得几个体量相互之间有着最为便捷简短的交通连接，各翼相互分开伸展，每一翼的主要病房都直接面向良好的景观展开，而整体形成了非常自由的布局。与其相似，东湖客舍为了主要房间都有面对景观的良好朝向，通用将多翼自由伸展，并结合坡状地形和树木形成独特形态。而同济医院出于类似交通便捷的考虑和各分枝独立的思想，形成放射状形态。由此可见，它们的设计思路和出发点都非常相似。

从功能主义思想发展而形成的有机建筑的特点确实在这些项目中都有一定的体现。不过不仅如此，他的自由、旋转、变动性的设计特点也应该受到了早期求学时深受的巴洛克思想的影响。王骏阳教授指导的徐文力的博士论文 [9] 也注意到了这一点。本文之前曾提及冯先生深受求学的维也纳工业大学的克尼西学派的影响，后者曾经为维也纳带来了新巴洛克的语言。不仅如此，维也纳这个城市本身就浸透了巴洛克特点的影响，而且维也纳工业大学的周边，也有不少巴洛克教堂和广场的存在，其特征也必定为冯纪忠所熟识。同时，他原来准备的博士课题研究就是一幢巴洛克建筑，他已经做了先期的测绘工作，只是后来由于该建筑被炸毁而没有继续下去。应该来说，巴洛克思想是渗透于他的深层意识之中的，并由《空间、时间、建筑》这本他所推崇的著作中对巴洛克空间的详细解读而被其理解与接纳。在同济时期，他也曾经和罗小未先生讨论过法国古典主义建筑中所接受的巴洛克的一些特征[①]，说明他对巴洛克建筑理解的深入。而这种巴洛克的思想和有机建筑的变动性和自由性是内在一致的，因而都被其所接受。

多向性、旋转性、变动性的设计特征在他后期 1980 年代的方塔园何陋轩的设计中再度明确体现。从何陋轩的平面图（图 17）来看，在纵横交错的草棚下，是三个天后宫台基平面[②]的旋转交接，冯先生以"变换的时间"为解释，以 30°、60°、90° 的角度将其固定下来。同时，周边也安排了低矮的弧形挡土墙，每个弧墙的中心点都不同，标高也不同，对此冯纪忠先生的解释是这样可以形成"时空转换"的特点：比如两片弧墙，东边一个，西边一个，太阳从东边到西边，弧墙就有不断的丰富的明暗光影变化，这样组成了一个不断变动的空间。他在设计中强调追求其"动感"，并且将之对比于巴塞罗那德国馆，认为其更显动态特征。并且以"意动"的概念去设想建筑的整体特征，包括其屋顶的屋脊和檐口的弧线，希望它们能够共同引起"意动"。

上文是他对于建筑意图和心理状态的描述。而他回忆录中提到了其意象的原型："这个我想，是巴洛克的味道。最初巴洛克是在意大利，有一个叫圣玛丽亚的四券教堂，是最早的巴洛克架势。这之前的房子，它的光是向内聚集的，到了巴洛克的时候，它就要向外了……圣玛丽亚教堂，一看就清楚，我想应该是波罗尼尼设计的。那时候是两个人，一个是波罗尼尼，一个是伯

图 17　何陋轩平面图

①　卢永毅教授访谈罗小未先生的文章中提到："我们谈到卢浮宫东翼，我说大家都说它是古典主义（classicism），冯先生当时没说什么。结果第二天一早啊，冯先生上班，下了车后不到同济校园，而是跑到同济新村我家里来了。他专门跟我说，其实这个古典主义（Classicism）已经带有巴洛克（Baroque）的意味了。他说在意大利是巴洛克，而法国的古典主义实际上已经接受了 Baroque 的一些东西。"参见卢永毅，同济外国建筑史教学的路程——访罗小未教授，时代建筑，2004/6。
②　冯纪忠先生在其回忆录用解释采用了三个天后宫的台基平面，而缪雪旸、朱晓明在论文"图解何陋轩"，时代建筑，2020.11 中指出三个台基的尺寸远不及天妃宫，但它们在交叉组合后的合计面积与天妃宫相当。

尼尼。它们还不能讲是'巴洛克的最开始',应该是'早期巴洛克'。米开朗琪罗被称为'巴洛克的父亲'——巴洛克还没生出来,他就已经有巴洛克的味道了,是他开始。到了这两个人,一个波罗尼尼,一个伯尼尼,才真正是巴洛克。巴洛克最早是到维也纳,在维也纳时达到鼎盛期。所以我对'空间'的想法啊,其实有点想到这个东西。"[2]

从冯纪忠先生自己的这段陈述,我们可以看到他对巴洛克的熟识,也能发现巴洛克对他设计思想的深刻影响。所以他的思想根源应该存在于此,并在其基础上加上了中国时空意象,对空灵的境界的追求,形成了他独特的设计观念,在中国现代建筑发展史上极具个性。

冯纪忠先生对于巴洛克手法的运用在他晚年 2001 年左右主持的未建方案松江方塔园博物馆(图18~图20)以及在何陋轩对面设计的烹雪斋茶室(图21、图22)中进一步得到了体现。徐文力在他的博士论文中也介绍了这两个建筑方案,作者提及了"借景"、森佩尔的建筑四要素之中心壁炉,以及冯先生所提的"对偶"的设计原则。而笔者认为,观察这两个方案,二者都带有典型的多向性、旋转性、变动性的特质,并暗含巴洛克的创作特征。

在博物馆建筑中,设计者采用了三个变圆心的弧线为其主要构图特征,结合下沉式的方形体量,在"意"上暗合"砚台"的韵味,显示其收藏砚台的特点,形成整体。外部在绿化之中也有着变圆心的多重弧线矮墙,与何陋轩的矮墙手法一致。而在烹雪斋茶室中,设计者采用了中心壁炉,周边变圆

图 18　松江方塔园博物
　　　　馆方案草图

图 19　松江方塔园博物馆方
　　　　案总平面图

图 20　松江方塔园博物馆方案
　　　　二层平面图

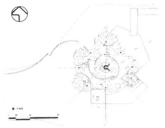

图 21 松江方塔园烹雪斋茶室 平面图

图 22 松江方塔园烹雪斋茶室剖面图

心弧线围绕的构图特征，外围以锯齿状形态向外发散，也具有高低错落的平台，体现了旋转和变动性，极具动感，其手法与何陋轩相互呼应。但是在材料上，其屋顶采用了向心的钢桁架，可能与北门的结构处理方式相一致，与何陋轩的竹制结构形成对比，于同一中追求变化。

十分遗憾的是由于各种原因，最后的这两座建筑都未能真正建造起来，但是从设计方案的手法之中，我们能够进一步体会到冯纪忠先生所深受的巴洛克精神的影响，而他自己则更多地将之与中国的意境空间联系起来，谈论"意动""精神的流动"，他的"论规划与设计"的访谈录也定为"意境与空间"的题目，这是他将中西方不同起源但有相通特质的空间理念融合表达的追求所在，也是理解他的设计理念和手法的重要立足点。

四、结语

冯纪忠先生的思想具有注重理性和科学的特点，其"花瓶式"教学和"建筑空间组合原理"是他在教学方面的深刻总结，这些模式以抽象的模式进行总结，合理安排整个设计教学体系，使学生能够循序渐进地掌握设计技能。他对于结构和技术也十分重视，在教学中曾积极推动技术与设计的结合，探讨由设计老师和构造老师共同指导学生设计的模式，因此科学理性思想是他最基本的思想。

与此同时，他也十分具有自由创新的理念，认为技术对设计有一定的约束作用，但更进一步的是在此基础上的畅想，他的"花瓶式"计划的最终是在两次收放基础上的"放",让学生能够做出具有独创性的作品。

由此对于理性和自由两种观念的对立统一是他的基本特点,也使得他为2001年于上海美术馆举办的同济学生设计作业展题名为"缜思畅想",同时强调科学理性精神和创作的自由性。而这种对于一组相对观念的同时兼顾,也是他的"对偶"思想的基本特征。

冯纪忠先生更是一位学贯中西的学者,他早年在维也纳工业大学的留学经历使得他深受现代建筑思想的影响,同时也使他浸润了巴洛克精神特质,他与德国留学生李承宽等的交往也使得他接受了有机建筑的设计理念。这些潜在的因素都沉淀在他的思想之中,并与中国传统文化中的"意境""意动"等观念有机渗透和融合,共同形成了他独特的思维方式,并反映在他的设计作品之中。他的作品不求宏大叙事,更多体现灵动的空间和场所精神,反映具有风骨的中国知识分子追求和崇尚的气韵,并真正具有某种根植民间的超然气质。他的一系列探索使其成为中国现代建筑道路上的一位极具个性的人物。

参考文献

[1] 冯纪忠.建筑人生——冯纪忠自述[M].上海:东方出版社,2010.3.
[2] 冯纪忠.与古为新——方塔园规划[M].上海:东方出版社,2010.3.
[3] 冯叶.通往现代主义的又一途径:卡尔·克尼西和维也纳工科大学建筑学教育(1890-1913)[M]//赵冰、王明贤.冯纪忠百年诞辰研究文集北京:中国建筑工业出版社,2015.5.
[4] 同济大学建筑与城市规划学院.建筑人生——冯纪忠访谈录[M].上海:上海科学技术出版社,2003.
[5] 徐甘、卢永毅、钱锋、王雨林.百年回响:包豪斯——同济设计基础教学的回望与对话[J].时代建筑,2019(6).
[6] 华霞虹、郑时龄.同济大学建筑设计院60年(1958-2018)[M].上海:同济大学出版社,2018.
[7] 吴皎.新中国成立初期同济校园建设实践中本土现代建筑的多元探索(1952-1965)[D].同济大学硕士学位论文,2018.5.(指导老师:华霞虹)
[8] 徐文力.冯纪忠建筑思想比较研究[D].同济大学博士学位论文,2017.12.(指导老师:王骏阳)

[9]　邓述平 . 怀念冯先生 [T]. 华中建筑，2010.3.

[10]　卢永毅 . 同济早期现代建筑教育探索 [T]. 时代建筑，2012.3.

[11]　缪雪旸，朱晓明 . 图解何陋轩 [J]. 时代建筑，2020.11.

相关书目

[1]　赵冰、王明贤 . 冯纪忠百年诞辰研究文集 [M]. 北京：中国建筑工业出版社，
　　　2015.5.

[2]　Ernst Neufert，BAU-ENTWURFSLEHRE，Berlin：Bauwelt-Verlag，1936.

[3]　Otto Völckers，Das Grundri β werk，Stuttgart：Julius Hoffmann Verlag Stuttgart，
　　　1941.

[4]　Edited and revised by Rudolf Herz.，Neufert：Architects' Data，Crosby Lockwood
　　　& Son Ltd.，1970.

[5]　同济大学建筑与城市规划学院 . 建筑弦柱——冯纪忠论稿 [M]. 上海：上海科学
　　　技术出版社，2003.

1920—1940 年代美国建筑教育史概述
——兼论其对中国留学生的影响

  1920—1940 年是中国近代留学生在美国建筑院校学习的主要时期，他们分布于从东海岸到中西部不同地区的院校中，最为集中的是东海岸的宾夕法尼亚大学，还包括一些学校如麻省理工学院、康奈尔大学、伊利诺伊大学、俄勒冈大学、密歇根大学、哈佛大学等。这些留学生回国后，在中国创办了数个建筑院校，将其所接受的美国教育体系移植转译到中国，建立起中国早期的建筑教育制度。中国当时的建筑院校在体系设立、教学方法和建筑思想等方面都受到了这些留学生所在学校的直接影响。因此，了解这一阶段美国各建筑院校的教学情况对于深入理解中国建筑教育的起点很有意义。

  对于 20 世纪 20 至 40 年代的美国建筑教育，以往我们将其主要理解为源自巴黎美术学院的"布扎"（Beaux-Arts）体系的盛行。由于中国留学生多集中在深受"布扎"体系影响的宾夕法尼亚大学，因此对其教育起点的理解也多建立在这种体系的基础上。事实上，美国当时各建筑院校的教学状况是十分丰富的，并非一种或两种体系的简单运作，而是不同体系和思想交织、多种方式并行。因此，这些教学体系通过留学生们引入中国的情况也十分复杂，并非某一种或两种体系的简单植入，而是有多重起点之后又有多样的融合和发展。

  本文试图在介绍 20 世纪 20 年代之前早期美国建筑教育背景的基础上，展开对其 1920—1940 年间建筑教育特点的阐述，并审视对中国有主要影响的几所建筑院校，对于这些影响中国建筑教育的源头体系初步建立起全景认识，为后续研究中进一步系统考察这些体系是如何多方位影响中国建筑教育的具体情况奠定基础。

一、1920 年代之前美国的建筑教育背景

美国大学建筑教育始于 19 世纪 60 年代。在此之前的，建筑技艺主要通过"学徒制"（Apprentice）的方式传递，当然也有托马斯·杰弗逊（Thomas Jefferson）这样通过阅读书籍和在欧洲旅游自学成才的设计者。[1]1860 年南北战争结束后，美国逐渐出现了"大学"（University）这种新型教学机构，转变了之前高等教育主要集中在"学院"（College）的状况。"学院"（College）是一类带有某些中世纪留传的宗教性质、强调古代希腊和罗马文本的研习、偏向"心智训练"（Mental Discipline）的教学机构。南北战争后，逐渐兴起的科学精神和国家资本主义的扩张促使美国知识分子想要开创一种在质量上能与欧洲同行抗衡的教育体系，同时希望新体系与欧洲体系有一定的区别。"大学"正是在这样的背景下出现的。与此相应，建筑院校及其教育体系也逐步开始建立。

当时欧洲主要存在两种建筑教育模式，一种是德国的综合理工学院（Polytechnical Schools），其源头可以追溯到法国大革命时期的综合理工学院(French Ecole Polytechnique)，这一教学体系建立在"科学"（Science）的基础上；另一种模式是以法国的美术学院（The French Ecole Des Beaux-Arts）为代表的学院派体系（或称为"布扎"体系），该体系建立在"纯艺术"（Fine arts，或译作"美术"）的基础上。这两种体系都是知识理性化的结果。对比之下，在英国——这个工业革命的发源地，整个 19 世纪建筑技艺的传授一直依靠"实习制"（Pupilage，也译作"学生期"[2]）的方式——学徒在事务所进行有偿或无偿的实习，另外再补充一些私人课程。因此，德国和法国的两种方式是欧洲早期比较体系化的教育模式。

此时的美国想创造出能抗衡欧洲却又与之有一定区别的教育体系，受此思想推动，逐渐形成了三种类型的"大学"（University）概念。[2] 第一种将

---

① 托马斯·杰弗逊（Thomas Jefferson）最著名的代表作品是设计了弗吉尼亚（Virginia）大学的校园和建筑，开创了美国古典主义建筑时期。

② 单踊在著作"西方学院派建筑教育史研究"中，将其翻译作"学生期"。参见参考文献 [1]。

高等教育看成为公共服务进行实践准备的机构；第二种强调科学研究，类似德国的工业技术大学（Technical University）；第三种旨在提高公众的品位和传播人文文化，比较接近"College"的性质。这些思想综合反映在美国后来的各所大学及其院系之中。

1860年之后，美国陆续出现大学建筑教育，如1860年的麻省理工学院（简称M.I.T）[1]。1868年的伊利诺伊（Illinois）大学、1871年的康奈尔（Cornell）大学、1873年的锡拉丘兹（Syracuse）大学，1881年的哥伦比亚（Columbia）大学，之后还有几所大学设立了建筑系。[2] 早期的建筑学院多设置在大学工程学院中（Engineering schools），采用综合理工学院的模式，具有德国式注重"科学"和"研究"的特点。

1. 德国综合工业学院教学体系的影响

德国的建筑教育体系进入美国时间比较早，整体影响也比较大。1848年欧洲革命后，德国的邦国（States）受到破坏，国家成为建筑师的主要雇佣者，不少德国建筑师在国内找不到业务，于是来到美国，在纽约、费城、芝加哥、匹兹堡等地区工作。不少建筑师毕业于"柏林建筑学院"（Berlin Bauakademie）或"卡尔斯鲁厄综合理工学院"（Polytechnische Hochschule in Karlsruhe）。这些学校的教学体系比较强调科学性和实用性。在卡尔斯鲁厄的教学计划中，五年的课程，前两年主要学习数学、物理和机械制图，第三、四年主要为技术课程（第三年课程：地理、化学、职业素质、人体写生；第四年课程：机械设计、道路建设、美学和基础法律）。设计课程是逐渐被引入的，只有最后一年才完全都是设计训练。[3]

相比美国原有的"学徒制"，德国的建筑师职业化训练更加体系化和正规化，逐渐受到尊重，推动美国也开始尝试按其模式创办综合理工性质的建

---

① 有些文章认为1853的宾夕法尼亚综合工科学院（Polytechnical College of Pennsylvania）可以算第一所建筑院校，下文也将提到这所学校，但通常认为MIT最早成立建筑系。

② 如1890年的宾夕法尼亚大学，1893年的乔治华盛顿大学，以及1895年的哈佛大学等。

③ Michael J. Lewis. The Battle between Polytechnic and Beaux-Arts in the American University 引自参考文献 [3]。

筑学校。1849—1850 年的雷瑟里尔（Resselaer）综合理工学校是最早的此类现代学校，而最早创立这种建筑教学体系的是 1853 年的宾夕法尼亚综合理工学院（Polytechnical College of Pennsylvania）。此后逐渐出现的美国几所大学建筑系也受到德国体系的很大影响。综合理工学院的教学方式在美国持续了相当长的一段时间，在东海岸及中西部都有发展。在法国学院派建筑师及其教育方式兴起之前，它在美国一直占据主导地位。不仅如此，这段时期在美国的实践领域也以德国建筑师为主要设计力量。

2. 法国"布扎"式教学体系的影响

在各校建筑教学广泛采用德国方式的同时，来自法国"布扎"体系的"画室制度"（Atelier）逐渐出现在美国。理查德·莫里斯·亨特（Richard Morris Hunt，1827—1895）是首批前往法国接受了画室训练的建筑师。回到美国后他于 1855 年在纽约开办了个人"画室"，培养了一批学生，其中 W.R. 威尔（William R. Ware）后来在麻省理工及哥伦比亚大学先后开创了建筑学院。之后有越来越多从法国巴黎接受过训练的建筑师回到美国。"画室"越办越多，"布扎"体系的影响也在美国逐渐提升。到 19 世纪最后 10 年，"布扎"训练体系已逐渐超越了"综合理工学院"，成为北美占主导地位的教育模式。这一倾向在 1893 年有突出反映。这一年，72 个留学巴黎回国的建筑师组织了"布扎建筑师协会"（the Society of Beaux-arts Architects，简称 SAID），旨在"保存'美术学院'所要求的品味（Taste）"，并且在新一代正在成长的建筑师和公众之中传授这种原则。[①] 一年之后，该协会仿效法国的"罗马大奖"竞赛体系，举办了第一届竞赛。参赛者来自其成员所在的三个城市、六所学校及绘图俱乐部。广泛覆盖的竞赛体系使得此时的美国建筑教育逐渐出现统一的评价标准——主要源于法国美术学院式的设计标准。

除了在法国接受训练的建筑师成立的"布扎建筑师协会"之外，美国建筑师及其教育组织的出现也是影响建筑教育的重要因素。1912 年，"美国建

---

① Report of the Committee on Permanent Organization，Architecture and Building 18，no. 167(1895). 引自参考文献 [4]。.

筑院校协会"（Association of Collegiate Schools of Architecture，简称 ACSA）成立，是美国建筑教育制度化过程中一个里程碑式的事件。这一组织由美国建筑师的职业团体酝酿形成。早在 1857 年，13 位纽约著名建筑师组成了"美国建筑师学会"（American Institute of Architects，即 AIA），希望"推进成员在科学和实践方面达到完美并且提升职业的标准"。[①] 理查德·莫里斯·亨特也是其中成员之一。这个组织立刻任命了一个"教育委员会"（Committee on Education），试图同时考虑教育的问题。十年后，AIA 一度设想成立一所受它监管的中央建筑学校，但由于资金问题没有成功。后来，AIA 将重点放在逐渐出现的一些建筑院校的教学计划管理上。随着建筑职业及其教育的进一步发展，1912 年，在 AIA 的 46 届年会上，8 位教授相聚讨论，一致建议成立一个组织以解决教育问题。会上选举了管理人员，并商议了第二年的会议计划，由此，这一组织初步形成。第二年，在哥伦比亚大学，十所院校[②] 加入新成立的教育组织并成为其会员。当时美国共有 27 个建筑院校，协会囊括了这些建筑院校约 75% 的学生。在其早期会议中，协会产生了统一基本课程的想法，即要求所有入会院校都必须具备这些课程。这些"最低课程标准"（Standard Minima）后来几乎一直相当于判定学校是否合格的标准，直至 1932 年。[3] "美国建筑院校协会"在美国建筑教育的国家体制建设和管理方面发挥了重要作用。

1912 年，不仅出现了专门的教育协会，此时法国学院派建筑思想和教学方法也更加巩固。在原来"布扎建筑师协会"这个具有某种绅士团体特征的组织的基础上，美国成立了更加强有力的"布扎设计研究院"（Beaux-Arts Institute of Design，简称 BAID）。BAID 统一组织竞赛，收取参赛作品，选定评委评判作品，并颁发奖励。它类似某种指挥棒的作用，全面控制了全国大多建筑院校的建筑教学和设计指导思想，使法国学院派方法成为了一种标准。

有关这些教学体系的具体特点，将在下一部分展开。

---

① On the establishment of the AIA, see Henry H. Saylor, The A.I.A.'s First Hundred Years (Washington, D.C.: The Octagon, 1957), 1-9, 109-10. 转引自参考文献 [3]。.

② 这十所建筑院校为：卡内基理工学院、哥伦比亚大学、康奈尔大学、哈佛大学、麻省理工学院、华盛顿大学、加利福尼亚大学、伊利诺伊大学、密歇根大学和宾夕法尼亚大学的建筑系。

二、20 世纪 20—40 年代美国建筑教育概况

整体看美国 20 世纪 20 年代各大学的建筑教育，东海岸主要盛行"布扎"教育体系；而在中西部地区，不少学校虽然也参加竞赛或遵照一定的"最低课程标准"，具有某些"布扎"体系的印记，但这些学校更多延续了之前德国综合理工学院的方式，呈现出与东海岸不同并具有一定抵抗性的特征。此外，20 世纪 20 年代后期至 30 年代，美国逐渐受到欧洲正在兴起的现代建筑思想的影响，一些学校出现了教学新探索，其中既有应对现实需要的调适，包括对其早期自身特色的再发展，也有来自欧洲的影响。由此，"布扎"体系、"综合理工学院"体系以及具有现代建筑思想的各种教学新探索相互抗衡和渗透，共同存在于这纷繁变化的二三十年中。

而这段时间，恰好是中国留学生在美国比较集中留学的时期，因此这些不同体系的教学思想，对于分布在各个学校的他们产生了直接影响，为中国早期建筑教育体系的建立提供了多样化的基础。

1."布扎"主流体系的盛行及其基本特点

20 世纪 20 年代源自法国的"布扎"体系在美国的影响达到了顶峰，大量受教于法国美术学院的留学生回国参与教学，甚至有一些毕业于"布扎"体系的法国建筑师直接加入教师队伍，如宾夕法尼亚大学的 P. 克瑞（Paul Cret）等。同时 19 世纪最后 10 年逐渐强盛起来的学院式建筑教育体系此时也培养出不少毕业生，他们逐渐成长为教学的核心力量，推进了此类教学方法的扩展。再加上这时在教学引导上发挥重要作用的"布扎设计研究院"（BAID）及"美国建筑院校协会"(ACSA) 的完善和成熟，共同促成了"学院派"教学体系的强大地位。

ACSA 的定期活动为美国多所建筑院校提供了交流的平台，也组织推进了一定的教育研究，包括对历史的总结和对当前教学的探讨。协会为建筑训练的四年制课程制定了基础标准，强化了教学体系的统一管理，某种程度上增进了"学院派"体系的传播和发展。

"布扎设计研究院"（BAID）对于竞赛的管理成为教学的导向更直接地推动了学院体系的扩展和强化。它从 1894 年开始的仿效巴黎"罗马大奖"的国家设计竞赛体系逐渐覆盖了越来越多的学校。到 1920 年，已经有 1200 名学生参加了竞赛。至 1922 年，有 91 个城市和 43 所大学参加了竞赛或具有它所导引下的"画室"或"俱乐部"。到 1928 年，提交的参加竞赛作品达到 9500 份。为公布信息和计划，BAID 于 1924 年开始发行简报。[4]93 BAID 专门指定了评委，为各地提交来的竞赛作品建立了统一的评判标准，各个学校均以作品获奖为主要目标。由此，学院派的设计和教学方法成为了权威和主流。

采用学院派教学最为典型的学校是东海岸的宾夕法尼亚大学。1890 年，由巴黎画室训练出的建筑师钱德勒（Chandler）在宾大成立了建筑系。第二年，W. P. 莱尔德（Warren Power Laird）取代前者主持该系。他是一位建筑师教育者，在投入教育和管理的同时开展私人实践业务。他运行教学大约四十年，完成了由钱德勒开始的建筑教育的学院式再造。这一过程于 1903 年由于 P. 克瑞（Paul-Philippe Cret）的到来而达到巅峰。克瑞是首位在美国建筑院校工作的从巴黎美术学院毕业的法国人，是一位极富才能的艺术家，一位天生的教育者。他尝试将学科知识传授给学生，同时不阻碍学生的想象力。连续四年，每年他都有一位学生获"美国布扎建筑师协会"的"巴黎大奖"，这一记录没有其他学校可以匹敌。[4]81 他在宾大的教学，特别是设计教学，很大程度上延续了法国学院体系的传统，使这所学校成为美国学院派建筑教育的重镇。不过需要指出的是，这里对法国体系的借鉴主要是在设计课方面，美术课也有一定影响，而其他的人文和科学类课程仍然基本沿用了美国原有的体系。

总体看来，宾大的学院派教育具有这样一些特征：在基本思想上将建筑和绘画、雕塑等共同视作"纯艺术"（或"美术"，Fine Arts）的门类，强调建筑设计能力的培养扎根于绘画等基本技能的训练，并以其他艺术能力的培养相辅助；在方案设计方面，强调运用古典美学原则，关注图案的布局、韵律、比例等原则，重视二维图纸表现；在设计程序方面要求严格，强调先定格局（Parti），一旦确定后就不能改变，一直发展至最后全套方案；在教学上，侧重设计和表现，相对弱化技术课程，将学生对于这类知识的掌握转移至毕业后的实践工作；教学涉及领域主要以建筑方案为主，其他如规划、景观等未纳入教学体系；课程强调历史，开设中西方建筑史、美术史、雕塑史等众多课程，辅助设计教学；同时设计课程加入了"竞赛体制"，学生相对比较独立，气氛比较严肃紧张。

在课程设置方面[①]，设计、绘画表现等课程比较多，从一年级开始就有设计课，与绘图和建筑画的练习同时展开，并一直延续到四年级，显示其训练重点是建筑的构图能力和美学素养；技术课程比重相对比较弱，介入时期也偏后，相对于图案设计来说，它基本处于从属地位。这一教学程序基本思路与"综合理工学院"有很大区别。

2."综合理工学院"体系的并存及其持续影响

20 世纪 20 年代，"布扎"体系并非在美国各地都平行发展，在中西部地区，虽然也有来自东海岸的"布扎"体系的一定影响，但由于中西部发展相对滞后，其建筑文化更多由动态的、投机为基础的房地产经济塑造，另外也有不少来自于德国地区的建筑师移民，因此在建筑方面受德国的影响更大，建筑教育也多倾向于"综合理工学院"的方式，强调科学性、技术性和实用性。

其中比较具有代表性的是伊利诺伊大学。该建筑系早期由毕业于"柏林建筑学院"（Berlin Bauakademie）的教授哈罗德·汉森（Harold M. Hansen）主持。"柏林建筑学院"是由普鲁士政府于 1797 年[②] 建立的建筑学校，目的是训练高效率和有条理的设计者，在他们当时吞并的波兰未开发地区工作，因此比较注重实用性和技术性。后来汉森前往芝加哥从事实践业务，他的学生 N. C.·里彻（Nathan Clifford Richer）接任了他的工作。里彻在欧洲游历学习了一段时间，在"柏林建筑学院"学习了 3 个月，参观了 1873 年维也纳世界博览会及一些建设项目，包括一些受德国建筑师森佩尔（Gottfried Semper）支持的项目等。他回到伊利诺伊大学后创建的课程体系同样传承了

---

① 根据宾夕法尼亚大学建筑系 1924-1925 课程介绍总结。参见参考文献 [5]。

② Michael J. Lewis 在文章 The Battle between Polytechnic and Beaux-Arts in the American University 中指出为 1797 年，参见参考文献 [3]；另一研究指出为 1799 年，出自参考文献 [6]。

德国特点，非常重视实践。[7] 这种传统一直延续到后来的 20 世纪 20 年代。

从 1925 年伊利诺伊大学的建筑课程计划及其简介 ① 中可以看出其对于材料和技术的重视，每学期都有大量技术方面的内容，而对于绘图和设计的要求相对于东海岸一些典型的"布扎"体系院校来说较弱。特别值得注意的是该体系中真正的设计课程在第四年才开始，之前伴随系列技术和科学基础课的主要是制图类课程，如一年级的建筑制图、阴影以及素描等，二年级的门、窗、屋顶、柱式等建筑要素的绘制以及石膏模型的水彩和炭笔绘制，三年级的平面渲染和徒手画，到四年级才有原创性的设计作业出现（Original Design）。这一体系的基本思想认为"建筑技术和相关科学"是学科的基础，而独立的设计只有在掌握了这些知识之后才可以展开。这与学院派体系将建筑设计主要看作"纯艺术""美术"（Fine Arts）的基本观念很不一样，也由此决定了两种教学体系的展开序列和侧重点均不相同。

3. 具有现代建筑新思想的教学探索

源自法国的"学院派"建筑教育与源自德国的"综合理工学院"两种教学体系在美国长期共存，而 19 世纪后半期开始在欧洲逐渐兴起的各种探索新建筑运动也在建筑、教学思想与方法等方面通过各种途径渗入美国建筑院校，加上美国本身也有某些根据实际情况所进行的应对和创新，因此不少院校都出现了十分活跃的探索活动。

20 世纪 20 年代，大多数建筑院校都参加了由"布扎设计研究院"主持的竞赛。在受到"布扎"体系控制的同时，一些学校对此提出质疑并试图尝试新方法。如密歇根大学没有严格遵循"布扎"方式，而是提出了"纯设计"（Pure Design）理念，强调模仿历史样式基础上的抽象形式训练；而辛辛那提大学则将手工操作和大学训练结合，注重职业实践项目。这些院校都根据新时期和新环境的要求，作了某种新探索。

在对"布扎"体系的突破方面，俄勒冈大学和哈佛大学有较突出的表现。而这两所学校后来对中国建筑教育都有较大影响。

---

① 根据伊利诺伊大学建筑系 1925-1926 课程介绍总结。参见参考文献 [8]。

（1）俄勒冈大学

在俄勒冈大学，劳伦斯（Eilis F. Lawrene）于1914年创立了"建筑与综合艺术学院"（School of Architecture and Allied Arts）。学院的名称某种程度上也反映了它曾受英国始于19世纪中期的"艺术与手工业"运动的影响。劳伦斯在学院中带领学生进行多种手工业尝试，相对于"布扎"体系将建筑看作"纯艺术"（Fine Arts）的倾向，他将建筑更多地与"综合艺术"（Allied Arts）相联系，即运用具体材料的实用手工艺术。[9]

在教学中，劳伦斯对于当时主导的"布扎"方式有所反叛。他带头拒绝竞赛体系，将设计作业看成是学生个人进行探索的过程，将学生在设计过程中的表现作为评判其成绩的基础。他在设计中反对抄袭，大大降低了图纸表现的重要性。他明确要求从第一学期开始，设计课就要做建筑纸模型，让学生尽早体验到建筑的"第三维度"。[10]学院提倡多种层面的合作，而不是严格的竞争。在这里，建筑师、雕塑家、设计者和工匠在注重现实的基础上进行项目合作，并在校园中实施。事实上，当时校园的主要建筑都是由劳伦斯负责建造的，他将教学与校园的建设项目进行了很好的结合。

劳伦斯于1922—1947年聘请的系主任威尔·考克斯（W. R. B. Willcox）与他具有同样的教学思想，他们都强调学生个人创造性的发挥，并且认为建筑必须表达它所在社会的愿望（Aspiration）、价值（Values）和特征（Character），并强调最后一点是建立在对当代文化的广泛理解的基础上。[4]96以上思想反映在该校所开设的文化史和艺术史课程中，这些历史课将建筑看作是社会、文化、时代和环境的反映，而并非只是展示给学生某些供参考的历史样式。对于社会和文化的关注还促使该系开设了城市设计、居住设计等课程，体现了建筑应关注更广阔环境领域的基本思想。

（2）哈佛大学

哈佛大学对于"布扎"体系的突破在历史上就有一定的传统。早在其1895年成立建筑学院时，便实行了各学科专业之间的合作；[11]在20世纪第一个十年，学院派教育方法开始盛行的时候，哈佛所引进的毕业于巴黎美术学院的法国人度肯（Eugène J. A. Duquesne）也并未完全强调学院派构图能力的培养，而是更多强调形式要与其真实的结构相符合，并且将构图的学习放在结构和历史等其他课程完成之后。随着 20 世纪 20—30 年代现代主义思想的进一步影响，哈佛在现代建筑教育探索方面达到了更高的程度。它在 20 世纪 30—40 年代的教学活动成为后来许多美国建筑院校的教学样板，影响持久而广泛。

1935 年起，在新院长哈德纳特（Hudnut）的带领下，哈佛出现了一系列激进的变革。哈德纳特 1934 年时先受聘至哥伦比亚大学建筑设计学院作院长，在此进行了不少改革。1935 年，受哈佛校长科南特（James Bryant Conant）委任，他担任了由原建筑学院、景观建筑学院、城市规划学院共同组成的新研究生院的院长，并继续了之前的改革尝试。哈德纳特的基本思想是摈弃之前过度流行的"学院派"教学体系，使教学"适应职业的新条件，并为美国的建筑问题提供一个更为现实的方法"。他认为未来的建筑由"提高人类环境的急切愿望而推动"，倡导教学采用一种科学的态度，回到受到法国影响之前美国所流行的一些比较实际的方法。[4]102

哈德纳特在报告《向往现实主义》(Obsession For Realism) 中宣称："建筑学生不该设计那些他们不能建造的建筑，我们的建筑学失去了她的生命力，失去了她控制想象和解释我们文明的力量，她需要这两种要素的结合"①。同时，他认为建筑师应该懂得建筑同资本和劳动力之间的关系，呼吁关注职业商务方面的重要性，认为设计需要联系社会机构的创新，如公共设施和大规模住宅项目，而不是宫殿和教堂。

在教学中，哈德纳特尽可能使设计与现实条件相联系，同时结合建造和造价方面的学习；废止竞赛和武断的学院派标准，倡导将设计看作一个创造的过程，按照自然和逻辑的方式展开；建筑要综合表达现代的材料、科学的建造技术以及当代生活的实际需要。此外，他也宣扬人文教育是建筑师训练所必需的，学院的目标是造就能适应多种工作的"多面手"。教学鼓励学生结合多种公共设施进行独立实践。

他引导教学要为学生提供建筑技术和设计过程的基本知识，协助学生养成适应实践工作的良好思维习惯。为了将有限的教学时间集中于设计训练，

---

① Obituary, James Fairman Hudnut, globe, January 19, 1968, HUG 300. 转引自参考文献 [4]102。

他于 1936 年停止了建筑历史课程，在研究生院中主要只教授一门课——设计。不过设计的各方面内容很全面，包括结构、职业实践和相关社会要求。[4]103

哈德纳特在完成了哈佛学院的基本机构建设后，着手为建筑系寻找合适的系主任，并在 1936 年夏季去欧洲面见了他所设想的候选人：密斯·凡·德·罗，奥德（J.J.R.Oud）和格罗皮乌斯。最后出于多方面的原因，他聘请了格罗皮乌斯。

格罗皮乌斯当时由于德国纳粹当政而到了英国。他接受了哈德纳特的聘请，并于 1937 年 4 月来到哈佛，成为了当时的明星，吸引了大量慕名而来的学生，轰动一时。之后二人共同进行了一系列新教学方法的探讨，如适应实际需要的团队合作方式等。但二人的基本教学理念仍有一定不同，哈德纳特比较强调应对美国的现实需要，而格罗皮乌斯更坚持他比较抽象的源自德国包豪斯的理想做法，并尝试开设包豪斯重要的"预备课程"（Vorkurs）。两人在具体的团队合作运作方式及某些教学思想方面仍存在一定的差异和分歧，最终格罗皮乌斯于 1952 年离开了学校。

虽然二人的合作起起伏伏，但这段时期的哈佛教学确实有突破性进展，其基本思想和方法影响了一大批建筑师以及后来的教育者。哈佛的教学模式也逐渐扩散到美国众多其他建筑学院，影响深远，成为美国建筑教育史上一个重要的转折点。

三、结语及后续课题

20 世纪 20—40 年代美国建筑院校的教学呈现了多种特点，既有宾夕法尼亚大学这类比较纯正的法国"学院派"教育阵地，也有伊利诺伊大学这类深受德国"综合理工学院"影响的院校。而同时，俄勒冈大学受英国"艺术与手工艺运动"及现代主义思想影响所出现的一系列抗衡和突破性的教学实践以及之后哈佛更为激进和彻底的教学改革和探索，共同构成了当时建筑教育丰富多元的状况，共同影响了在各校学习的中国留学生，并进而对中国早期教育体系的形成产生了多方面影响。

有关美国众多建筑院校及教学体系更为具体的发展情况及其对中国留学生与他们回国后教学的影响等，仍是需要进一步深入的课题。这里试图对后者作一概要性叙述。

宾夕法尼亚大学在20世纪20年代有着相对最为集中的中国留学生群体，包括梁思成、林徽因、杨廷宝、童寯、陈植、王华彬、谭垣等，这些留学生后来在中国的建筑教育思想和体系的形成和发展过程中发挥了重要作用。梁思成夫妇在1928年于沈阳创立了东北大学建筑系，几乎移植了宾大的基本做法，他们的一些宾大校友也在该系工作，促成了其典型的"学院派"特征。其他留学生如杨廷宝和童寯在中央大学、谭垣在中央大学和之江大学、王华彬和陈植在之江大学等也都发挥了重要作用。

而中国最早的大学建筑系——中央大学建筑系（1927年）的首位系主任刘福泰毕业于俄勒冈大学。他在最初的教学和计划制定中延续了俄勒冈大学的一些课程特点，如关注社会、文化、时代和环境，倡导多层面的合作等，这些特点都出现在该系初步成立的时候。而随着进一步发展和人员的调整，该系逐渐融入了更多来自"学院派"的思想。[12]

另一位中央大学建筑系主任鲍鼎毕业于伊利诺伊大学，伊利诺伊大学对于建筑技术和实用性方面的重视对他的教学有一定影响。

毕业于哈佛大学的黄作燊于1942年在上海圣约翰大学创办了建筑系，最早在中国全面倡导现代建筑，进行了一系列实验性的教育探索。他强调学生关注社会和时代，提倡团队合作，重视社会建设方面的现实问题，并积极引入城市规划的教学和实践。这些特点在某种程度上都受到哈佛一定程度的影响。另外，1946年，哈佛建筑系还影响了当时在美国的梁思成，回国后他在清华大学实施了有关"体型环境"的具有现代思想的一系列改革。

以上是对美国20世纪20年代至40年代建筑院校影响中国早期建筑教育者的概述，有关美国建筑院校不同阶段的不同特点及其对中国留学生的影响、中国留学生在创办中国建筑院校时所吸收美国体系的特点以及他们在应对中国实际情况时所作的调适和转化等，仍是今后需进一步深入的论题。

研究当时美国建筑教育体系的多样特征，梳理它们对中国早期教育的多层次多方面影响，将有助于我们看清源自西方的建筑教育甚至学科体系本身的复杂性，认识中国在吸收借鉴这些体系时的多样化特点，进而理解有关世界整体现代进程中不同地区之间文化传播和交流的一些突出特征。

参考文献

[1] 单踊.西方学院派建筑教育史研究 [M].南京：东南大学出版社，2012.

[2] Laurence Veysey. *The Emergence of the American University*[M]. Chicago：University of Chicago Press，1965.

[3] Joan Ockman. *Architecture School：Three Centuries of Educating Architects in North America*[M]. The MIT Press，2012.

[4] Arthur. *Clason Weatherhead. The History of Collegiate Education in Architecture in the United State*[M]. PH.D. diss. Columbia University(Los Angeles：privately published，1941).

[5] Announcement 1924-1925，School of Fine Arts，University of Pennsylvania Bulletin，宾夕法尼亚大学档案馆.

[6] Ulrich Pfammatter，Making of the Modern Architect and Engineer，[Translated into Engl.：Madeline Ferretti - Theilig].- Basel · Boston · Berlin：Birkhäuser-Publishers for Architecture，2000.

[7] Roula Geraniotis，The University of Illinois and German Architectural Education，Journal of Architectural Education (1984-)，Vol. 38，No. 4 (Summer，1985).

[8] Curriculum of Architecture，1925-1926，伊利诺伊大学档案馆.

[9] Michael Shellenbarger，Harmony in diversity：The Architecture and Teaching of Ellis F. Lawrence. Eugene，Oregon：University of Oregon，1989.

[10] Year Schedule and Registration Manual，1921-1922，俄勒冈大学档案馆.

[11] Anthony Alofsin，Struggle for modernism：architecture，landscape architecture，and city planning at Harvard，New York · London：W. W. Norton & Company Ltd.，2002.

[12] 钱锋.移植、融合与转化：西方影响下中国早期建筑教育体系的创立 [M]// 纪念宁波保国寺大殿建成 1000 周年学术研讨会暨中国建筑史学分会 2013 年会论文集.宁波：2013.8.

（本文原载于《西部人居环境学刊》2014 年第 1 期，此次略作修改和调整补充。）

包豪斯思想影响下哈佛大学早期建筑教育（1930s—1940s）状况探究

20 世纪初，美国的建筑教育主要以源自法国的学院派教育体系为主。随着欧洲同期现代主义思想兴起和包豪斯学校的建立，其相关思想开始对美国各建筑院校逐渐产生影响。而 20 世纪 30 年代之后欧洲现代主义大师来到美国，特别是 1937 年格罗皮乌斯来到哈佛大学并着手进行教育改革，更直接促使美国建筑教育完成了从学院派建筑教学体系向现代主义建筑教学体系的整体蜕变，自此哈佛大学建筑教育开始了现代主义方向的发展。在我们通常的理解中，格罗皮乌斯是哈佛大学乃至美国建筑教育现代转型的重要核心人物。而事实上在格罗皮乌斯之前，哈佛大学建筑院系已经发生了一系列的变化。具有革新思想的 J.F. 哈德纳特担任新成立的 GSD 的院长后，着手进行了一系列改革，并在其主导下聘请了格罗皮乌斯前来执教。哈德纳特对哈佛建筑教育体系的转变也具有重要贡献。格罗皮乌斯在来到学校后，和哈德纳特进行了一定的合作，但是二人之间有着诸多不同的教育理念，致使逐渐产生冲突与矛盾。本文试图厘清这一发展过程，以剖析 1930—1940 年代包豪斯思想影响下美国哈佛大学建筑教育发展的复杂情况。

一、早期美国建筑教育状况

早期美国的建筑教育大致可以分为三个阶段。第一阶段为先期建筑学校出现和教学探索阶段，主要特征为基本建筑教育体系的形成（1868—1898 年）；第二阶段主要以各个院校兴起布扎体系和折中主义设计手法为代表（1898—1925 年）；第三阶段为多所学校开始纷纷引入现代主义思想阶段（1925 年之后），其中更以 W. 格罗皮乌斯在 1937 年将包豪斯教育体系带入哈佛大学具有代表意义。[①]考察这些变化的本质，每段历史时期所发生的显著变化基本上都与当时特定的社会环境以及生活条件密切相关。

　　而从另一个角度来考察，早期美国建筑教育体系形成过程中，共受三种不同教学体系影响：第一类是英国学徒制的影响。这种训练制度的特征是在整个训练过程中，学生们通过与实践建筑师签订协议，帮助实践建筑师设计建筑并同时进行建筑设计方面知识的学习。在这样的学徒制教育中，学生所受到的设计教育无法得到稳定的质量保证，也很难培养出优秀的建筑设计师。第二类是德国综合理工学院教学体系的影响。由于当时革命的影响，很多的德国建筑师无法找到工作，于是他们来到美国。在他们中，有不少建筑师毕业于"柏林建筑学院"（Berlin Bauakademie）或是"卡尔斯鲁厄综合理工学院"（Polytechnische Hochschule in Karlsruhe）这样的比较强调科学性与实用性的学校。因此这种教学体系也更注重方案的实用性，以及建筑技术方面的内容。第三类是受到法国布扎体系的影响。在德国的综合理工教学体系之后，法国的布扎体系开始在美国慢慢地发展壮大起来。法国的布扎体系与上述德国的综合理工学院教学体系有很大区别，对技术方面的知识相对不太重视，在设计教学中非常强调古典的构图美学，将建筑看作是一种"纯艺术"（Fine Arts），在设计开始阶段需要确定"主题"（Parti）并且之后不能更改等。

　　1890 年代至 1920 年代是布扎体系在美国建筑院校最为盛行的时期，此时已经成立了"布扎设计研究院"（Beaux-Arts Institute of Design，简称 BAID，由早期的"布扎建筑师协会"SAID 发展而来），旨在"保存'美术学院'所要求的品味（Taste）"，并且在新一代正在成长的建筑师和公众之中传授这种原则[②]。该协会仿效法国的"罗马大奖"竞赛体系，举办了"巴黎大奖"，参赛者来自多所城市和学校及绘图俱乐部。广泛覆盖的竞赛体系使得此时的美国建筑教育逐渐出现统一的评价标准——主要是源自法国美术学院式的设计标准。

---

① Weatherhead A C. The history of collegiate education in architecture in the United States[M]. Columbia university, 1941: 2-3.

② Report of the Committee on Permanent Organization, Architecture and Building 18, no. 167(1895); 引自 Arthur, Clason Weatherhead, The History of Collegiate Education in Architecture in the United State, PH.D. diss., Columbia University(Los Angeles: privately published, 1941), 77.

二、哈佛大学建筑教育历史背景

对于绝大部分 19 世纪末 20 世纪初的美国建筑院校来说，布扎体系都是学校中建筑教育的主要法则和依据。但是哈佛大学的建筑教育，从一开始时，就具有自己独特的内涵和目标。与普通的布扎体系学校并不完全相同，哈佛大学建筑系在创建之初就扎根于波士顿当地手工艺文化及哥特式建筑的背景，这也是哈佛最终成为现代主义教学发源地的原因之一。而在格罗皮乌斯和哈德纳特之前，哈佛大学共经历过两任系主任，每任系主任的教学理念都与当时主流的布扎体系有一定的不同。

哈佛大学建筑系的第一任系主任是 H.L. 沃伦（1895—1917 年）。H.L. 沃伦在其职业生涯中受到了多种文化模式的熏陶，特别是罗马风及哥特式建筑风格的影响，而非通常意义上的学院派的布扎体系。罗马风和哥特建筑十分强调建造技术与手工艺，这一特点深深影响了 H.L. 沃伦，也为他随后创建哈佛大学建筑系奠定了必要的基础。哈佛的合作教学体系，无论是建筑学本身艺术与工程相互合作与关联，还是拓展到多个学科、多个文化之间的相互渗透，均与这位创始人有着密不可分的关系，可以说，在哈佛大学建筑系成立之初，便已经开始走向了一条有别于其他学校的教学道路，并为之后的现代主义建筑在哈佛的生根发芽培植了土壤。

H.L. 沃伦在其助手帮助下，几乎每门课都是亲力亲为，他将建筑历史、设计以及技术三方面的课程有机地结合在了一起。他非常注重建筑历史，但不是将历史像学院派教学那样仅仅作为纪念性建筑的标准设计手法来学习，而是将其作为研究设计和社会之间相互关系的纽带。他这样的教学特点，在其开设的为期三年的以"技术性以及历史性的发展"为标题的建筑历史课程中呈现出来。他发展起了一套注重历史但又有别于传统布扎体系的课程特点。

哈佛大学建筑系的第二任系主任是 G.L. 埃德格（1917—1934 年）。G.L. 埃德格时期的课程体系最重要、最明显的变化，是逐步对建筑历史课程的弱化以及对设计课程的强调。与此同时，建筑系课程体系开始关注更加实际、更加符合建设需要的工程构造课程，并关注学生对社会现实问题的回应与解决方式。这样的变化在 1930 年代开始随着现代主义的兴起和美国的经济大萧条而逐渐强化。

哈佛大学在 1936 年的时候将建筑、景观和城市规划三个学院合并成立了设计研究生院 GSD（Graduate School of Design），并找来了当时在哥伦比亚大学担任建筑系主任的 J.F. 哈德纳特（J.F.Hudnut）作为新成立的 GSD 院长。哈德纳特担任院长后，着手进行了一系列改革。首先他倡导一种新的合作体系，为了促进学生们之间合作的形成，他要求第一年的时间里三个专业的学生都学习共同的设计基础课程。同时，他在建筑科学系下成立了一个本科生的课程体系，将所有文化课程，包括历史课都放到了本科体系之中，让研究生的课程体系更加注重专业的课程。经过哈德纳特德一系列改革，设计研究生院对设计的重视达到了空前的程度，设计课程得到充分发展。此外学院还同时重视结构设计、专业实践，以及与建筑学相关的社会学类课程。所以说，GSD 的基本教育格局在哈德纳特之时就已经基本奠定了。

哈德纳特还着手为建筑系寻找一位新的领军人物。当时他在全世界范围寻找了三位候选人，分别是 W. 格罗皮乌斯、密斯（Mies Van de Rohe）以及 J.J.P. 奥德（J.J.P.Oud），他分别在柏林、伦敦和荷兰拜访了这三位建筑师，出于多方面考虑，最后选定了由格罗皮乌斯来出任系主任。（图 1）

图 1　J.F. 哈德纳特与格罗皮乌斯

格罗皮乌斯来到哈佛大学后，将曾在包豪斯追求的教学理念带入了哈佛大学，共同为推进现代主义教学而努力。然而，由于 J.F. 哈德纳特和 W. 格罗皮乌斯有着不同的教育背景、成长环境以及思想观念，因此他们在几个主要的教学问题上逐渐产生了一系列分歧。

三、J.F. 哈德纳特与 W. 格罗皮乌斯之间的分歧

格罗皮乌斯来到哈佛大学初期，与 J.F 哈德纳特之间有着良好的合作伙伴关系，但由于两人不同的文化背景、性格特征以及对于建筑学问题的不同看法，最终他们在一些问题上产生分歧并爆发矛盾。然而这种分歧与矛盾同样似乎可以看作是在那个特定时代中多维思想的激烈碰撞，并不是简单的新旧承接的问题。格罗皮乌斯更加关注新时代的脉搏；而哈德纳特在推崇现代主义的同时，更加执着于美国的本土文化，富有美式踏实保守的乐观主义精神。从他们的矛盾冲突中，我们可以更好地理解其对于哈佛建筑教育导向的不同主张，从中窥探正值现代主义迅速发展时期的思想多元化的呈现，并理解 1930—1940 年代哈佛建筑设计教学的复杂内部局面。

1. 有关城市与居住区问题的分歧 [1]

在建造城市高层住宅方面，格罗皮乌斯认为城市中土地资源紧张，只有高层建筑才能使工薪阶层享受到更多的自然光（图 2）。同时高层建筑拉大了楼间距，可以使居民享受到住宅间的公园活动场地。而多层建筑既没有在室内产生充足的光照，也没有丰富的绿化场地，还耗资巨大，所以并不合适当时的城市情况。另外他还提出所有居住建筑必须满足两点基本需求：一是为居住者准备私人房间，二是保证建筑有足够的开窗面积，用来满足阳光、空气、日照及景观需要。他认为城市中最理想的住宅形式是每个居住单元占据单独一层。同时，格罗皮乌斯希望他所推崇的城市化进程尽早在所有城市

---

①   Pearlman J E. Inventing American Modernism: Joseph Hudnut, Walter Gropius, and the Bauhaus Legacy at Harvard[M]. University of Virginia Press.

图 2　格罗皮乌斯关于高层建筑的概念草图

居民居住区中实现。他呼吁政府可以通过调整区域规划来调节各个区域的人口密度，即将建筑物容纳住户数与建筑所在区域相关联，那么每所住户得到的日照光线也会相似。他试图以这样激进的城市化进程方式，来消除当时在美国存在的那些肮脏狭窄的、陈旧的房屋建筑。

　　哈德纳特对于格罗皮乌斯在房屋住宅设计上过于强调经济性、适应性和实用性的做法并不赞同，同时也不赞成格罗皮乌斯在建筑上的形式主义倾向。哈德纳特认为这样的建筑失去了建筑最本质意义，缺少了与人在情感方面的交流。同时，哈德纳特也一直宣传着他的某些有关城市与居住区问题的看法，这些观点与格罗皮乌斯的理念是针锋相对的。哈德纳特更加钟爱传统的街区元素——富有活力的街道、混合功能的街区，以及摩天大楼、剧院、花园、无数商店汇聚在一起的街道场景（图 3）。他认为有这样不同的元素，社区生活的基本形态才能得以保障。

　　另外，在建造市郊的独户小住宅方面，格罗皮乌斯与哈德纳特的主张也不相同。格罗皮乌斯希望在郊区为高收入人群设计独栋别墅，并最大程度地引入自然景观。这样的设计理念在当时 GSD 的课程设计作业中也有所体现。当时的学生作业中，几乎所有的建筑都使用了相似的材质——木头，鹅卵石，以及大面积玻璃幕墙，这使得空间能在室内和室外穿梭。通常，此类住宅看上去非常轻质化，并注重建筑功能特点及经济上的考虑。这种特点还包括将起居空间向室外延伸的露台，平屋顶，开放空间的平面，一切都是为住在郊

图 3　哈德纳特理想中的城市与街区的形态

区的独户准备。由于受格罗皮乌斯的影响，当时 GSD 学生们的独栋住宅课程设计，都在尝试证实居住在城市郊外的住宅不仅意味着更加健康的，而且是更安全和更安静的生活方式。因为大量的绿化和树木可以使得居住者们免遭台风，大风，沙尘暴，以及烟尘的污染，同时减少噪声的污染。另外，有着充足的树林以及灌木的庇护，同时还有众多鸟类来保护居民们免遭昆虫的危害。树林掩护着独栋住宅，能在战争时更好地保护居民的安全。

　　但是哈德纳特却批判这种设计过于形式主义，而忽略了居民的内心感受，因此，他提出了"后现代住宅"（post-modern house）的理念来反对格罗皮乌斯当时提出的"战后住宅"（postwar house）理念。哈德纳特推崇的"后现代住宅"依赖于现代的建造技术，来表达"家园的概念"，这种家园式的住宅将会由新的采光方式来定义，与基地和环境保持一种新的关系，同时广泛地运用新材料解决建筑上的问题。与战后住宅体系不同的是，"后现代住宅"不像是战后住宅体系那样只表现让人惊奇的和戏剧性的外观，而是更多地与住房最本质的东西相关，并用自己的语言表示出来，并非只是那些富有表现力的形式。

　　总体而言，在高层居住区的分歧方面，格罗皮乌斯认为首先应该让低收入人群接受高层建筑，以此享受更多的阳光与绿化，同时退出空地还给城市绿化；而 J.F. 哈德纳特则推崇"多层住宅"，偏爱原来的城市街道活力与混合居住模式。其次，在解决高收入人群的居住问题上，格罗皮乌斯试图将现代主义的乡村别墅作为高收入人群的解决方案，同时推进预制建造的可能，然而哈德纳特却认为这样的建筑缺乏来自人们内心深处的感动，并推行"后现代住宅"与之相抵抗。

2. 关于基础教学的分歧

从格罗皮乌斯来到哈佛的时候，他就准备开展一门基础设计的课程。像在包豪斯那样，格罗皮乌斯希望所有的 GSD 的学生都能花费 6 个月的时间，学习"基础设计"（basic design）。与其他课程不同，基础设计体现了格罗皮乌斯的设计哲学，并体现了他最初的两个目的——树立个人的创造力，以及创立对于所有人都适用的，不管国籍或是社会状态的"形式通用语言"（universal language of form）。在这个层面上，格罗皮乌斯希望在 GSD 的课程中实现他当初建立包豪斯时设立的目标（图 4、图 5）。

在树立个人的创造力方面，格罗皮乌斯进行了一系列设想。例如希望通过研究纸张的塑性，剪切纸张，无浪费地用纸张创造形式来启发学生的想象力。又或是将一种金属材质弯曲、剪切、拉伸、挤压来进行造型设计。这种

图 4　GSD 基础教育课程作业 1

图 5　GSD 基础教育课程作业 2

实验的目的，一是为了培养学生的创造力，二是尝试让学生们了解如何在满足客户节约开支的要求下，在建造中体现现代主义经济美学。格罗皮乌斯十分认可在满足经济和效率的条件下进行创造。

基础设计的课程不仅包含了培养个人创造力的内容，同时还试图寻找适合新机械时代的"视觉交流的通用语言"（common language of visual communication）的目的。这种通用语言不仅在建筑上适用，同样也适用于当时的艺术和工业产品，成为设计的共通语言。因此，这种让所有人接受的设计，体现了格罗皮乌斯的包豪斯哲学。他决心用新时代的设计语言，重塑艺术和建筑在日常生活中的重要性，使得这些原本脱离人们日常生活的艺术成为生活的一部分。这种全新的设计语言不仅引领建筑设计的风潮，还是所有现代主义视觉艺术的共同特质。而哈德纳特反对格罗皮乌斯在 GSD 实行基础设计课程。有关基础设计课程的问题也是他们间最大的分歧，逐步摧毁了两人间的友谊。首先，哈德纳特对于基础教学课程将建筑设计分离成不同部分提出质疑：认为学生们在课程中仅学习到了图式化的、艺术化的表达方式，但技术性的、建造的问题却没有涉及。哈德纳特认为设计是一种统一的想象和创作过程，他总是尝试在众多错综复杂的设计过程中创建一种基本联合，并不确切地将这些步骤归属于手工艺或是形式。他认为技术和建造同时都属于设计的一部分，而并非是创意设计的附属品。哈德纳特担心若格罗皮乌斯将其基础课程在 GSD 推广开来，学生们将会误认为形式是与建造或制造过程相脱离的。这与他认同的，形式是在合适的时机添加在功能状态上的这一理念背道而驰。

哈德纳特不仅反对基础设计体系的形式主义倾向，同时也抵制有关"视觉交流的通用语言"可以适用所有艺术形式这样的观点。当格罗皮乌斯希望现代建筑与其他艺术形式一起建立现代主义的机械美学时，哈德纳特是非常反对的。哈德纳特坚持建筑师必须抓住那些"只有建筑师可以抓住的东西。"传递一种特别的"建筑理念"（architectural idea），在他看来，这种"建筑理念"在一个机械化、标准化和大规模生产统治的时代更加能保持建筑学的独立地位。他认为建筑只有按照自己的语言模式说明问题，才能与人产生沟通，并在情感或者精神的层面打动人。在当时，哈德纳特认为定义空间，定义建筑社会价值，以及定义建筑内的个人价值都是属于建筑师独有的"特殊表达方式"（peculiar opportunities）。在之后的一些年里，他自己对建筑师定义清单中加上了"比例、相关性、节奏处理"同时还有"城市形态（civic form）"的概念。

总体来看，哈德纳特与格罗皮乌斯关于基础教学方面的分歧主要有以下几个方面：首先，格罗皮乌斯所推崇的"基础设计"（basic design course）课程并不被哈德纳特接受，因为格罗皮乌斯将技术与艺术的教学分离开了，而哈德纳特认为这二者是建筑设计的两个不可分割的方面，需统一指导。其次，格罗皮乌斯在基础设计课程中推行的形式通用语言也不被认可，哈德纳特认为建筑设计需要特殊的，只有建筑师可以抓住的东西，这些感受在当时那个时代尤为重要，可以避免建筑学被时代同化。哈德纳特还推崇建筑的情感价值并形成特定的"城市形态"概念，这些都是格罗皮乌斯未曾提到的。

3. 关于历史教学的分歧

哈德纳特反对基础设计的另外一个重要的原因，是因为格罗皮乌斯希望用基础教学的课程取代设计研究生院的历史课程，甚至在培养现代建筑师的教学过程中取消历史的学习。格罗皮乌斯更加希望学生们单独地从"实际生活经验"中学习设计基本法则。他认为沉浸在历史中，会阻碍学生们创造形式和实体方面的能力。

哈德纳特却在很多场合表达出他对历史建筑的偏爱。哈德纳特在现代主义盛行哈佛的时候，依然为他所钟爱的乔治王朝风格的建筑物说话。事实上，当一开始哈德纳特十分重视现代建筑的教育理念时，其中理念的一部分也包含了对历史的重视。另外，由于格罗皮乌斯在哈佛的影响力危及到了哈德纳特的地位，而以格罗皮乌斯为首的现代主义者们是反对历史的，因此哈德纳特对于历史的态度也自然发生了变化。

哈德纳特认同建筑历史是他现代主义建筑观的一大特点。他认为，通过历史的学习，可以使学生们拥有一种基本的"对于建筑的感知。"通过历史的学习，学生们将会认识到建筑不仅是一些单独部件的叠加，同时也是一个无法分割的整体。通过学习将不同的元素叠加在同一平面或是建筑物上，能让学生们感受到一种直接的、内在的建筑感，并且受到所谓情绪感知力（emotional contact）的感染。哈德纳特认为，在现代主义时期，学生们可以被看作建筑工程师，富有实用主义的思维方式，但是却缺乏对建筑的感觉，而学习历史是弥补这种缺陷的最佳方式。这会将他们带入一个美学的新世界，使他们有机会认识到艺术的伟大和震撼。哈德纳特还坚持认为历史同样可以教会学生们对于时间的批判性看法,将它视作是"连续不断的东西（continuous flows）。"学生们从历史中学习到，他们的作品也应有着伟大的历史延续性。他们设计的城市区域和场地，并非是静止的，而是在一系列过程中变化的事物。这些事物通过一系列事件触发，并形成一股力量，潜藏在时间深处。对于历史来说，学生们将会学习根据文脉思考问题，同时使得他们的设计融入到更广阔，更加和谐的大环境中。最终，因为他将历史看作是一种鼓励直觉、优秀品质、艺术以及连续性的努力，哈德纳特也将同时代的设计师作品放入了历史课程学习，将它们作为建筑历史理论延续性的一部分。

在当时，哈德纳特承认历史学习的重要性，比起布扎体系对于建筑历史的重视，他只不过将历史从布扎体系中设计基础地位降到了专业基础学习的位置，学生们依然可以通过学习建筑历史建立起对建筑学的基本认知，以及与建筑产生一系列的情感交流，并对整个城市文脉的有机形成过程有一定认识。与他相对，格罗皮乌斯的观点却比较激进，并最终在哈佛取得了短暂成功。当时，格罗皮乌斯更加顺应了工业时代的整体风向和特征，使得他的教育理念得到了某种程度的广泛发挥；而事实上哈德纳特的理念在后期的美国得到了更多的接受。总体而言，格罗皮乌斯和哈德纳特都为当时哈佛建筑学的教学课程推进作出了重大贡献，并都在伟大的时刻承担起责任，成为建筑学历史上的重要的教育和学术思想源头。

四、总结

早期的美国建筑教育共受到三种不同教学体系影响，分别是英国学徒制，德国综合理工学院教学体系和法国布扎体系。后期以哈佛大学为代表，美国的建筑学校开始推行现代主义教学体系，而其中当时哈佛设计研究生院院长哈德纳特及建筑系主任格罗皮乌斯的理念分歧很能体现包豪斯式的现代主义教学体系在美国扎根发芽的复杂过程。他们的分歧主要体现在 1）有关城市与居住区问题；2）关于基础教学；3）关于历史教学三个方面。

了解两人当时的具体分歧，能更好地理解现代主义建筑教学体系的重要特点，为深入了解现代建筑体系提供坚实的基础。通过考察两人之间既有合作，又有分歧的工作方式，能更好地洞悉当时美国建筑教育界对现代主义教学体系既抱有迫切希望又有一定抵触的情况。这种复杂性和矛盾性，也正是当时特殊情况下建筑教学的精华之处，也为深入研究其建筑教学过程提供了参考。

而哈佛大学 1930—1940 年代的这段时期恰好是中国建筑师留学学习的时期，包括黄作燊、贝聿铭、王大闳、郑观宣等都曾在这所学校学习，他们应该都身临了哈德纳特和格罗皮乌斯既有合作又有分歧的这段经历。可惜关于他们当时的历史资料还很有限，不知这些纷争对他们的设计思想和教学理念是否产生一定的影响。有关这方面的情况，还将在今后的研究中进一步去挖掘和了解。

相关书目

[1] 钱锋 . 1920-1940 年代美国建筑教育史概述——兼论其对中国留学生的影响 [J]. 西部人居环境学刊，2014，01：6-11.

[2] Alofsin A. The struggle for modernism：Architecture，landscape architecture，and city planning at Harvard[M]. WW Norton & Company，2002.

[3] Ockman J. Architecture school：three centuries of educating architects in North America[M]. MIT Press，2012：92-119.

[4] University of Harvard.The Graduate School of Design Departments of Architecture Landscape Architecture and Regional Planning with Courses of Instruction，1938-1939[J].Cambridge，Massachusetts，pa：University of Harvard.1939-1941.

[5] Pearlman J E. Inventing American Modernism：Joseph Hudnut，Walter Gropius，and the Bauhaus Legacy at Harvard[M]. University of Virginia Press，2007.

[6] 单踊 . 西方学院派建筑教育史研究 [M]. 南京：东南大学出版社，2012.

[7] 哈佛大学课程计划（1938-1941），哈佛大学档案馆 .

[8] 宾夕法尼亚大学课程档案，宾夕法尼亚大学档案馆 .

[9] 哈佛设计研究生院官方网站：http：//www.gsd.harvard.edu/.

（本文原载于《时代建筑》2018 年 3 月 ，原作者钱锋、徐翔洲，此次笔者略作修改和调整补充。）

保罗·克瑞的建筑和教学思想研究

保罗·克瑞（Paul P. Cret，图1）是 1920
年代美国宾夕法尼亚大学建筑系的核心教师。
他早年求学于法国里昂和巴黎的美术学院，曾
在帕斯卡（Jean-Louis Pascal）的画室（Atelier）
学习，具有布扎（Beaux-Arts）体系的深刻教
育背景。1903 他受到邀请来到美国宾夕法尼
亚大学建筑系任教，被认为是美国设计界曾经
拥有的最有才能的设计老师之一。他促进了宾
大建筑教育学院派的转向，并协助使学校成为
美国布扎教育体系的核心院校。保罗·克瑞深
刻影响了中国当时在宾大留学的诸多学生，这

图 1　保罗·克瑞 (Paul P. Cret)

批学生回国后奠定了中国早期建筑和相关教育的基本体系，在中国近现代建
筑历史上影响巨大。保罗·克瑞对于理解中国早期建筑和教育思想具有重要
意义，而国内有关他的专题研究并不多。本文试图在阐述保罗·克瑞早年求
学经历的基础上，研究他进入美国宾大后的建筑设计和教学思想与方法，一
方面理解他的设计特点，另一方面考察布扎的教育方法在法国移植到美国之
后所发生的转化。

一、保罗·克瑞的早年法国经历

保罗·克瑞 1876 年 10 月 24 日出生于法国里昂的一个工人家庭。他的
父母像很多里昂人一样，从事丝织品方面的工作。当时 1861 年有关材料显
示，里昂每 2 个人就有一个与丝织业有关，可见丝织业是当时里昂非常重
要的产业。

保罗·克瑞出生时，法国的丝织工业制造已经开始下降，到 1877 年已有 2/3 的工人失业。一度她母亲以制作服装维生。后来，克瑞姨夫的哥哥约安内斯·伯纳德（Joannes Bernard），里昂的一位建筑师，促成了克瑞对建筑职业方面的选择。约安内斯·伯纳德活跃于里昂的职业社团"里昂建筑学会"（The Society Academique D'Architecture De Lyon，简称 SAAL），由于设计各种中世纪样式的教堂而著名。克瑞曾经为他工作过。

克瑞先是在当地的一所私人学校受到了人文主义教育，而没有像托尼·加尼耶[①]（Tony Garnier, 1869-1948）那样在一所技术学校接受技术教育。之后，在离里昂约 60 英里的布约克 - 布雷斯（Bojurg-en-Bresse）小镇的拉兰德（lycée Lalande）中学学习了三年。他在这里没有选择古典的课程，因为这需要有两年拉丁语的学习经历。他选择了比较现代的拿"Baccalaurean"[②]学位的课程。这些课程强调生活语言和科学，提供了徒手画和分析绘画的内容，这些为他之后的建筑学习奠定了基础。

克瑞一心想学习建筑。他 17 岁时回到里昂，进入里昂美术学院[③]（图 2）学习。他和家人就住在离美术学院两个街区的地方。里昂美术学院是法国国家美术学院系统中的一个部分，它建立在 18 世纪一所训练城市纺织工业设计者的学校的基础之上。这所学校虽然是国家系统中的一个分支机构，但它一直追求教育的平等性，有着和巴黎的中央集权相抗衡的姿态，强调通过艺术力量可以促进社会流动性。它挑战纯艺术高于装饰艺术的观念，鼓励否定中央集权，强调艺术力量加强社会流动性的可能，反对僵化的阶层制，追求"民主"和"共和"，这些思想都体现在克瑞后期的设计和写作之中。

里昂美术学院强调建筑学科相对于巴黎的自我独立，强调教育平等性，并一直为这一目标而奋斗。因为当时巴黎美术学院享有各种特权，如可以给

---

① 托尼·加尼耶（1869-1948），20 世纪法国建筑师的先驱，以其工业城（Cité Industrielle）理论而闻名，这是一个对工业城市的远见卓识的规划，体现了一些新概念：东西走向的狭长地块，被宽阔的开放空间隔开的建筑，为行人提供的独立楼层，以及带屋顶花园的房屋。他和奥古斯特·佩雷（Auguste Perret）都率先使用了钢筋混凝土材料。

② 拉兰德（lycée Lalande）中学成立于 16 世纪，17 世纪成为一所耶稣会的学校。学校提供五种不同的 Baccalaurean 学位，后者相当于结业考试的一种凭证，可以在此基础上进一步攻读大学学位。

③ 法国里昂美术学院为法国国立美术学院在里昂的分院，最早创办于 1756 年。

图2　保罗·克瑞所在的里昂美术学院

图片来源：Elizabeth Creenwell Grossman. The Civic Architecture of Paul Cret [M].
Cambridge University Press, 1996.

学生提供免除两年的兵役，以及可以颁发建筑师文凭（Diplome）等。建筑师文凭是当时第二种建筑师可以拥有的重要证书，第一种是罗马大奖①。

　　里昂追求建筑学科的自由和独立的整体过程，奠定了保罗·克瑞思想的基础，他向往于这种自由和"共和"的体制，并试图在其对社会"机构"（Institution）的性格（Character）设想中将其体现出来。这种对于理想的"社会机构"的建筑性格的思考和追求贯穿了他的整个创作生涯，也是他后来选择更为民主的和实施共和体制的美国展开其毕生事业的一个重要的支撑点。他曾说过："几个世纪的中央政府使法国人民习惯于一种……集权制管理法则。而在美国，政府当局如此远离美学问题，是很让人感激的一件事……"[7]这里可以感受到他对于政府美学体系钳制的不满和反抗，以及对一种美学自由的自我追求。

　　克瑞在里昂美院的生活比较艰难，财力方面有一定压力。他学习十分努力，想要赢得"巴黎大奖"。这个大奖伴随着丰厚的奖金和在巴黎学习的机会。他每天都充满着各种要学的课程，没有课程的夜晚则在图书馆度过。他偶尔

----

① 　这一奖项原则上对所有的法国公民开放。

会花 60 生丁 ① 听场音乐会，这是顶楼廊座的价格。

在里昂美术学院的提升道路和巴黎一样，通过学校每周的竞赛"concours"获得"提名"（Mention）或奖牌（Medals）得到足够的点数（Points）而获得提升。他们的课程有两个级别，先是低级班（The Second Divisoon），然后是高级班（The First Divisoon）。他用一年半时间完成了初级课程，在低级班的"里昂建筑学会"（SAAL）的建筑竞赛中获得一等奖。之后一年他由于在美术学院周竞赛记录和一次装饰组构国家竞赛中得第一而获得一等奖。

1895—1896 年，当克瑞还在低级班时，受到过巴黎大奖的训练。这个奖只颁给里昂学院的绘画、雕塑和建筑方面的学生各一人。那年他虽然进入比赛，但没有获"提名"（Mention）。第二年，由于他在"年度竞赛"（Annal Concours）中获得第一，同时以竞赛的良好记录而获得了"巴黎大奖"（The Prix De Paris）（图 3）。由此他度过了里昂四年的学习生活后前往巴黎美术学院。保罗·克瑞的经历反映了法国美术学院的晋级道路主要是通过赢得所设置的各种竞赛而获得一定的点数（Points）。

获得巴黎大奖使克瑞获得连续三年每年 1800 法郎的收入。虽然这些奖金还不能给他提供舒适的生活方式，但从工薪阶层的角度来说已是不小的一笔收入。克瑞靠这笔收入在巴黎美术学院学习。

在巴黎，他没有像很多里昂以前的建筑师那样注册在巴黎美院的布隆代尔（Paul Blondel）的画室中（托尼·加尼耶曾经注册了该画室），而是进入了帕斯卡（Jean-Louis Pascal, 1837-1920）② 的画室。这是一个非学院主办的更加严格的画室，是里昂的沙文主义者加斯帕德·安德烈（Gaspard Andre）③ 曾经参加过的。克瑞选择这个画室主要是因为他在里昂学习时，帕斯卡的学生曾经三次获得罗马大奖，当时他的画室非常流行。

---

① 法国辅币，一百生丁合一法郎，面额分为 1、2、5、10、20 生丁币。
② 帕斯卡（Jean-Louis Pasca, 1837-1920），出生于巴黎，受教于巴黎美术学院埃米尔·吉尔贝特（Émile Gilbert）门下，曾于 1866 年获得罗马大奖。在普法战争后，他曾协助维修卢浮宫，并继凯斯特尔（Questel）任他画室的主持人。
③ 斯帕德·安德烈（Gaspard André, 1840-1896），法国建筑师，最著名的设计是塞莱斯坦广场（Place des Célestins）的剧院、雅克宾斯广场（Place Des Jacobin）的喷泉和里昂的大教堂（Grand Temple De Lyon）、塞纳河畔的城市大厅（Neuilly-SuSeine）和洛桑的鲁姆纳宫。

　　帕斯卡是一位十分出色的老师，这一点对克瑞的影响非常大，他经常帮助学生发展和提炼他们自己的概念和想法。后来克瑞在美国宾大也发展了类似的教育方法，成为美国最著名的建筑设计教师之一。

　　此时学院派的作品焦点不在于"样式"（Style），而在于发展形成某些"类型"（Types），于连·加代（Julien Guadet，1834—1908）出版的《讲座集》集中表达了一些公共建筑如博物馆、图书馆、法庭等的机构性格。在设计中，他们关注将其"格局"（Parti）表现清晰，通过一整套古典的构图原则——对称、层级、轴线、比例等来达到这一目的。

　　克瑞的设计作品受帕斯卡的影响很大。帕斯卡很注重建筑的简化和归整。他自己在 1914 年的一次演讲中提到，对于业主所给予的项目，必须赋予其"秩序"（Order）。这点影响了克瑞，他后来在美国的建筑也有这样的特征。克瑞常常关注于去除这些项目中显现出的复杂性和模糊性。这些复杂性和模糊性通常是由于这些所需设计的"机构"（Institution）的历史复杂性以及建筑相互冲突的兴趣而引起的。而他擅长于简化这些矛盾和冲突的要素，用一种简洁而富有秩序的方式将其"特性"（Character）清晰地表现出来。

　　克瑞在巴黎美院的时候学习抓得很紧，可能因为他无法承担速度太慢而带来的高额费用。他的巴黎大奖的奖金只够他学习三年，而一般学生通常要花 2 ~ 4 年才能积累足够的竞赛点数以进入高级班（The First Class）。

图 3　保罗·克瑞在里昂美术学院的获奖作品"喷泉"

虽然在入学竞赛中克瑞在所有的学生中名列第一，但到第一年结束，他只在一个"Esquiss"中获得了一个"Valeur"[①]。"Esquiss"是 12 小时的"草图问题"（Sketch Problem），或可理解为"快题"，成果是一张图纸。对克瑞来说，低级班最大的障碍是一系列的建造课程（Construction Problem）。同时学生还须在"渲染项目"（Project Rendu）中获得至少 2 个点数。这个渲染作业大约每个延续 2 个月左右，每个月设一个题目。他需要获得 1 个一等奖的"提名"（Mention）或 2 个二等奖的"提名"。而这个渲染作业必须是在他完成 2 个"分解构图"（Analytiques）作业后才能进入这一类型的竞赛。"分解构图"作业主要测试学生运用古典柱式的能力。学生们运用柱式及其相关构件组合成某种构图，然后用渲染的方式将其表现出来。克瑞又花了 1 年半的时间，直到 1900 年 8 月完成了所需的点数，进入了高级班。

高级班的作业主要是一些"渲染项目"（Projects Rendus）和快题（Esquisse Problem），他在这个级别的第一年结束时，在 11 个竞赛中积累了 16 个点数，同年他获得了"d' Emulation"大奖，以及巴黎美院的"让·莱克莱尔（Jean Leclaire）"大奖，该奖有 500 法郎的奖金。就在他正在准备罗马大奖的时候，收到了美国宾夕法尼亚大学的设计助理教授职位的邀请，他接受了邀请，这使得他的老师帕斯卡倍感失望[6]，他本来一直期待着克瑞能够获得罗马大奖。

二、进入宾夕法尼亚大学后的教学和工作状况

1903 年，美国宾夕法尼亚大学聘请了保罗·克瑞来做设计教授，成为这所学校的一件盛事。保罗·克瑞被证明是美国设计界曾经拥有的最有才能的设计老师之一，受到学校每个学生的高度敬重。

---

① Valeur，一个好的评价。

1. 美国建筑教育的背景

美国是在 1865 年，南北战争结束以后逐渐开始兴起大学建筑教育。继 1860 年的麻省理工学院（MIT）、1868 年的伊利诺伊大学（Illinois）、1871 年的康奈尔大学（Cornell）、1873 年的锡拉丘兹（Syracuse）大学、1881 年的哥伦比亚大学（Columbia）之后，1890 年，由巴黎画室训练出来的建筑师钱德勒（Chandler）在宾夕法尼亚大学成立了建筑系。第二年，W.P. 莱尔德（Warren Power Laird）取代他主持该系。他运行建筑系的教学大约四十年，完成了建筑教育的学院式再造。

美国早期的建筑教育受到德国综合理工学院（Polytechnique）教学体系的影响很大 [3]，比较强调工程、技术，课程中前期有大量的技术基础和技术课，设计课介入较晚，有些学校甚至第四年才设置设计课①。综合理工学院的方式在美国持续了相当长一段时间，在东海岸和中西部都有发展，之后在中西部延续的时间更长。

在各建筑院校广泛采用德国教学方式的时候，来自法国美术学院的"画室"体系（Atlier）逐渐在美国出现，一批曾在法国接受训练的建筑师回到美国后纷纷开办画室来培养学生。② 一些学生则在新开创的大学建筑院校中，融入了"布扎"教学体系的特点，将源于德国的综合理工学院的模式和"布扎"的模式进行了某种融合和调整，并加入了美国的大学通识类课程，这方面，以 W.R. 威尔（William R. Ware）在麻省理工学院开创的教育体系为代表。

之后，有越来越多在巴黎接受建筑训练的建筑师回美国，画室越办越多，而"布扎"体系教育模式的地位也越来越得到提升，特别是在东海岸的院校。当时人们认为此前过于注重技术和实用性的教学在人文方面有所不足，因此兴起一股崇尚人文和文化的教育思潮。在这一点上，法国以"纯艺术"（Fine

---

① 根据伊利诺伊大学建筑系 1925—1926 课程介绍总结。参见 Curriculum of Architecture，1925—1926，伊利诺伊大学档案馆。

② 理查德·莫里斯·亨特（Richard Morris Hunt，1827—1895）是首批前往法国接受了画室训练的建筑师。回到美国后他于 1855 年在纽约开办了个人"画室"，培养了一批学生。

Arts）为中心的"布扎"体系在当时被认为能够填补这一方面的思想空缺，因此得到了整个社会的推崇。而这一思想又由部分从法国归来的建筑师所组成的"布扎建筑师协会"（the Society of Beaux-Arts Architects）[①] 得到进一步的加强。该协会某种意义上效仿了法国的"布扎研究院"的功能，在全国统一组织竞赛。参赛者突破了大学的范围，甚至可以是一些绘图俱乐部，起到了在整个职业界发挥作用的效果。

"布扎"方法的提升，使得不少建筑院校开始直接聘请法国美术学院的毕业生前来担任建筑教师。保罗·克瑞就是在这样的背景下于 1903 年被聘入宾夕法尼亚大学建筑系。

2. 保罗·克瑞进入后的宾夕法尼亚大学建筑系

1903 年保罗·克瑞加盟宾大后，宾大建筑系发展越来越兴盛，1906 年时已约有 141 个注册的学生，他们来自于美国半数以上的州，并从这个时候开始了宾大的"伯里克利时期"。学校有着出色的指导者群体，包括克瑞（Cret）、丹森（Danson）、埃弗雷特（Everett）、奥斯本（Osborne）、诺兰（Nolan）、和管理者莱尔德（Laird），这个群体无可匹敌。克瑞领导下的出色课程吸引了全国最优秀的学生，这个学校由画室发展来的团队精神（Esprit De Corps）十分引人注目。从 1910 年到第一次世界大战阶段宾大获得的国家设计竞赛大奖比其他学校加起来都多。1911 年的班级单独就产生了四位巴黎大奖和一位罗马大奖的获奖者。[4]

从宾大的具体课程来看，对比于早先的克瑞所受到的法国式学院建筑教育体系，它更注重大学类通识课程的引入，对于技术课程有大量增加，另外晋级方式由竞赛积点的模式改成了课程单元（units）的方式，完成一定的学时数即可获得通过。考查 1920 年的课程表，可以发现上述这些特点（表 1）。

---

① 后该组织进一步发展成"布扎设计研究院"（Beaux-Arts Institute of Design，简称 BAID）。

美国宾夕法尼亚大学建筑系 1920 年四年课程计划 表1

第一年			第二年		
课程	学分		课程	学分	
	第一学期	第二学期		第一学期	第二学期
建筑 26. 建筑画 Arch. Drawing	1	-	建筑 2. 设计 II Design Gr. II	5	-
建筑 11. 徒手画 Freehand Drawing	1	-	建筑 3. 设计 III Design Gr. III	-	5
建筑 12. 徒手画 Freehand Drawing	-	1	建筑 13. 徒手画 Freehand Drawing	1	-
建筑 9. 建筑要素 Elem. Of Arch.	1.5	-	建筑 14. 徒手画 Freehand Drawing	-	1
建筑 10. 建筑要素 Elem. Of Arch.	-	0.5	建筑 42. 历史（古代）Ancient	1.5	-
建筑 1. 初级设计 Elem. Design	-	1	建筑 43. 历史（中世纪）Medieval	-	1.5
建筑 27. 画法几何 Desc. Geom.	1.5	1.5	建筑 29. 透视图 Perspective	-	1.5
建筑 28. 阴和影 Shades and Shadows	1	1	建筑 32. 木工建造 Carp. Const'n	1	1
建筑单元	11		建筑 33. 砖石和金属建造 M. and I. Const'n		
			建筑单元	18	
英语 1. 作文 Composition	1	1	英语 3. 作文 Composition	0.5	0.5
英语 40. 语言 Language	1	-	英语 42. 文学 Literature	1	-
英语 30. 文学 Literature	-	1	法语或德语、西班牙语、意大利语. 阅读 Reading	1	1
法语或德语、西班牙语、意大利语. 阅读 Reading	1	1	法语或德语、西班牙语、意大利语. 阅读 Composition	0.5	0.5
法语或德语、西班牙语、意大利语. 作文 Composition	0.5	0.5	数学 37. 微积分 Calculus	1	-
数学 33. 三角学 Trigonometry	2	-	数学 38. 微积分 Calculus	-	1
数学 34. 解析几何 Anal. Geom.	-	2	体育 2 或军事训练	0.5	0.5
历史 3. 中世纪 Medieval	1.5	1.5	非建筑单元	8	
体育 1 或军事训练	0.5	0.5	第二年总单元数	26	
非建筑单元	15				
第一年总单元数	26				

135

续表

第三年			第四年		
	学分			学分	
课程	第一学期	第二学期	课程	第一学期	第二学期
建筑 21. 水彩画 Water Color Draw.	1	-	建筑 6. 设计 Ⅵ Design Gr. Ⅵ	8.5	8.5
建筑 44. 建筑史 Arch. History	1	1	建筑 16. 徒手画（人体）Freehand（Life）	1	1
建筑 4. 设计 Ⅳ Design Gr. Ⅳ	5.5	-	建筑 23. 水彩渲染 Water Color Rend.	1	-
建筑 5. 设计 Ⅴ Design Gr. Ⅴ	-	5.5	建筑 24. 水彩渲染 Water Color Rend.	-	1
建筑 20. 历史装饰 Hist. Ornament	-	1	建筑 45. 绘画史 Hist. of Painting	0.5	0.5
建筑 15. 徒手画 Freehand Drawing	-	1	建筑 46. 雕塑史 Hist. of Sculpture	0.5	0.5
建筑 22. 水彩画 Water Color Draw.	1		建筑 47. 职业实践 Prof. Practice	0.5	0.5
建筑 30. 建筑力学 Mech. Of Arch.	2		建筑 48. 特别讲座 Special Lectures	0.5	0.5
建筑 31. 图解力学 Graphic Statics	-	2	体育 4 或军事训练	0.5	0.5
建筑 32. 木工建造 Carp. Const.	1	1			
建筑 33. 砖石和金属建造 M. and I. Const.			总计	26	
卫生 1. 卫生学 General Hygiene	0.5	0.5			
建筑 34. 暖气和通风 Heat and Vent.					
建筑 35. 给排水 Pl. and Drain					
建筑 49. 设计理论 Theory of Design	0.5	0.5			
体育 3 或军事训练	0.5	0.5			
总计	26				

资料来源：宾夕法尼亚大学档案馆 1920 年建筑系档案，笔者翻译。

与美国同期其他建筑院校的比较中，宾大的设计和绘画类课程分量是最重的，这与它的系主任莱尔德以及保罗·克瑞的指导思想都有关系。当时的保罗·克瑞被认为是莱尔德最好的搭档。他的浪漫的法国式的外表、崇尚艺术的气质恰好和莱尔德源自康奈尔大学偏重工程技术的教育背景形成了良好的互补。他们共同引领了宾大的建筑教育走向。

在他们指导下的宾大很强调人文训练，以补充早期建筑教育主要关注技术和工程方面的不足。在 1920 年，学校将原来位于汤恩理学院（Towne Science School）的建筑系独立出来，和音乐系、美术系等共同组建了独立的"艺术学院"。他们认为"大学的课程提供两种类型的指导，一种是提供职业性的训练，另一种是提供人文训练。对于第二种来说，历史和艺术欣赏，以及它在绘画和设计方面的表达形成其主体内容。"[5] 所以宾大的课程非常注重艺术方面的各种训练，从史论到绘画实践分量都很重。这与崇尚人文学科的整体氛围有关，艺术被看作是人文的重要反映。

艺术方面的设计和绘画课程的分量重同时也与保罗·克瑞所实行的"布扎"体系的教育特点有关。"布扎"体系本身强调建筑和绘画、雕塑一样，属于"纯艺术"（Fine Arts，或称为美术），因此在教学中比较注重对基本美学原则的教导和训练，而技术问题相对弱化一些。虽然也有技术类的课程，但学生大多不太重视。这是宾大，也是折中主义时期采用"布扎"体系院校的普遍特点。

在设计课方面，宾大采用了类似于法国画室（Atlier）的制度，学生们共同在大教室中完成设计，低年级学生协助高年级学生，同时从他们那里接受指导（图 4）。保罗·克瑞甚至一度实验性地为高年级学生增设了一个单独的画室，任何建筑师或熟练绘图员以及某些受到承认的建筑学院的毕业生都可以参加。但法国画室的精神在美国大学无法完全复制。美国大学的学生更年轻，没那么成熟，因此对于指导者的依赖性更强。同时美国的大学也缺乏法国画室的传统背景。因此在学生的自由度上，在画室成员的合作上仍然与法国画室有一定距离。当然这种相对的弱化也只有与法国画室的比较时才能体现出来。整体来看，当时美国教育基本都是按照法国美术学院的模式发展而来。

3. 保罗·克瑞的教学观点

在设计教学方面，保罗·克瑞从不追求模仿，他认为学习的目的是学到一种方法。他觉得太过于独断地对某种表达有偏好的老师不是一个好老师，因为他只会让学生成为他的模仿者而不是他们自己。老师需要对表达的各种可能性都熟悉，这样可以让他理解学生们的想法并且帮助学生找到他想要找的道路。这一点，与他之前在法国时受到帕斯卡的教育方法影响有关。

图4　保罗·克瑞在美国宾夕法尼亚大学建筑系教室指导设计

同时，克瑞非常重视学生保持草图的独立思想。他认为教授的目的是要从学生的第一次方案中提取他所想要表达的东西。学生设计如果没有初期草图，就会花很多时间实验各种不同的方法而不是聚焦于一个研究，甚至很多同学的设计会逐渐趋同，这样会失去了学校教育的目的。教育不在于找到某个问题的某一种最好的解决方案，而是要学会研究问题。在努力提高一个不太好的方案的过程中，学生会比从一开始就给他一个正确的解决方法要付出更多的努力，而这个过程是教育的重点。[4]

克瑞关注对于原则的教学，而不是具体样式。他认为大学的建筑教育是一个缓慢的过程，其学习并非以围绕记忆某些资料为中心，而是从一些原则（Principles）进行创作，这些原则存在于潜意识中，对这些原则的学习要尽早进行。所以他所从事的设计教学过程中，一些组构原则（Composition）的介入很早，而且一直伴随整个设计过程的学习。

克瑞的设计和教学都十分注重对建筑"性格"（Character）的把握。他自己在做设计时，就十分关注在公共建筑中反映出合适的建筑性格，这一点与他之前在法国时期就一直追求对社会"机构"（Institution）的适当表达形式相一致。在美国的各种公共建筑设计中他都力图体现"共和"的建筑性格，而且也注意结合现代的时代特征。在教授学生进行设计时，他致力于让他们对于不同的建筑题目寻找到合适的性格，并对之加以适当的表达。这种对"性格"的强调，和当时的建筑思潮中崇尚"品味"（Taste）的思想是有一定关系的。他曾指出"设计是对创造性智力、想象力、好的品味（Taste）以及比例和谐感觉的一种训练"。而建筑设计的最终目标是将意义赋予生活。

三、保罗·克瑞的建筑创作特点

在建筑创作实践方面，保罗·克瑞抓住了美国学院派鼎盛的时代契机，将自己从巴黎美院学得的一套设计方法和理念在新的环境中运用得淋漓尽致。他赢得了许多全美竞赛，创造了为数众多的"公民建筑"（Civic architecture）。他认为作为共和国的"公民建筑"需要体现一种公民性，不再是以往人们敬畏的对象（"宫殿"式建筑），而是创造人们可以愉快参与共和国事务的地方（"住宅"概念）。他的竞赛获奖作品包括：1907年的美国国际局大楼（后称泛美联盟大楼）、1914年的印第安纳波利斯公共图书馆、1922年的底特律艺术学院、1926年的哈特福德县大楼和法院以及1929年的福尔杰·莎士比亚图书馆等。[1] 这些建筑都被赋予了新的内涵。

1. 泛美联盟大楼竞赛

1907年的泛美联盟大楼的竞赛是保罗·克瑞在美国的第一个竞赛，克瑞赋予这个建筑"大型私人住宅"的性格特征，希望来此开会的成员国是作为"家庭中的客人"，而不是大型公共建筑中付费的人群。尽管从表现上并非最佳，但其创作"格局"（Parti）脱颖而出。于是作为公开竞赛组的凯尔西 & 克瑞（Kelsey & Cret）赢得委托，同时得到了3000美金的奖励，这对

于一直期待凯利尔 & 黑斯廷斯赢得竞赛的鲁特（Elihu Root）[1]是出人意料的结果。

比较这些参赛方案（图5、图6），可以看出都有着明确的轴线关系，也都通过庭院（patio）来组织空间，突出了"集会"大厅的特殊体量和重要位置——建筑端部，但克瑞的方案却有其精彩之处：其平面较为紧凑，塑造了具有层级的空间流线序列——堂皇的入口门厅、庭院两侧的纪念性楼梯，以及作为视线收头的室外露台，集会大厅同时可拥有庭院和露台花园的景观（图7）。其他的几个方案或多或少仅在图案上体现了层级感。为了表现其构思"格局"（Parti），即作为一个"住所"，克瑞在外观上使用了住宅类建筑的斜坡瓦屋顶（图8）。

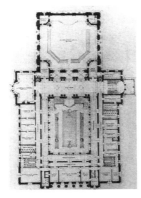

图5 （De Gelleke & Armstrong）泛美联盟大楼三等奖方案

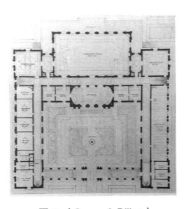

图6 （Casey & Dillon）泛美联盟大楼二等奖方案

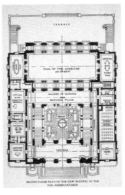

图7 （Kelsey & Cret）泛美联盟大楼一等奖方案

克瑞注重建筑的整合性。在做设计的时候，他并没有拘泥于任务书的限制要求，而是懂得灵活取舍。其他参赛作品的图书馆都根据任务书的要求分别设置了公共阅览室、地图影音室和期刊阅览室三个房间，而这样的布局无疑会导致平面的完整性被破坏。克瑞将这三部分整合，并将图书馆的空间

---

① 鲁特（Elihu Root，1845-1937），西奥多·罗斯福第一任期的陆军部长和第二任期的国务卿。

图 8 泛美联盟大楼

图片来源：https://www.periodpaper.com/products/1911-print-pan-american-union-building-
washington-monument-united-states-trees-144793-xgba5-021.

增加到了集会大厅的三分之二（计划书上要求这三部分的总和是集会厅的一半）。在组织图书馆的容量上，他采用了剖面叠加的手法，将图书馆放在了集会大厅的下面。在这个突出且从属的位置布置图书馆，既为一层的走廊提供了空间的收尾，也突出了哥伦比亚图书馆在该机构中的重要教育意义。因此克瑞的建筑在剖面上也存在层级感。这令人联想到加尼耶的巴黎歌剧院的

剖面，都在于展示城市街道到达建筑内部的可及性。他的构图不仅在平面上有一种层级感和纪念性，更重要的是剖面上有一种渐进的序列，这恰恰是区别于其他参赛者的重要一点。

克瑞擅于处理细节，营造空间需要的氛围。在泛美联盟大楼设计中，他对于庭院（patio）的处理十分特殊。庭院（图 9）的平面构图呈方形，上面覆盖着玻璃顶棚，围绕庭院的凹凸拱廊框架与光滑的墙体产生强烈的对比。从布局和比例上，凯塞＆狄龙（Casey & Dillon）的二等奖方案与克瑞的相似，或多或少抓住了

图 9 泛美联盟大楼从楼梯看向
中庭

评委的口味，但其细节处理较为苍白，层次不够丰富，在大小比例的元素组合中，缺乏过渡元素。在他们的设计中，集会大厅仅仅是一个"大房间"，并未营造出具有特殊社交功能的"派对室"的氛围。而在克瑞的设计中，这些重点空间都经过精心营造，在集会大厅和庭院周边采用双柱、墙体凹槽、壁龛等，与顶棚和地板的图案呼应，创造出一个豪华的"剖碎"（*poché*[①]）。这种 poché 是巴黎美院构图中常用的手法，用来营造具有特殊性格特征（character）的房间。

2. 印第安纳波里斯公共图书馆竞赛

1914 年的印第安纳波里斯公共图书馆的竞赛，克瑞作为三位特邀建筑师之一参加，在竞赛中再次获胜。他根据新的需求（19 世纪公共图书馆运动之后，家庭借阅代替原本的阅览功能成为了图书馆设计的新重点），采用新构图，创造了美国公共图书馆的新典范。

借阅室（Delivery room）作为强调家庭借阅，是将书籍签出，交付给读者的空间。第一个将家庭借阅功能组织进建筑的图书馆可追溯到 1888 年麦基姆、米德 & 怀特的波士顿公共图书馆（图 10）。该设计采取了意大利文艺复兴时期的宫殿式格局，中间围绕大庭院组织功能。但此时借阅室并未重点打造，从功能及构图上都处于从属地位。到了 1913 年吉尔伯特的底特律公共图书馆竞赛的获奖方案中，借阅室代替原本的庭院，出现在了构图的几何中心，并位于底层（图 12）。大体上延续了文艺复兴时期的宫殿式格局。但在吉尔伯特的平面中，借阅室并未经过精心营造。

克瑞的构图显然对前人有所借鉴，但又有着独到之处：其平面依然有着明确的轴线关系，将重点空间借阅室置于轴线中间（图 11），四周分别布置书库、资料室和期刊阅览室。他强调家庭借阅，打造了一个堂皇的借阅室，比原计划多出 50% 的面积，且上下贯通，与书库之间有天井间隔。这个通高的空间是整个交通流线的中心，与之相连有三个大楼梯。东西并置的两步

---

① *Poché* 原意为腔体空间，为"布扎"体系常用建筑术语，指剖切墙体出现的黑色墙体断面部分，常有复杂的轮廓线，表示周边的装饰构件边线。

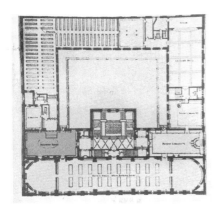

图 10 波士顿公共图书馆平面图
（红色处为借阅室）

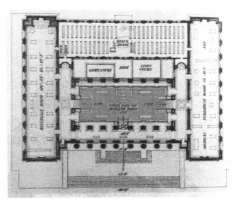

图 11 Paul Cret & Zantzinger，Borie&Medary，
印第安纳波里斯公共图书馆，1914—1917，
一等奖方案二层平面

楼梯分别通往二层的资料室和期刊阅
览室；南侧的楼梯则连接一楼的入口大
厅，从而连接着儿童室、报告厅和办
公区。图书馆所有的流线都围绕着借
阅室。但由于上下贯通，围绕借阅室
周边出现了一圈长廊空间。克瑞采用
了泛美联盟竞赛相同策略，将原本任
务书要求的六个大小房间合并为两个，
东西放置，中间用柱廊连接。这样的
狭长比例正如亨利·拉布鲁斯特时代
的阅览室传统。为了进一步营造重点
空间，克瑞打造了由方柱列、精致的

图 12 Cass Gilbert，底特律公共图书馆
竞赛，主要层平面

顶棚、带有浮雕的额枋构成的豪华框架。这是吉尔伯特在底特律公共图书馆
中没有营造出的氛围。

他的设计考虑了剖面中的层级感。通过宽大的台阶，穿过柱廊，到达门厅。
门厅是一层高的空间，位于二层阅览室之下，居中较短的楼梯连接着借阅室，
拾级而上，到达了将近两层的通高空间。这是整个建筑的交通中心。借阅室

后面间隔着天井，整个建筑的布局被打开。这种剖面上清晰的等级是典型的法国式构图。在此可以感受到每个房间的空间容积。

建筑的外观亦有所创新，较之圣日纳维夫图书馆、波士顿以及底特律公共图书馆的上下分段式构图（封闭而厚重的基座、拱形开口的虚化的二层），克瑞将立面变成了多立克巨柱廊，两层高的巨柱廊清晰反映了内部借阅室空间的真实体量（图13）。阅览室作为图书馆外观指向标的时代已一去不复返。虽然巨大的柱式赋予了建筑强烈的纪念性，但是较低的底座，宽阔的外部台阶以及大量充足光线的房间使建筑物具有适合美国图书馆民主特性的光环。

图13　印第安纳波利斯公共图书馆，1914—1917

总体来看，克瑞在美国设计的建筑具有统一的特性：亲密的纪念性；通过对古典主义的运用，将独立的要素和体量整合在一起；通过对楼梯的布置使流线戏剧化，通过庭院、中庭、双层通高空间将布局打开；无论是平面或剖面都具有等级性；建筑外观较为真实反映内部重点空间等。

四、结语

保罗·克瑞早期接受了法国美术学院的训练，从中可以发现法国布扎体系的教学特点：学生们主要以讲座加上画室训练的方法接受教育，晋级道路主要是通过赢得所设置的各种竞赛而获得一定的点数（Points），除了三十岁以下的要求外，不太有时间方面的限制；而通过克瑞在美国的教学实践又可以发现：美国的布扎体系教育主要设置在大学中，课程体系综合了法国布扎式基本特点，融合了一定的技术课程，并加入了大学类人文通识课程，学生的晋级道路主要是通过固定时间的课程单元（units）方式。以上的这些特点体现了法国和美国布扎体系教育的不同之处。

在教学方面，克瑞强调艺术性（Fine Arts），尊重学生的个性和独立思想，教会他们自主研究问题的能力，注重对于原则（Principle）的掌握，而不是具体样式。他也关注对建筑性格（Character）的把握，这与当时建筑思潮中的"品味"（taste）思想有一定的关系。他认为建筑设计的最终目标是将意义赋予生活。

在设计实践方面，克瑞早期在里昂所接受的教育和当地社会风气使他向往于某种自由和"共和"的体制，对社会"机构"（Institution）的性格十分敏感，并反映在他日后的创作思想中。克瑞在实践项目中，对巴黎美术学院的设计原则进行了发展：首先就机构的性质作出最合适的功能决定，然后通过房间的适当特征、构图关系以及它们对建筑类型的一致性来进行设计。他深谙布扎体系的设计方法，但并不墨守成规，也不拘泥于任务书的设定，独到的眼光总能抓住设计的本质，提出完美的解决方案。

克瑞的建筑教学和实践思想，应该对于他的学生们都产生了深刻的作用。有关他的中国学生们，包括杨廷宝、梁思成、林徽因、陈植、童寯、谭垣等一批近现代重要的建筑学者，究竟受到了克瑞怎样的影响，这方面是有待进一步深入的课题。

参考文献

[1] Elizabeth Greenwell Grossman. The Civic Architecture of Paul Cret.[M] Cambridge University Press，1996.

[2] Elizabeth Greenwell Grossman. Paul Philippe Cret：Rationalism and Imagery in American Architecture[D]. Providence R.I.：Brown University，1980.

[3] 钱锋 .1920—1940 年代美国建筑教育史概述——兼论其对中国留学生的影响 . 西部人居环境学刊 . 2014/1.

[4] Joan Ockman. Architecture School：Three Centuries of Educating Architects in North

America[M]. The MIT Press，2012.

[5]　Ann L. Strong & George E. Thomas. Upenn 100 years-the book of the school：The graduate school of Fine Arts of the University of Pennsylvania[M]. Philadelphia：University of Pennsylvania Press，1990.

[6]　Paul Philippe Cret：Rationalism and Imagery in American Architecture[D].Brown University. 1980.

[7]　宾夕法尼亚大学档案馆 1920 年建筑系档案 .

[8]　单踊 . 西方学院派建筑教育史研究 [M]. 南京：东南大学出版社，2012 .

[9]　Robin Middleton. The Beaux-Arts and nineteenth-century French architecture[M]. Thames and Hudson，1984.

（本文原载于《时代建筑》2020 年 7 月 ，原作者钱锋、潘丽珂，此次笔者略作修改和调整补充。）

约翰内斯·伊顿在包豪斯学校的早期教学探索 ①

约翰内斯·伊顿（Johannes Itten）是魏玛时期包豪斯学校一位十分重要的教师。他早年曾经受教于吉利亚德（Eugene Gilliard）和阿道夫·霍泽尔（Adolf Hözel），同时也受到表现主义绘画的影响，经历丰富。伊顿任教于包豪斯初期，所开设的预备课程（Vorkurs，Preliminary Course）成为包豪斯教程中一个固定元素，为学校的稳定作出了决定性的贡献，并成为现代建筑和艺术教育史上新的基石。

伊顿开创的预备课程后来经由格罗皮乌斯在哈佛的教学影响到当时在该校学习的黄作燊，后者在回到中国上海创办圣约翰大学建筑系时尝试了该类课程的训练。虽然伊顿的预备课程的影响很深远，但是有关该课程的具体情况仍然不是十分清晰；而且伊顿与包豪斯校长格罗皮乌斯之间存在着复杂的关系，二人初期合作、后期分裂的状况也一直是包豪斯早期一段模糊的历史。本文试图探讨伊顿开设预备课程的状况，剖析他的基本教学特点，厘清他和格罗皮乌斯之间教学理念的协作与冲突，以更清晰地阐明他的教学思想及其在包豪斯历史中的重要作用，为理解圣约翰大学建筑系中该类课程的转化情况奠定基础。

一、约翰内斯·伊顿的早年经历

约翰内斯·伊顿（图 1）于 1888 年出生于瑞士的伯恩斯·奥伯兰（Bernese Oberland）。1904 年至 1908 年他在伯尔尼（Bern）参加了教师学校，1908 年成为一名小学教师。他在教学中有一个很大的特点，就是

图 1　约翰内斯·伊顿

① 本文由国家自然科学基金资助。（项目批准号：51778425）

147

他不去纠正学生作业中的错误，他认为纠正错误是对学生个性发展的不适当的侵犯，任何批评或纠正都会对自信产生攻击性和破坏性的影响，应该尽量避免可能扰乱孩子们天真的自我意识的事情，他通常会和全班同学整体讨论一些错误的内容，在温和的环境中让学生提高。他还注重对做得好的工作进行赞扬和赞赏，觉得这样会鼓励个人的成长。这也是伊顿后来在包豪斯和其他艺术学校教学时一直坚持的原则。

1909年10月，他开始在日内瓦艺术学院学习艺术，但他对学院派的教学方法感到失望，觉得这种教学方法与他自己的教育学思想截然相反。一个学期后，他回到伯尔尼，在1910—1912年接受了数学、物理和化学学科的中学教师培训。1912年完成教学考试后，在蓝色骑士和立体主义艺术的影响下（他在德国、荷兰和法国的长途旅行中遇到这些艺术，包括科隆的 Sonderbund[①] 展览和慕尼黑的康定斯基展览），他决定放弃教书而成为一名画家。

他回到日内瓦，跟随吉利亚德（Eugene Gilliard）教授学习。在吉利亚德主持的一门课程中，他学到了一些非常重要的东西——形式的几何元素及其对比，即用正方形、圆形和三角形的基本形态进行比较。受吉利亚德影响，伊顿学习了1905年由尤金·格拉谢特 (Eugene Grasset，1845-1917) 编写的设计基础的教科书《装饰组构的方法》(Methode de composition ornementale)，这本书代表了19世纪末和20世纪初法国绘画学院派训练历史上的一个重要时刻，它废除了当时是艺术家标准培训一部分的"几何绘画"(dessin geometrical)。格拉谢特的基本观点是"研究依赖于几何的规则，因为它们包含了所有其他规则的本质。""回到简单几何的原始来源……是我们方法的可靠性的某种保证。"[②] 他思想中遵循基本几何形式：点、线、三角形、正方形、

---

① 1908年，马克斯·克拉伦巴赫（Max Clarenbach）与杜塞尔多夫艺术学院的其他几位画家一起组建了艺术团体 "Sonderbund"。马克斯·克拉伦巴赫试图通过这个团体的运作，拉近德国风景画艺术家与法国印象派艺术家之间的距离。在他的推动下，"Sonderbund" 发展成为了德国当代艺术最重要的展览之一。1909—1912年，在杜塞尔多夫和科隆的艺术展览中，展出了马克斯·克拉伦巴赫、克劳德·莫奈、文森特·梵高、保罗·高更、保罗·塞尚等画家的绘画作品。

② Eugene Grasset, *Methode de composition ornemen- tale* (Paris：Librairie centrale des beaux-arts, 1905)，转引自：Rainer K. Wick, Teaching at the bauhaus, Hatje Cantz Publishers, 2000：94.

圆弧、S- 曲线、螺旋——这些后来在伊顿（以及保罗·克利和康定斯基）的设计理论中变得越来越重要。

1913 年，伊顿与阿道夫·霍泽尔 (Adolf Hözel) 一起前往斯图加特。霍泽尔作为学院的一名教授，不允许接受私人学生，所以伊顿不得不跟从霍泽尔的学生艾达·科科维乌斯 (Ida Kerkovius) 学习，他从他那里学到了霍泽尔理论的基本知识。霍泽尔的理论对伊顿产生了决定性的影响，无论在艺术上还是在教学上都是如此。从霍泽尔那里，伊顿发现了他在日内瓦已经体验到的东西，即"简单的形式"——三角形、正方形和圆形，认为它们是"艺术探索的最好和最确定的基础"。伊顿在这里奠定了好几个有关于他后来学术思想和教学方法的特点，包括颜色和色环理论；明暗比较问题的理论以及对古代大师作品的分析；用撕碎的纸制成抽象的拼贴画，制作抽象蒙太奇；以及进行有关放松学生情绪，发展他们运动技能的体操练习等。这涵盖了伊顿后来在包豪斯进行的预备课程的几个重要的前提。

在霍泽尔的建议下，伊顿在斯图加特开始提供私人课程。1916 年，他接受一名学生的邀请搬到维也纳，开办了一所私立学校。在那里，他有机会将从吉利亚德和霍泽尔那里学到的东西进行教学实践，并对其进行了修改和扩展：包括几何和韵律形式、比例问题和表现力图形合成问题等。

维也纳时期代表着伊顿既是艺术家又是教师的成熟时期；在这一时期结束时，他的教学理念得到了发展和巩固，以至于他能够在 1919 年将其整体转移到包豪斯。在维也纳，伊顿与作曲家阿诺尔德·勋伯格（Arnold Schoenberg）、阿尔班·贝尔格（Alban Berg）和约瑟夫·马蒂亚斯·豪尔（Josef Matthias Hauer, 1883-1959）都有过接触，他们都在写十二个音调的音乐作品。他也与建筑师阿道夫·路斯（Adolf Loos，图 2）有过交往。

伊顿与约瑟夫·马蒂亚斯·豪尔的接触很重要，因为他和豪尔都对探索音乐与色彩之间的关系感兴趣，在此期间豪尔提到了伊顿的十二部分"表达环"（circle of expression，图 3）的色彩理论 [1]，充满了音乐的类比和典故。[1]

---

① 对于这一理论伊顿后于 1961 年著书出版，书名为《色彩的艺术：色彩的主观经验和客观原理》。(*The Art of Color: The Subjective Experience and Objective Rationale of Color*, Kunst der Farbe：Subjekties Erleben und objektics Erkennen als Wege zur Kunst。)

图 2　阿道夫·路斯

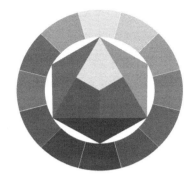
图 3　伊顿的十二部分"色环"

阿道夫·路斯 (Adolf Loos) 是文章"装饰与罪恶"（Ornament and crime)的作者，他不仅在 1919 年组织了一次伊顿的展览，而且在他的"艺术部门的指导方针"（Guidelines for a department of art）中还提到了伊顿的名字。路斯关注于奥匈帝国崩溃后的艺术形式改革，呼吁一种新的艺术教育形式："绘画训练只能作为达到目的一种手段，最终目的是使感官锐化，画家伊顿所建立的类型应该是基础。"路斯的评论表明伊顿作为一名艺术教师已经享有很高的声望。

二、在包豪斯的教学实践

1. 背景概述

1919 年，格罗皮乌斯（图 4）在其夫人阿尔玛·玛勒（Alma Mahler）的推荐下，聘请伊顿来到新成立的包豪斯学校任教 [3]，成为他的三个主力教员之一 [1]。他们都和柏林的一家画廊"风暴"（Der Sturm）有联系，在一次大战之前，这家画廊是国际前卫艺术在德国的中心，也是表现主义汇聚的焦点。当格罗皮乌斯新成立包豪斯之时，受到战后情绪的影响，对工业化和机器

图 4　格罗皮乌斯

① 另两个分别是里昂乃尔·费宁格（Lyonel Feininger）和格哈特·马克斯（Grehard Marcks）。

失去了信心，转而投入了表现主义的阵营（图5），并崇尚一种以社会和文化复兴为目标的乌托邦式的带有中世纪行会特色的做法。在伊顿之前，他先是邀请了柏林的表现主义画家、舞台设计师凯撒·克莱因（César Klein）来任教，克莱因答应却又没有来，于是他又邀请了伊顿。[3]49

图5 格罗皮乌斯设计的"三月死难者纪念碑"，1921年

早期包豪斯对表现主义的热衷展现在它的创始宣言首页由莱昂内尔·费宁格 (Lyonel Feininger) 创作的表现主义大教堂的木刻画（图6）中，其间三束分别代表绘画艺术、雕塑艺术和建筑艺术的光汇集于教堂尖塔[4]19。在这一宣言中格罗皮乌斯倡导建筑师、画家和雕塑家必须重新认识和掌握建筑的复合特征，要把它作为一个整体来对待，特别是强调了手工艺的重要性，提出："建筑师，画家，雕塑家，我们都必须回到手工艺！因为艺术不是一种'职业'。艺术家和工匠之间没有本质的区别。艺术家也是一位高尚的工匠……让我们……创立一个新的工匠行会（new guild of craftsmen），没有阶级的区别，这造成了工匠和艺术家之间傲慢的隔阂！

图6 莱昂内尔·费宁格创作的有关包豪斯理念的表现主义大教堂的木刻画

让我们共同渴望、构想和创造未来的新构筑，它将把建筑、雕塑和绘画融为一体……" [5]49。

伊顿在包豪斯开始他的活动时，传统的道德和社会规范在战争后已经失去了效力，这是一个"严重不和谐"的时代，一个普遍失去方向的时代，包豪斯的学生更倾向于争论和辩论，在政治上比较活跃，而不是作为艺术家或工匠工作。他们对实用手工艺没有什么热情。在这个极度困难的时期，伊顿通过他的个人能力、教学技巧和严格的纪律来激励包豪斯的新生（包括他的20多名维也纳学生，他们跟随他来到魏玛），以积极的方式面对形式和色彩的问题。伊顿用他的努力克服了这种混乱的局面，展现出他的决断能力。他通过引入预备课程，将其作为包豪斯教义中的一个固定元素，为学校的稳定作出了决定性的贡献，使得包豪斯教学系统能够实现某种程度的正规化。

伊顿极具个性，有着某种神秘主义的倾向。一战前后的中欧地区普遍盛行着各种各样的新信仰，当时这些思想也渗入了包豪斯。伊顿相信，每个人都有天生的创作能力，要通过一些方法把他们的艺术才华解放出来。他的外在特征表现了内在信仰。他装扮如僧侣一般，穿着一件宽松的长罩袍。他说服了大约20名学生来模仿他的衣着习惯和行为举止。[3]伊顿的奇特行为及其短暂的执教时间某种程度上使他在后来的包豪斯历史中常常受到弱化，尤其是当他和格罗皮乌斯发生教学理念的冲突之后。事实上，他在早期魏玛包豪斯中发挥了重要的作用，其教学也极具特点，并且奠定了包豪斯教学预备体系的坚实基础。

2. 教学目标和方法

伊顿的教学目标是非常独特的，这也造成了后来他和格罗皮乌斯之间的对学校发展方向看法的矛盾。他认为："我的教学不是针对任何特定的、固定的、外在的目标。人类本身，作为一种能够改进和发展的生物，在我看来，是我教学努力的任务。发展感官，提高精神上思考和体验的能力，放松和发展身体的器官和功能——这些都是教师关心教育的手段和途径。"①这些话揭示了伊顿对艺术教育的理解，它超越了使学生有资格进入艺术职业

---

① Itten. Padagogische Fragmenteeiner Formenlehre(1930) 转引自参考文献 [1]。

生涯的简单训练。因此，预备课程并非为传递基本绘画能力的一种方式，就像传统艺术训练一样，相反，它是一个程序，将"整个人类"看作是一个由身体、精神和智力组成的整体——他要完善人的有机整体。他在著作《色彩的艺术：色彩的主观经验和客观原理》中曾经指出"表达应该是从内心释放出来的，帮助学生发现他主观的形式和色彩就是帮助学生发现他自己"。[1]

伊顿在包豪斯的早期教学具有明显的表现主义倾向，并带有一些达达主义的痕迹。伊顿从体操练习（图 7）开始他的课程，为了使身体能够表达自我，体验事物，唤醒体内的这些事物，首先必须体验。正因为如此，他觉得需要体操练习，去体验，去感受，去解开混乱的束缚，去震撼身体。只有到那时，和谐性才得以实现。这些初步练习无疑是受到霍泽尔的启发。保罗·克利在 1921 年描述了这些练习：

他原地转了几圈之后，朝一个画架走去，画架上面有一块画板，上面有一层写着字的纸。他拿起一支炭笔，他的身体紧缩在一起，就像是在给自己充电一样，然后突然连续两次放松开来。人们看到两个充满力量的笔触形式，在最上面的一张纸上画上垂直和平行线，并要求学生临摹……然后他下达命令，让他们在站立时做同样的练习。它似乎是一种身体按摩。[2]

图 7　伊顿的体操练习

① Johannes Itten. Translated by Ernst Van Hagen. A treatise on the color system of Johannes Itten，based on his book *the art of color*. Van Nostrand Reinhold Company. 1970.

② Paul Klee. Briefe an die Familie，1899-1940. 转引自参考文献 [1] 的第 103 页。

运用这种方法，伊顿并非只是在培养学生的兴趣，或者是使他们掌握一种技能，他的意图恰恰相反：学生们用他们的运动技能以放松和解放自己，并直接通过身体体验运动和节奏，以达到身体和谐的状态并唤起创作潜能的发挥（图 8、图 9）。

图 8　伊顿指导的双手画练习，1930 年　　　图 9　伊顿指导学生的节奏练习，1920 年

伊顿的预备课程训练主要由以下四个部分构成：

a. 对比理论

根据伊顿的观点，所有可感知的事物都是通过差异来感知的，因此对比理论构成了整个课程的基础（图 10）：明暗对比、材质和肌理研究、形式和色彩理论、节奏和表现形式，从它们的对比效果方面进行了讨论和展示。因此，伊顿会让学生在基础课程中通过一系列的对比来工作，例如，"大—小，长—短，宽—窄，厚—薄，黑—白，多—少，直—弯，尖—钝，水平—垂直，高—低，平面—线性，平面—体块，粗糙—平滑，硬—软，静止—运动，轻—重，透明—不透明，连续—间歇等。"此外，还加上了由霍尔泽启发并从他那里继承过来的 7 种颜色对比：颜色的对比，亮 - 暗对比，热 - 冷对比，互补对比，单色对比，质对比，量对比等。

明暗对比（light-dark contrast）练习是一种基本的设计方法，在伊顿看来也是最具表现力的一种，它占了课程的很大一部分，让学生们在自由感知和想象的基础上掌握主题。伊顿让学生制作了从最亮的白色到最暗的黑色，在相同的等级范围内移动的色调。这是伊顿色彩球理论的延续，他设计了 7 个明度和 12 个色调的色彩球平面图（图 11），非常著名。

图 10　伊顿创作作品：The Encounter，1916

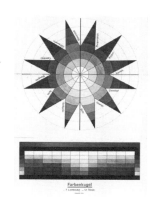

图 11　伊顿的色彩球平面图

b. 对于材料的研究

为了提高学生视觉上和触觉上的感官，伊顿在他的课程中对材料和肌理进行了研究，这些材料和肌理研究后来被他的继任者莫霍利·纳吉接管。

在包豪斯，伊顿有一长串彩色的材料样本，用来对不同的肌理进行触觉评估。学生们必须用指尖和眼睛来感受这些肌理。经过一段时间后，他们的触觉会大大地提高。然后他让他们用对比材料制作肌理蒙太奇。这些二维和三维肌理模型是先锋设计原则的一个例子，这些原则在立体主义和达达主义中是常见的，并被引入艺术家培训的教学准则中。

对材料的研究和前面提到的对比理论有所结合，前文所述对比的内容也有部分牵涉到材料，他的"材料研究"是在对比理论的总体背景下进行的，如软—硬，粗糙—平滑，尖—钝，发亮—哑光，紧密编制—有孔洞的等的对比。对于材质表面的研究包括面纱，羊毛，丝绸，针织，编织，毛皮，玻璃，金属，皮革，木材，肉，石头等（图 12、图 13）。

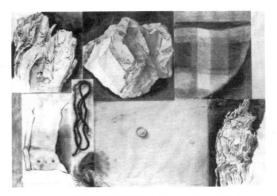

图12　伊顿对材料的研究，1917年　　　图13　学生的材料研究作业，1919–1923年

对伊顿来说，这些材料和质地的练习本身并非出于审美目的，而是要给那些开始学习的人提供帮助，帮他们从包豪斯工坊随后提供的教学中进行选择。同时，他们在材料组构练习时获得的触觉、视觉甚至情感体验，连同基本的明暗练习（色阶和色调）将成为他们研究自然的先决条件。伊顿在他的教学中对此特别重视，在包豪斯时代和之后的很长一段时间里，这都是他工作的中心。

c. 对于古代大师绘画作品的分析

在伊顿的课程中，占据了中心位置的是对古代大师的绘画作品分析，这也是霍泽尔提出的，伊顿在维也纳和魏玛以及后来在柏林、克雷费尔德（Krefeld）[①]和苏黎世的课程中都教授了这门课程，特别是在包豪斯的课程中。他并没有把这些分析作为智力上的剖析，就像在艺术史课程中所做的那样，他是通过情感和移情的方式来进行。对学生所准备的图画进行分析的目的是通过他们自己的创作行为来发现绘画的本质。

在教授过程中，他展示照片，学生们需要画出各种基本构成元素，通常是主要轮廓，一些曲线，以一种运动的方式呈现出来，这是韵律分析。然后还要进行几何结构分析，将画面归纳成一些几何直线要素的组合，提

---

① 克雷费尔德（Krefeld）是德国北莱茵—威斯特法伦州的城市，位于杜塞尔多夫的西北面，杜伊斯堡的西南面。

炼出基本构图形式。(图 14- 图 16)分析作业的重点是对一幅画的形式结构以及主要意义的情感理解。1919 年伊顿在一段笔记中这样写道：现在我说，我们想试着从艺术作品中画出基本的感觉。因此，我们可以控制这种感觉是否正确——也就是它是否与工作相对应——我们必须用手、炭笔和纸来描绘感觉到的东西。这种感觉的描绘是我课程的一个重要方面。这些虚幻的形式，采用可见的、可感知的形式，是为了发展参与者的感觉能力和理解能力，巩固感觉。[①]

图 14- 图 16　伊顿进行的古代大师绘画作品分析（左：原画；中：韵律分析；右：结构分析）

在这里感觉起到了主导作用，这是伊顿一直所强调的，但同时也有基本几何形体的构建和组织原则，体现在结构分析之中。

d. 对于基本几何形体的组构

对三种基本形式：正方形、三角形和圆形的实验占据了伊顿形式理论的很大一部分。在日内瓦的尤金·吉利亚德的指导下，他已经意识到它们对设计的根本意义，在斯图加特的霍泽尔手下它们更得到了证实。伊顿对阐明这三种基本形式的特征进行了广泛的论述。例如他在 1917 年认为：

正方形：水平—垂直，平静—刚性，和谐——红色

三角形：对角线，不和谐——黄色

---

① 　Johannes Itten. Diary no. 7. 15 February 1919, in Badura-Triska. 转引自参考文献 [1] 的第 110 页。

圆：正式，运动，和谐——蓝色 ①

这种分类尝试的灵感来自康定斯基1912年出版的"艺术的精神"（*On the Spiritual in Art*）一书中类似的思考。康定斯基相信，每一种形式，即使它是完全抽象的几何形式，也有它自己内在的声音，它是一个精神存在，具有那种和形式相同的性质……许多颜色的价值是由某些形式强化的，而另一些形式则削弱了它的价值。在任何情况下，尖锐的颜色用在尖锐的形式上会有更强烈的声音，如在三角形中用黄色；深色的效果由圆形得到强调，如蓝色用于圆形等。康定斯基在包豪斯中 ②，将基本的形式和颜色这样进行了分类：三角形—黄色，正方形—红色，圆形—蓝色。这一结果与伊顿所说的完全一致。

伊顿在一系列关于组构的练习和研究中，对正方形、三角形和圆形的设计可能性进行研究——根据它们的特性进行组构，用两个或三个特性作组构；然后再从二维形体过渡到三维形体：球体、立方体、金字塔形、圆柱体、圆锥体，用这些形体进行组构（图17、图18）。

图17 鲁道夫.鲁茨制作各种形式
石膏雕塑 1920/1921 年

图18 埃尔斯.莫格林于1921年
做的立方体构成

---

① Diary no. 10, 10 November 1917, in Badura-Triska, ed., Johannes Itten(note 8), vol.a, p.372. 转引自参考文献 [1] 的第112页。

② 后来更是在他1926年的书 *Punkt und Linie zu Flache*, 1947英文版译为 *Point and Line to Plane* 《点、线、面》中有提及。

　　这里需要指出的是，伊顿预备课程的目的并不主要是为随后的某一工坊的教学作直接准备，而是让学生有机会发现和发展自己的创新能力。在他组织的密集练习中，设计被认为是主观性和客观性、自发地自我表达和理性地确定形式选择的基本辩证法。

　　伊顿的教学方法非常有特点，他作为一种新的艺术教育学的创始人而广受赞誉。而他的研究方法也是建立在一些模型和先驱者的基础上的。伊顿对艺术教育学的真正贡献在于，他将这些趋势结合成了有效的艺术教育形式。

三、格罗皮乌斯和伊顿的矛盾

　　伊顿认为个体有义务使智力、精神和身体的力量达到和谐的平衡。他在包豪斯引入的改革练习受霍泽尔的启发，但他更赋予了其更深刻的含义。不过，他的一些做法形成了一部分师生和他的对立。一些反对他的学生有时会到凡·陶斯堡（Theo van Doesburg）那里寻求庇护，这对他和格罗皮乌斯的关系产生了一定的影响。

　　1921—1922年，荷兰构成主义团体"风格派"（de Stijl）的理论家凡·陶斯堡（图19）多次到魏玛，就"新设计艺术的基本概念"组织研讨会。参加这些研讨会的首先是那些反对伊顿圈子及其表现主义的包豪斯成员。凡·陶斯堡猛烈抨击了包豪斯的表现主义、浪漫主义的现象，他冷静而不动感情，是包豪斯早期激烈的、相互冲突的纷争中的另外一极。虽然由于他的过于咄咄逼人和武断使得格罗皮乌斯并没有聘用他，但是他对包豪斯的改向起到了一定的

图19　凡·陶斯堡

作用。[1]488 格罗皮乌斯开始重新回到战前时期对实用性、工业化和机器的强调中去。[7]134

　　此时，伊顿和格罗皮乌斯对于包豪斯的构想是截然相反的。伊顿回顾说："我对包豪斯的想法，归根结底它应该是一所以新教育原则为基础的艺术学

校。相反，格罗皮乌斯想要的是一所建筑学校的课程，他认为我的计划（当然，当时的计划还有点含糊）是一种幻想。"[1]

虽然格罗皮乌斯的计划并不包括将包豪斯的想法简化为建筑学院——否则他不会任命这么多视觉艺术大师——但伊顿与他对应用设计（applied design）问题的兴趣还是相差甚远。伊顿从来不认为预科课程只是一个预备阶段，让学生为之后成为建筑师和设计师的活动作准备。他认为这些课程应该是一个对"完整的人"（complete human beings）进行综合教育的平台，后者才是他真正的教学目标。

虽然伊顿在维也纳和魏玛时也经常讨论家具设计和建筑方面的问题，在包豪斯他甚至使用自己设计的家具，但最后他似乎认为视觉艺术（visual art）和应用设计（applied design）是不相容的。所以他在几个包豪斯作坊中作为一名形式大师时陷入了两难的境地，他需要在艺术家角色和以目标为导向的设计之间进行调解。对于他来说，这是一种走钢丝的方式。他在教授预备课程的同时，还指导了几个工坊，包括：1921—1922年与施莱默一起主持的石雕工坊；1921—1923年与施莱默一起主持的金属工坊；1921—1922年与施莱默交替主持的壁画工坊；1922年之前的玻璃绘画工坊；1921年之前的橱柜制作工坊；1921年的编织工坊。

工坊生产的几乎所有的作品都采用了一种清晰的、几何的形式语言，这种形式语言是建立在对圆、三角形、正方形和立方体性质探索的预备课程的基础上的。尽管它们有着几何词汇，但这些工坊的作品并不讲机器时代的语言，例如1920—1921年手工制作的具有三角形和正方形特征的挂毯，被认为是某种表现主义方式的个人创作，有时与民间艺术的元素混合在一起。

这些工坊项目是早期包豪斯非常典型的，它们是为重新开始的设计教育而进行努力的结果，这种教育最初是在新的艺术（art）和手工艺（craftsmanship）综合的旗帜下进行的，是在工业（industry）取代手工艺（craftsmanship）之前，是对进入"新的、哥特"时代的一种乐观的表达。正如格罗皮乌斯在

---

[1] Itten. Grundlagen der Kunsterziehung (1950). 转引自参考文献 [1] 的第 120 页。

1919 年 12 月所认为的那样：它在表现主义中找到了第一个象征。在那个时候，伊顿和格罗皮乌斯是一致的。但随着时间的推移，他们之间的分裂不可避免。1922 年，格罗皮乌斯以"艺术与技术——一个新的统一"为格言，迎合了新的时代精神的崛起，为依然年轻的包豪斯进行了第一次方向上的改变。这标志着包豪斯创始年代的乌托邦和表现主义阶段的结束，朝向实用性（pragmatic）的、建设性（constructivist）的、以工业为导向的、新客观主义的稳定阶段过渡 [8]。

伊顿不准备参与课程的改变，也不愿分担这一变化的责任。他在 1922 年 10 月 4 日的辞职信中写道："亲爱的格罗皮乌斯先生：由于我对如何解决包豪斯问题的看法与你作为学校校长试图解决这一问题的方式不同，我发现自己无法承担起为成功解决问题作出贡献的责任。这迫使我请你在 1922—1923 冬季学期结束时将我从包豪斯的教职员工名单中除去。"①1923 年春天，伊顿离开了包豪斯，接替他的是新来的拉兹洛·莫霍利·纳吉。

格罗皮乌斯和伊顿的矛盾十分突出，以至于在 1923 年夏天举办的包豪斯展览及其相关出版物中，大大弱化了伊顿在早期教学中的重要作用。出版物中包含了许多来自伊顿课程的插图，但他的名字在这份出版物中很少出现。伊顿多年来一直是教职员工的一员，在学院成立的前几年里是一支关键的力量，但这里只提到了一处，是作为"形式教学"的大师，仅限于"来自于预备课程"这一概括性的评论。只有在非包豪斯制作的作品的插图才加上说明"来自于维也纳伊顿的课程"。而在伊顿指导下的工坊作品并没有标注上伊顿的名字，而是标注了继他之后的大师名字，例如施莱默或莫霍利·纳吉。毫无疑问，这本书的出版多年来掩盖了伊顿对包豪斯教学所做出的重要贡献。

---

① Itten, in Rotzler, ed., Johannes Itten (note 6), p.73. 转引自参考文献 [1] 的第 122 页。

结 语

伊顿是一位极具个性的艺术教育者，他所开创的预备课程，在某种意义上说，是包豪斯教育学的基本核心。在包豪斯建立时期，他和格罗皮乌斯一样倡导杰出的、自主的人格。他不仅是预备课程的带头人，而且作为形式大师，在一段时间内拥有很大的权力，这使他能够一度成为包豪斯的非正式的、秘密的主管。他以出色的教学能力为包豪斯教学体系的正规化奠定了坚实的基础。

伊顿对包豪斯设想的目标是一个对"完整的人"（complete human beings）进行综合教育的平台，强调自主性艺术（autonomous artistry），艺术的自由表达精神；这和格罗皮乌斯后期所强调的设计的目的是满足社会义务，满足使用功能，和工业生产相协调的方向具有极大的冲突。这种艺术自主性和满足社会需要的不同目标的争论从德意志制造联盟时期已经开始，贯穿于从德意志制造联盟到包豪斯发展的长期历程之中。这一持久的争论造就了包豪斯各种异质特性多元共生的特点，也使其呈现出各种力量分裂对抗而又持续均衡的独特局面。

伊顿所开创的预备课程成为包豪斯学校极具特色的基础课，在世界的艺术教育史和建筑教育史上都具有重要的地位。这门预备课程后来影响了具有包豪斯教学特点的上海圣约翰大学建筑系（1942—1952）的教学。有关圣约翰建筑系主任黄作燊在教学中如何实践并转化这一类型的课程训练是需要更进一步深入研究的课题。

参考文献

[1] Rainer K. Wick，*Teaching at the bauhaus*[M]. Hatje Cantz Publishers，2000.

[2] S. Giedion. Space，*Time and Architecture*[M]. Havard University Press. 1967.

[3] [英] 弗兰克·惠特福德著 . 林鹤译 . 包毫斯 . 北京：生活·读书·新知三联书店 .2001 年 12 月 .

[4] Magdalena Droste. English translator：Karen Willians. Bauhaus. Benedikt Taschen. 1993.

[5]　Edited by Ulrich Conrads. Translated by Michael Bullock. *Programs and manifestoes on 20th-century architecture*[M]. The MIT Press，Cambridge，Massachusetts. 1997.

[6]　Johannes Itten，*the art of color*[M]. Van Nostrand Reinhold Company. 1970.

[7]　[美] 肯尼斯·弗兰姆普敦 . 现代建筑：一部批判的历史 [M]. 张钦楠，等译 . 北京：生活·读书·新知三联书店 .2004.

[8]　Alan Colquhoun. Modern Architecture[M]. Oxford University Press. 2002.

黄作燊先生小传

一、早年岁月和海外求学

1. 早年岁月

黄作燊先生祖籍广东番禺，1915 年出生于天津。黄家上几代都是书香世家，其中一位曾祖名叫黄小松，是位生活在前清的诗人，其诗集至今仍保留在上海以及全国数家藏书楼。黄作燊的爷爷是位私塾先生，一生清贫。黄作燊的父亲黄颂潘是他的长子。黄颂潘从小出门谋生，早先做过海军并曾参与过甲午海战。他不但好学肯干，而且精通数学，后来又自学英语。服役结束后他来到了天津市，替英国人开办的亚细亚石油公司推销煤油，这是件不容易的工作，因为那时的一般老百姓还不知道煤油的用处。但他通过努力，成绩斐然，加上当时会英语的人不多，没几年后他就被英国人提拔为经理。从此，他成了天津的富户。虽然富裕，但是他为人十分慷慨大方，不拘小节，在广东老家的父母和亲戚一大家人，全靠他一人赡养[①]。颂潘先生勤学肯干的作风和慷慨大方的为人品质，为黄作燊作出了很好的表率。

当黄作燊出生时，家中的经济状况已经比较好。兄弟姐妹五人中，黄作燊是最小的一个，他从小就十分聪明伶俐，也因此得到了全家人的格外宠爱。

当时来往于黄家的朋友多是一些社会名流，颇有地位和修养，而且都有着共同的爱好，如

图 1　黄作燊十岁左右在天津

---

① 　2000 年 9 月 12 日黄作燊之子黄植提供文字介绍。

戏曲、字画、古董等，也常常谈论这些。颂潘先生和朋友交往活动时常常将黄作燊带在身边，并经常带他到戏园去听戏，因此，黄作燊从小就受到了各方面的艺术熏陶，也培养了他对艺术的兴趣。

五岁时，黄作燊进入一家天主教开办的法国学堂，当时他是许多外国侨民中唯一的一个中国学生，而且从小学到中学，他一直都在专为外侨子女开办的学校读书。因此，他从小就有相当扎实的外语基础，并也深深受到西方思想的影响。虽然他父亲也曾请家庭教师替他补习中文，但英语还是几乎成了他的主要语言。后来他留学英美回国之后，开办圣约翰建筑系时，上课也均用英语，可以说，英语几乎成为了他的母语。

黄作燊先生从小数学特别好，因而深得父亲喜爱。黄作燊出生时，他们家一直居住在租界里。当时的天津租界，一切都已十分殖民地化，深受西方思想影响。在当时中国人眼里，英美是最高文明的表现，要想国富民强，就必须学习英美的先进科学技术。同样他父亲也认为：西方的文化当时非常进步，要想子女们有更好的前途，就得把他们都送到国外去读书。于是两个男孩，黄作燊和他哥哥黄佐临去了英国，而黄作燊的三个姐姐则去了美国，分别学牙医、生物和文学。

颂潘先生原打算让长子黄佐临继承他在亚细亚的事业，于是让他在英国学商业管理，但是佐临在英国喜欢上了莎士比亚和戏剧，读完商科并回中国从商一段时间后，终觉不如意，结果又赴英国学戏剧，最终成了中国著名的话剧导演，后来也使戏剧艺术对黄作燊产生了不少影响。

颂潘先生开始觉得黄作燊的口才好，想让他学法律，将来当个律师，但黄作燊自己不喜欢。他父亲看他数学好，于是又建议他学工程，最后黄作燊参考了父亲的意见，决定去英国学习建筑。之所以选择英国是因为当时的英国十分强大，被认为是一个文明的国家。他父亲的亚西亚煤油公司就由英国人开办，而且他的哥哥刚从英国留学回来，因而英国成为首选。而之所以要选择建筑这个专业，一方面是因为他父亲认为一个人要有一种专门技术，生活上才能有保障，"有个自由职业是安当的，不需要靠人的"；另一方面则是出于黄作燊本人的兴趣，他曾提及"以前在家时，因为家里在盖一座房子，我常常去看，因之，对建筑发生了兴趣"[1]，又加之他从小在来往宾客中所受的艺术熏陶使他很喜好画图和艺术，因此他决定学习建筑。

2. 英伦求学

1932 年，黄作燊前往英国。他父亲先把他和他三个姐姐送到美国，带着他们参观了当时正在纽约开办的世界博览会，然后颂潘先生一人返回中国，黄作燊则登舟赴英伦，他的哥哥佐临在伦敦接待了他。他先在剑桥的一所学校学习，后来进入了伦敦建筑联盟学校（A.A. School of London）学习建筑。没想到黄作燊与父亲的这一别，竟成了他们的永诀。当颂潘先生 1937 年在天津逝世时，正值黄作燊在英国求学。因此，黄作燊再也没有能够见到他的父亲。

图 2　黄作燊（右一）与黄佐临（左一）、丹尼（中）在伦敦（1937 年）

由他哥哥介绍，黄作燊住在一个信奉"奎革"教的家庭，与他们相处共有六年之久。这家人拥有"凯德不雷"巧克力公司。户主名叫 Hazelton，是

---

① 黄作燊个人档案，同济大学档案馆。

位很典型的英国绅士，为人正直，对黄作燊兄弟俩都很好。直到 1979 年，黄佐临还收到九十多岁的 Hazelton 的信，问起作燊，不知他的这位中国朋友在"文化大革命"后怎样？ ①

这个家庭信奉"奎革"教派，他们相信在每一个人的内心都有基本的善性，因此这个家庭的成员都反对战争与暴力，这些给了黄作燊很深的印象。他很敬仰他的一家，而他自己的人生观与处世态度，也同时受了他们的许多影响，养成了凡事多忍让，不愿激烈冲突的性格。

黄作燊先生在伦敦建筑联盟学校（A.A.School of London）读了五年。这个建筑学院是英国建筑协会 (Architecture Association) 会员组织成的专门学院，在英国已有了一百余年的历史，由一些具有现代建筑思想的英国建筑师为对抗学院派思想根深蒂固的皇家建筑师学会（Royal Institute of British Architectures，简称 RIBA）而创立，其目的是宣扬现代建筑思想，推动现代建筑的发展。它是当时教学最自由的学校，很注重发挥学生的想象力。直至今天，这所学校也是以先锋派思想而著名。黄作燊认为"在 A.A. 的学习给他奠定了一个做建筑师的基础"。

黄作燊开始时在该学院学习结构专业，因为他的父亲认为这是一门比较实用的行业。但是后来他自己对建筑更有兴趣，于是决定改学建筑。

黄作燊在 A.A. 的学习是相当辛苦的，每天往往在制图板前一待就是十几个小时，对其他事情几乎毫不在意。据黄佐临先生后来回忆："作燊读书是努力的，但他不分昼夜，常常用功到凌晨。" ①

在 A.A. 的时候，黄作燊对现代建筑及当时已开始略有名声的一些年轻的现代派建筑师，如 B.Lubetkin，E.M.Fry，F.R.S.Yorke 等感到了很大的兴趣 ②。当时著名的现代建筑师格罗皮乌斯因包豪斯被纳粹遣散而来到英国，黄作燊由此接触到了他。格罗皮乌斯，带有强烈的理想主义思想和英雄主义气质，对于学生来说，极富人格魅力，成为学生崇拜的偶像。格罗皮乌斯的"建筑的美在于简单和实用"一言给了黄作燊很大启发，他一直向往着跟随格罗

---

① 2000 年 9 月 12 日黄作燊之子黄植提供文字介绍。

② 罗小未，钱锋 . 怀念黄作燊，建筑百家回忆录续编 [M]. 北京：知识产权出版社，2003.8.

皮乌斯学习。因此,当1937年格罗皮乌斯受聘前往美国哈佛设计研究生院教授建筑时,黄先生亦追随其前往哈佛,虽然他当时还未曾毕业,但他没有犹豫。后来他以优异的成绩被哈佛录取,终于成为了格罗皮乌斯的学生,愿望得以实现。

当时,在伦敦建筑联盟学校的时候,老师们由于受现代思想的影响,认为理论应该和实践活动紧密结合,相互促进,因此都一边在学校教书,一边在外做建筑设计,这种方式影响了黄作燊,这也是黄作燊回国后一面教学,一面开业的缘由。

在英国的学习阶段,他的课程内容包括都市计划。在学习中黄作燊意识到都市计划的条件是要有一个有计划的社会制度,所以他也一直在关切苏联的五年计划。早期包豪斯的思想中带有很多社会改良主义思想,随着包豪斯的创始人格罗皮乌斯来英国,这种思想给当时的建筑学院带来影响,也影响了黄作燊。他对于那时候在计划控制下的苏联格外地关心,因为他觉得这最为接近其理想的社会形态。但后来苏联的清党运动,却又引发了他的一些疑惑。①

在英国的时候,黄作燊全方位地接触到了活跃于现代建筑运动中的一些主要人物,如勒·柯布西耶、密斯·凡·德·罗、阿尔瓦·阿尔托等,并承认他们对自己的深刻影响。他十分欣赏柯布西耶在作品中所显示出的独特而强烈的造型能力,因此他学生时期的设计作业就很像柯布西耶的作品,但在形体上稍微"软"一些。

每年暑假期间,他同他的同学和朋友都去欧洲大陆旅行,并因此曾在法国巴黎见到了勒·柯布西耶(图3)。据黄作燊后来回忆,柯布西耶非常友好,虽然他当时只是个二十二三岁的年轻人,但柯布西耶同他非常谈得来,带他参观了他的事务所,并流露出想留他实习的意思,但他婉言谢绝了。柯布西耶告诉黄作燊他特别喜欢中国的剪纸,黄作燊说将来他学成回国后定会给他寄来,以报知遇之恩。但后来黄作燊回国后因战事加上政治运动,一直没有能够完成这一承诺,他每当想到此事,都感到万分遗憾。

① 黄作燊个人档案,同济大学档案馆。

之所以黄先生没有接受柯布西耶的邀请，据他自己后来回忆，是因为他觉得格罗皮乌斯的建筑创作思想更加吸引他，"更加合理一些"。同时，格罗皮乌斯的英雄气魄也深深地吸引着他，引发他的决心："我崇拜英雄是因为自己也想做一个像他那样的英雄。"

图 3　黄作燊与勒·柯布西耶（1936 年左右）

伦敦建筑联盟学校对学生的培养不止在建筑学上，同时向学生介绍了西方艺术、音乐、绘画的知识。黄作燊兴趣爱好十分广泛，也多才多艺。他对古典音乐很理解，在伦敦、波士顿等地时，常去当地交响乐队和独奏家的音乐会。他对于西方的艺术和绘画也有深刻的见解。同时，他在体育上也充分施展了天分。他善于网球，滑雪和冰球（Hockey），也喜欢在奥地利的阿尔卑斯山滑雪。据他回忆，西方人总因他个子小，比赛时不把他放在眼里，结果他往往是遥遥领先，令身形高大的西方人们好不惊奇。①

1938 年，黄作燊离开了他生活了五年的英国，坐上了横跨大西洋的轮船，来到了美国新大陆。在哈佛大学，他成为格罗皮乌斯的第一个中国学生，在他之后还有贝聿铭、王大闳等。贝聿铭也和黄先生熟识，他后来在"文化大革命"之后回国时，也曾问起过黄作燊的情况，并想和他叙旧，终未能如愿。②

---

① 2000 年 9 月 12 日黄作燊之子黄植提供文字介绍。

② 陈从周，怀念建筑家黄作燊教授 [M].// 同济大学建筑与城市规划学院编，黄作燊纪念文集，北京：中国建筑工业出版社，2012.

在哈佛期间，黄作燊直接受教于哈佛设计研究生院（Graduate School of Design，简称 GSD）格罗皮乌斯门下，深受"包豪斯——哈佛"教学思想的影响。师从格罗皮乌斯的这段时间，让他全方位接触到了现代建筑的思想。格罗皮乌斯教学思想中对于建筑材料和形式之间关系的探索，和建筑要面向大众的主张成为了黄作燊建筑思想最深层的根源。

3. 在哈佛大学设计研究生院

黄作燊在哈佛设计研究生院跟从格罗皮乌斯学习了 3 年，从 1938 年到 1941 年。1940 年 9 月至 1941 年 3 月他同时在纽约的 Pierce Foundation 研究委员会担任研究员，研究预构建筑[①]。

在美国期间，黄作燊认识了当时正就读于波士顿艺术学院的程玖女士，她很欣赏黄作燊的才能，和他成了朋友，不到一年，结成伉俪。

黄作燊从哈佛毕业时有几家美国公司要雇用他，但是他不想留下，就是要回国，还想去延安。因为他当时看到了一本书，是一位曾经去过延安的美国记者和作家埃德加·斯诺（Edgar Snow）所写，书名叫做"A Red Star Over China"（《西行漫记》）。该书以富有浪漫色彩的笔调对延安解放区的生活进行了描绘，使他对中国和解放区产生了极大的信心。

图 4 黄作燊夫妇（1940 年代）

① 黄作燊个人档案，同济大学档案馆。

同时他觉得虽然毕业于名牌高校，受教于知名教授，但他的国家还十分贫弱，作为一名普通建筑师，他有着各种障碍和限制。他不愿寄人篱下地在美国人的指挥下工作，他更愿意作自己的主人，因而打算回中国，将他所学的先进的建筑理念引入中国，为中国的建筑事业贡献力量。

1941 年 6 月 7 日黄作燊和程玖女士在波士顿近郊的奥本代尔（Auburndale）小镇结婚，然后筹备一同回国。当时程玖还没毕业，她也放弃了最后一年的学业，准备着和黄作燊一起回来。他们先开车横渡美国大陆来到旧金山，然后他们在旧金山登上了一艘荷兰邮船，在海洋上航行了五个多星期，两次跨越赤道，途经夏威夷、澳大利亚，到达马尼拉，在那里登上了一艘法国邮轮回到中国上海。[①] 那时已经是 1941 年 9 月了。

二、圣约翰大学建筑工程系的孤岛创新

1. 圣约翰大学建筑工程系概况

黄作燊回国后，本来打算去重庆，因为当时的国民政府在重庆。但后来他听说当时的重庆十分混乱，盛行官场的一套做法，讲人情，讲面子，这对于从未涉身过政界又无玲珑政治手腕的他来说，感觉很不适应，因此没有去。

1942 年，应圣约翰大学工学院院长杨宽麟教授的邀请，他进入了圣约翰大学，在土木系的基础上开创了建筑系。之所以选择圣约翰，一方面是因为他考虑到在国民党政府时，"约大是一所教会学校，不受中央教育部和南京伪政府的管辖与支配"[②]，进入教会学校对他来说从感情上更能接受一些；另一方面圣约翰大学的全部英文教学对他来说也比较合适，他的英文能力胜于中文。因此，他选择了圣约翰大学。

位于极司非而路（今万航渡路）的圣约翰大学是近代上海十分著名的大学之一。1879 年美国圣公会将培雅书院（Baird Hall）、度恩书院 (Duane Hall) 这两所监督会（又称"圣公会"）所设立的寄宿学校合并成立圣约翰书

① 程玖女士书信 // 同济大学建筑与城市规划学院编 . 黄作燊纪念文集 [M]. 北京：中国建筑工业出版社，2012.
② 黄作燊个人档案，同济大学档案馆。

院，1890年增设大学部，以后逐渐发展为圣约翰大学，是教会较早开办的一所高等学校。[①]

圣约翰大学早在1920年代之前就已经开设了土木工程系。1942年，黄作燊在土木系高年级开设了建筑组。开始时，教员只有黄作燊一人，第一届学生只有五个人，都是从土木系转来的。1945年抗战胜利后，选读建筑的学生越来越多，到了1947年那一届，已经有了十多个人。随着学生数目的增多，建筑系逐渐脱离了土木系，独立了出来，并开始招生。[②]

当时的中国建筑教育界以学院派方法为主流。中国建筑学的教师队伍是在20世纪初大批留学生回国后形成的，其中对后来中国建筑影响最大的是从清华留美预备学校毕业的庚款留美学生。而美国当时的建筑教育正是学院派盛行之时，宾大又是美国"布扎"最核心的学校，最早一批学成归国人员大都是保罗·克瑞（Paul P.Cret）的学生。而当美国教育从1929年逐步摆脱巴黎美术学院的影响而引入现代主义思想之后，清华学校因留美费用骤增，庚款入不敷出而采取收缩政策，停派留学生，改办大学，使中国最有系统，最有组织的留学与现代主义失之交臂，从而也使得中国建筑界长期受到学院派的深刻影响。[③]

当这一批深受学院派影响的人员回国并成为中国建筑设计及教育界的主力时，自然也将学院派的方法带回了中国。"由他们所开设的中央大学和东北大学这两所中国最早的大学建筑系中，学院派折中主义的建筑思潮，占了绝对上风。两校的建筑系虽设在工学院内，但艺术课较重……先生们对学生技巧和构图的要求极严。"[③]并且这种风气愈演愈烈，"几乎已经笼罩了中国的建筑教育界。"[③]

不同于第一代学成归国人员，黄作燊先生在A.A.和哈佛接受了现代建筑的教育，由他创立的约大建筑系，沿袭了他所受的教育方法，成为上海这座"孤岛"中所进行的全新的尝试。

1945年抗日战争胜利后，有更多的教师应黄作燊邀请，参与到教学工

---

① 陈从周、章明.上海近代建筑史稿[M].上海：上海三联书店出版，1988.

② 2000年3月21日访谈翁致祥先生。

③ 赖德霖.中国近代建筑史研究[M].北京：清华大学出版社，2007.

作中来。教师中有不少人为外籍，来自俄罗斯、德国、英国等国家。其中有一位很重要的教师鲍立克（Richard Paulick），曾就读于德国德累斯顿高等工程学院，是格罗皮乌斯在德国德绍时的设计事务所重要设计人员，曾参加了德绍包豪斯校舍的建设工作①。第二次世界大战时，因为他的夫人是犹太人而一家遭到纳粹的迫害。包豪斯被迫解散后，他们来到了上海。同时在圣约翰任教的还有英国人 A·J·Brandt（教构造），机械工程师 Willinton Sun 和 Nelson Sun 两兄弟（教设计）、水彩画家程及（教美术课）、Hajek（教建筑历史）、程世抚（教园林设计）、钟耀华、陈占详（教规划）、王大闳、郑观宣、陆谦受等。

1949 年新中国成立之后，外籍教师相继回国，其他一些教师也因各种建设需要而离开，黄作燊重新增聘了部分教师。聘请了周方白（曾在法国巴黎美术学院及比利时皇家美术学院学习）教美术课程，陈从周（原在该建筑系教国画）教中国建筑历史，钟耀华、陈业勋（美国密歇根大学建筑学硕士）、陆谦受（A.A.School，London 毕业）先后为兼职副教授，美国轻土工专建筑硕士王雪勤为讲师，以及美国密歇根大学建筑硕士，新华顾问工程师事务所林相如兼任教员。②

圣约翰大学培养了不少具有现代思想的建筑师，他们在各个方面作出了各自的贡献。其中 1945 年毕业生李滢③，经黄作燊介绍，1946 年前往美国留学，先后获得麻省理工学院和哈佛大学两校建筑硕士，并在 1946 年 10 月至 1951 年 1 月跟从阿尔瓦·阿尔托（Alvar Alto）和布劳耶（Marcel Breuer）等大师实地工作。她当年的外国同学们对她评价甚高，公认她是一位"天才学生"，说她当时的成绩"甚至比后来一位蜚声国际的建筑师还好"④。

除了李滢之外，另一位毕业生张肇康 1946 年毕业后，于 1948 年也前往美国留学。他在伊利诺伊工学院 (IIT) 建筑系攻读建筑设计，同时在

---

① 罗小未、李德华，原圣约翰大学的建筑工程系，1942-1952，《时代建筑》2004 年 6 期。

② 圣约翰大学建筑系 1949 年档案；其中档案中记载教师有林相如，但建筑系学生对此人并无记忆，推测为原计划聘请该教师，但实际中由于某种原因并未来系任教。

③ 圣约翰大学档案中为"李莹"。

④ 赖德霖. 为了记忆的回忆 [M].// 建筑百家回忆录，北京：中国建筑工业出版社，2000.

麻省理工学院 (MIT) 建筑系辅修都市设计、视觉设计，之后又在哈佛大学设计研究生院学习，获建筑硕士学位。他在伊利诺伊工学院时曾遇到了毕·富勒；而在哈佛大学学习时，又曾经受到格罗皮乌斯直接指导，因此，造诣颇深。

1955 年他与贝聿铭、陈其宽等合作完成了台湾东海大学校园规划以及学校部分建筑，1963 年又设计了台湾大学农展馆。王维仁在《20 世纪中国现代建筑概述，台湾、香港和澳门地区》一文中评价该作品"具有王大闳早期作品相似的手法，表现出隐壁墙，光墙混凝土框架和以当地产的天青石砖为填充墙的三段划分式立面，它也是把密斯的平面和勒·柯布西耶的细部与中国传统的庙宇组合原理巧妙地融合为一体的杰出范例。"[1] 并认为他的实践在台湾现代建筑的发展史上具有重要的地位。陈迈也在《台湾 50 年以来建筑发展的回顾与展望》一文中指出张肇康等这几位建筑师为台湾建筑教育所作出的贡献："贝（聿铭）、张（肇康）、王（大闳）这几位都是美国哈佛大学建筑教育家（Gropius）的门生，深受德国包豪斯（BAUHAUS）工艺建筑教育的影响，将现代主义建筑教育思潮及美国开放式建筑教育方式带进了台湾……"[2]

张肇康在美国的设计作品"汽车酒吧"（AUTOPUB，图 5、图 6）十分具有创意，曾被《纽约室内设计杂志》评为纽约室内设计 1970 年首奖，在当地产生了不小的影响。1972 至 1975 年他在纽约自设事务所期间，设计作品中国饭店"长寿宫"（Longevity Palace）被《纽约室内设计杂志》评为纽约室内设计 1973 年首奖。[3]

张肇康取得如此的成就不仅与他后来在美国深造有关，也得益于他在圣约翰大学时打下的良好基础。他本人曾经表示出非常感谢在圣约翰建筑系时所接受的启蒙教育，并称赞黄作燊"是一个伟大的老师"[4]。

---

① 龙炳颐、王维仁，20 世纪中国现代建筑概述，第二部分 台湾、香港和澳门地区，20 世纪世界建筑精品集锦（东亚卷），中国建筑工业出版社。
② 陈迈，台湾 50 年以来建筑发展的回顾与展望，中国建筑学会 2000 年学术年会——会议报告文集。
③ Wei Ming Chang et al. (edit): *Chang Chao Kang 1922-1992* (Committee for the Chang Chao Kang Memorial Exhibit, c1993)
④ 根据张肇康的妹妹，圣约翰大学建筑系 1950 年毕业生张抱极回忆。

图 5　张肇康设计汽车酒吧一　　　　　图 6　张肇康设计汽车酒吧二

　　圣约翰的不少早期毕业生后来成为该系的助教，协助黄作燊共同发展教育事业。这些人包括李德华、王吉螽、白德懋、罗小未、樊书培、翁致祥、王轸福等，李滢也在 1951 年回国后在建筑系任教一年。黄作燊很想自己培养一支完善的教学队伍，因为他在圣约翰开创的是一项全新的尝试，此时中国与他学术思想完全一致而又能专心于教育事业的合作伙伴很难找到。他所聘请的不少教师大都是兼职，他们的大多数精力还是放在自己的建筑业务之中，很难全心全意地投入教学。因此，黄作燊必须培养一支比较稳定的师资队伍，共同实现他的理想。1949 年不少教师的离开以及此时招生规模的扩大导致师资紧缺，这一情况加快促成了新教学队伍的成型，不少毕业生回到系中承担起教学工作。在实践中，圣约翰的这些毕业生确实为探索新教育之路作出了很多贡献。

　　圣约翰大学建筑系一直延续到 1952 年全国高等学校院系调整，之后该系并入同济大学建筑系，不少教师随系一同前往，在传承和发展现代主义建筑思想方面继续发挥作用。在十年期间，圣约翰建筑系培养了不少具有现代思想的建筑人才。该系教学思想开放，涉及范围广阔，使得学生们根据各自的兴趣爱好在不同的方面有所建树。他们在自身发展的同时，也将现代主义思想带进了各个领域。

2. 圣约翰大学建筑系的教学特点

圣约翰大学建筑系由于是一项全新的教学尝试，因此一直处于探索之中，教学内容十分灵活。学生和老师人数不多也确保了这种探索和灵活性的实现。学生们回忆"每个学期，每个老师的课都在不断地变化，基本上都不做同样的事情"。虽然课程具体内容有所不同，但是根本教学思想以及基本方法始终是一致的。它的教学思想在其课程设置中有所体现，并显示出受到包豪斯和哈佛大学教学特点影响的痕迹。

将圣约翰大学建筑系的课程体系列表与 1939 年全国统一课程计划相比较，可以看出该校的教学与当时主流教学体系的异同。这里首先需要解释1939 年全国统一课程计划。该计划由中央大学、东北大学两校建筑系主任刘福泰、梁思成以及基泰工程司的关颂声三人共同参与起草，综合了早期中央大学和东北大学两校的课程特点。

中央大学和东北大学是中国最早一批成立大学建筑教育的机构。中央大学建筑系成立于 1927 年（初称建筑科），是在当时蔡元培实施大学区制改革的背景下建立的。当时在组建中央大学时，蔡元培、周子競两位先生考虑到新时期对建筑人才的需求，力主增设建筑系，将 1923 年开办的苏州工业专门学校建筑科迁入中央大学，在其基础上重新整编师资队伍和机构建制，成立了中国首个综合大学建筑系科[1]，系主任为 1925 年美国俄勒冈大学（The University of Oregon）建筑学硕士毕业的刘福泰[2]。

刘福泰带领这支团队开始在中国进行大学建筑教育的尝试。从已有的一些资料来看，他应该依照所留学的俄勒冈大学建筑课程，制定了最初的课程体系。当然，刘福泰也并非完全照搬俄勒冈大学建筑系设计方向的课表，而是根据中国的实际情况，并结合苏州工专原有课程进行了一定的调整，减少

---

[1] 参见 1933 年 8 月的《中国建筑》杂志 "中央大学建筑工程系小史" 一文。

[2] 关于系主任的人选，校方原有意向请当时刚刚在中山陵方案竞赛中获头奖的吕彦直担任，后因其忙于该工程无法分身，后由俄勒冈大学硕士毕业的刘福泰担任。刘福泰当时与吕彦直一起从事中山陵工程。

了部分美术，增加了一些在俄勒冈大学属于结构方向的技术类课①，教学更结合实践。

继中央大学建筑系后，1928 年 8 月，位于沈阳的国立东北大学成立了建筑系，其主要创办者是美国宾夕法尼亚大学毕业生梁思成、林徽因夫妇。建筑系的教师大多是梁林夫妇请来的宾夕法尼亚大学毕业生，教学也基本仿效宾大建筑系，"所有设备，悉仿美国费城本雪文尼亚大学建筑科"②。

东北大学的课程体系与宾夕法尼亚大学很相似，具有典型的学院式教学特征。如：非常强调美术课程，贯穿四年美术课从素描到水彩再到人体写生，分量很重，反映出源于法国"画室"（Atelier）训练的一些特点；教学对于设计图案也非常重视，安排了较多课时，教师很注重图面表达；此外，课程强调历史，开设了中西方建筑史、美术史、雕塑史等众多课程，这点也同宾大相似，目的在于强调各类艺术协同熏陶培养学生的形式感，并对设计有所借鉴。事实上，他们所共有的基本特点是在学科体系上将建筑视作一门纯艺术（architecture is primarily a fine art）③，由此来设置整个课程教学体系。

1928 年，教育部为整顿统一全国大学课程，请刘福泰、梁思成以及基泰工程司的关颂声三人共同参加工学院分系科目表的起草和审查，之后统一计划于 1939 年在重庆颁发。这份全国统一科目表中建筑系课表结合了中央大学和东北大学两方面的课程，将中央大学课表中部分技术类课程列为选修课，也将东北大学图案组部分美术类课程列为选修课，提供了从重视技术实践到重视艺术和理论之间多种侧重的可能；同时统一课表也将内部装饰、庭院和都市计划等带有拓展性的课程列为选修课。新课表不仅可以同时适应这两个学校的教学，也为其他学校提供了更为灵活的选择。④

将圣约翰建筑系的课程分为技术、绘图、历史、设计四个方面，与全国

---

① 俄勒冈大学建筑系的本科培养方向分为设计方向和工程方向，工程方向具有更多的结构技术类课程。
② 童寯，东北大学建筑系小史，《中国建筑》，1931 年第一卷。
③ 宾夕法尼亚大学课程档案，宾夕法尼亚大学档案馆。
④ 具体情况参见钱锋，沈君承.移植、融合与转化：西方影响下中国早期建筑教育体系的创立 [J].时代建筑，2016/4.

统一课程相比较（表 1），可以看到其基本内容和教学重点的异同。

圣约翰大学建筑系课程与 1939 年全国统一课程比较　　表 1

类　别		圣约翰大学建筑系	1939 年全国统一课程
公共课部分		国文、英文、物理、化学、数学、经济、体育、宗教	算学、物理学、经济学（1）
专业课部分	技术基础课	应用力学 材料力学 图解力学	应用力学（1） 材料力学（1） *图解力学（3）
	技术课	房屋构造学 钢筋混凝土 高级钢筋混凝土计划 钢铁计划 材料实验 结构学 结构设计	营造法（2） 钢筋混凝土（3） 木工（1） *铁骨构造（3） *材料试验（3） *结构学（4）
		电线水管计划	*暖房及通风（4） *房屋给水及排水（4） *电焰学（4）
			建筑师法令及职务（4） 施工及估价（4）
		平面测量	测量（4）
	史论课	建筑历史	建筑史（2） *中国建筑史（2） *中国营造法（3）
			美术史（2） *古典装饰（3） *壁画
		建筑原理	建筑图案论（4）
	图艺课	投影几何 机械绘图	投影几何（1） 阴影法1） 透视法（2）

类　别		圣约翰大学建筑系	1939 年全国统一课程
公共课部分		国文、英文、物理、化学、数学、经济、体育、宗教	算学、物理学、经济学（1）
专业课部分	图艺课	建筑绘画铅笔及木炭画水彩画模型学	徒手画（1）模型素描（2，3）单色水彩（2）水彩画（一）（2，3）*水彩画（二）（3）*木刻（3）*雕塑及泥塑（3）*人体写生（4）
	设计规划课	建筑设计	初级图案（1）建筑图案（2，3，4）
		内部建筑设计	*内部装饰（4）
		园艺建筑	*庭园（4）
		都市计划都市计划及论文	*都市计划（4）
		毕业论文职业实习	毕业论文（4）

资料来源：圣约翰大学建筑系课程根据樊书培 1943-1947 所修课程整理，其中 * 部分是选修课。

　　与其他学校最为相似的是技术类课程，这一方面是因为部分技术课通常由建筑系学生与土木系学生同时上课，而各校土木系的课程基本类似；另一方面是因为建筑系教师开设的构造、设备等技术课程也多采用相对固定的教学模式及内容，与其他学校相似。因此该类课程与其他学校差别不大。但是圣约翰建筑系也有独特之处，它在这类课程开始之前安排了初级入门准备教学内容，这在其他学校中是不存在的，因而颇具特色。

　　从绘图课程来看，除了基本机械制图外，纯美术课程的比重要比学院式方法低得多。从学生樊书培的所修科目来看，素描和水彩画总体课程不多。同时，其严格程度也远不及学院式教育要求之高，"素描的过程很快，主要画一些形体、桌椅等，水彩画静物、风景，常常在街边和公园写生"。黄作燊之所以要进行该项练习，其目的主要是为了培养学生对形体一定的分析表达能力，而不在于纯粹训练学生的绘画表现能力。他设置的美术课程让学生学会观察和捕捉，并通过绘画与观察产生互动，从而培养对形体的敏锐的感觉。他对于最后绘画的图面效果并不是十分强调，更侧重于学生在练习过程中的提高。另外，在绘画过程中，圣约翰也没有像学院式体系那样花费大量时间进行严格细致的渲染练习。

除了纯美术课程的差异外，圣约翰建筑系在绘画类课程中还增加了一门"建筑绘画"课，与以往的绘画课有所不同，这门课的要求是"培养学生之想象力及创造力，用绘画或其他可应用之工具以表现其思想"[1]。从对创造力的培养这个核心目标来看，这一课程应该源自包豪斯的十分重要的"预备课程"（Vorkurs）。（这门"建筑绘画"课即是后来圣约翰建筑系进一步发展的"初步课程"的前身。）

黄作燊将"预备课程"一类的训练引入了圣约翰建筑系的教学。在初级训练中，他让学生通过操作不同材质来体会形式和质感的本质关系。他曾布置过一个作业，让学生用任意材料在 A4 的图纸上表现"Pattern & Texture"。围绕这个题目，有的学生将带有裂纹的中药切片排列好贴在纸上；有的学生用粉和胶水混合，在纸上绕成一个个卷涡形。通过这样的练习，黄作燊引导学生自己认识和操作材料，启发他们利用材料特性进行形式创作的能力，从而使他们在以后的建筑设计中能够摆脱模仿古典样式，根据建筑材料的特性进行建筑形式和空间创新探索。

历史课程方面，早期圣约翰教学内容与其他的院校有着根本区别。这门课最早由黄作燊讲授，开始时几乎讲授范围都在近现代建筑之内，没有像其他学校常见的那样从古代希腊一直讲到文艺复兴。这是由于黄作燊担心过早地将古代建筑历史教授给建筑观还不太成熟的学生，他们会很容易受到传统建筑形式的影响。因此他的历史课大多是介绍现代建筑产生的历史及其经济、社会背景等，这使得该课程带有建筑理论课的特点。

后来，黄作燊认识到一定的建筑历史和文化背景对于全面培养建筑师来

---

[1] 圣约翰大学建筑系档案，1949 年。

说仍然具有重要作用。于是，他将历史课内容扩展至整个西方建筑史，他曾聘请过 Hajek 和 Paulick 讲授这门课程。传统的建筑历史课通常只是介绍各个时代的建筑样式。与之不同，圣约翰的建筑历史课重点讲解什么时代，什么社会经济条件下产生什么样的建筑。黄作燊更注重对历史建筑产生背景的理性分析，这也是与现代建筑创作思想相一致的。

从作为核心课程的设计课来看，圣约翰大学也与原建筑院系的教学有着不同。首先，设计课十分强调建筑理论课的同步进行，以此作为设计思想和方法的引导；与学院式教学体系中理论课将构图、比例等美学原则作为核心内容不同，该理论课着重于讲解现代建筑的理论，建筑和时代、生活、环境等的关系。这从以下建筑理论课程的教学大纲中可以看出：

圣约翰大学"建筑理论课"课程大纲 表2

·建筑理论大纲（七）1. 概论：建筑与科学、技术、艺术 　　　　　　　　2. 史论：建筑与时代背景、历史对建筑学的价值 　　　　　　　　3. 时代与生活：机械论 　　　　　　　　4. 时代与建筑：时代艺术观 　　　　　　　　5. 建筑与环境，都市计划与环境
（一下）讲解新建筑的原理，从历史背景、社会经济基础出发，讲述新建筑基本上关于美观、适用、结构上各问题的条件，以及新建筑的目标。
（二上）新建筑实例底（的）批判（criticism，"评论"的意思，引者注） 新建筑家底（的）介绍和批判
·该课程的参考书籍有：Architecture For Children，Advanture of Building，Le Corbusier 著 Toward a new Architecture，F.L.Wright 著 "on Architecture"，F.R.S.york 著：A key to Modern Architecture，S. Gideon 著 "Space，Time and Architecture"

资料来源：圣约翰大学建筑系档案，1949 年。

作为理论课程的一部分，初级理论课是圣约翰大学重要的教学创新。黄作燊针对刚入门的学生对建筑缺乏整体认识的状况，对学生进行建筑基本特点的介绍，用浅显易懂的方法让学生对建筑有比较全面而准确的把握，以利于下一阶段展开各部分的教学内容。学生心中对此有基本的认识构架后，可以形成自己关于建筑学科的知识网，并且也可以对现代建筑的设计方法形成基本的认识。

将圣约翰建筑系初级理论课的内容与同时期较典型的学院式教学体系中建筑理论课程内容相比较，可以发现二者之间具有很大的区别。现将同时期采用学院式教学方法的之江大学建筑理论课程大纲列举如下：

之江大学"建筑图案论"课程大纲　　　　表3

1. 建筑定义 Difinition of Architecture	10. 平面的构图 Composition of Plan
2. 设计之统一性 Consideration of Unity	11. 平面与立面的图案 Relation between
3. 主体的组合 Composition of Work	Plan and Elevation
4. 反衬的元素 Elements of Contrast	12. 效用的表现 Expression of Function
5. 形式与主体的衬托 Contrasting Forms and Mains	13. 效用设计的观点 Functional Design
6. 次级的原理 Secondary Principles	14. 阳光与窗户 Sunlight and Benestration
7. 细节的比例 Proportion in Detail	15. 地形与环境 Site and Environment
8. 个性的表现 Expression of Character	16. 居住房屋之设计 Domestic Building
9. 比例的尺度 Scale	17. 学校之设计 School Design
	18. 公共建筑物之设计 Public Buildings

本学程之内容以分析建筑设计原理及指示设计要点为目的，于讲授原理时拟将世界各建筑物用图片或幻灯映出举例，以使学生于明了设计原理之前，用并对于世界古今各名建筑物之优点及充分了解之机会向之学习，以补充今日学生不能实地参观之困难，令学生于设计习题时将有所标榜而不致发生严重之偏差。

资料来源：之江大学建筑系档案

从之江大学建筑理论课程的大纲中可以明显看到以形式美学作为建筑入门教育的学院式的特点。虽然教学后期也有关于使用功能等内容的加入，但是其以美学原则为基础的根本出发点并没有动摇。而圣约翰建筑系的理论课程并没有将注意力集中在经典"样式"或"美学原则"等方面，而是强调建筑与人的生活以及时代等方面的关系，从现代建筑本质意义上启发学生。从二者的对比中，可以看出圣约翰建筑系教学完全不同于学院式方法，充分贯彻了现代主义思想。

3. 圣约翰建筑系后期教学调整和发展

1949年新中国成立后，包括外籍教师在内一些教师离开了圣约翰建筑系。与此同时，全国统一和新政权建立的局面下，国家教育部门要求扩大各高校招生规模，以满足大量建设任务对于人才的急迫需求。圣约翰建筑系招生规模从原来的每年只有几个人扩展到三四十人。学生规模的急速扩大更突出了师资不足的矛盾。于是，黄作燊动员了不少圣约翰建筑系早期毕业生参与到教学工作之中，使建筑系过渡到第二发展阶段（参见表4）。此时原来动荡混乱的政局已经结束，建筑系教学工作在迎接新中国的热烈气氛中进一步得到发展。

1949—1952 年圣约翰建筑系教师任课表　　　　　　　　　　表4

教师	任课	教师	任课
黄作燊	建筑理论、设计	*李德华	建筑声学、建筑理论、建筑设计
周方白	素描、水彩画、法文	*王吉螽	表现画、房屋建造
陈业勋	建筑设计	*翁致祥	房屋建造、建筑设计
钟耀华	都市计划讲授	*白德懋	建筑史、专题研究、建筑设计
王雪勤	建筑设计、专题研究	*樊书培	建筑理论、建筑设计
陈从周	中国建筑史、新艺学	*罗小未	建筑设计、建筑史
林相如	房屋建筑	*王轸福	建筑设计
*李莹	建筑设计、建筑理论（一上）		

注：带有"*"为原圣约翰建筑系毕业生。

资料来源：圣约翰大学建筑系档案

在这一阶段，圣约翰建筑系继续发展了前一阶段的几类课程，同时有些作了相应调整。作为"初步"类课程的"建筑画"在圣约翰毕业生手中得到继承和发展。例如李德华先生担任该课教学时，"内容以启发学生之想象力及创造力为主，及对新美学作初步了解，内容大部分抽象"[1]，樊书培先生担任该课时，曾经让学生用色彩表现"噩梦""春天"一类的题目，启发学生领会现代艺术思想[2]。

建筑初步课程不仅有延续，还有扩展。教师们将初步课程与技术等课

---

[1]　1949 年圣约翰大学建筑系教学档案。

[2]　2002 年 11 月访谈樊书培、华亦增先生。

程相结合增设了"工艺研习"（Workshop）课，分成初级和高级两部分在"初步"课程后期相继展开。这门强调动手操作的课程，明显带有包豪斯学校注重工艺的特点。圣约翰毕业生李滢，从美国留学回来后在该系任助教时，曾在这门课中安排学生进行陶器制作训练。这一训练通过学生的脑、手和塑造形体间的互动和统一，使他们体会形体和操作产生过程的关系。为了让学生能够从事该类练习，助教们还自己设计制造了制作陶器所需的脚踏工具转盘。

建筑技术部分课程方面，除了上文所述有了"工艺研习"课程的协助之外，原来的课程仍然继续得到延续。其中，房屋建造、暖气通风设备等课程由翁致祥、王吉螽等讲授。此外助教李德华还增设了建筑声学课。

历史部分课程方面，黄作燊出于培养学生全面素质考虑，除了外国建筑史之外，又增加了中国建筑史课程，由陈从周讲授。陈从周原是圣约翰附中的教导主任，对中国建筑历史和绘画等都有浓厚兴趣，早期曾在圣约翰建筑系中兼授过国画课。他此时自愿加入建筑系，教授中国建筑史。在此之后，他边学边教，凭着自己浑厚的中国文学功底和钻研精神，在园林和古建史方面均取得了一定成就。

除了中国建筑史外，此时历史方面一度增加了艺术史课程，由美术教师周方白任课。后来该课受新民主主义文艺理论影响在教育部的要求下改为新艺术学。

4. 在圣约翰时期的创作与实践

（1）与陆谦受的合作

黄作燊的英国伦敦建筑联盟学校的建筑老师们大都一边从事建筑教育的同时，一边也经营自己的事务所，从事实践项目，哈佛的建筑老师也同样如此，这对黄作燊也产生了重要影响。在进行圣约翰大学建筑系教学的同时，他也试图开展一些实际工程。因为这在他看来，"一来可以使自己的才能得到更加充分和直接的发挥；二来实践工作对教学也有很大的促进作用。"

1945年陆谦受从重庆回到上海，邀请黄作燊与其合作，陆谦受是他哥哥的朋友，在建筑界已经做出了一些名气，其代表作品是外滩的中国银行大楼，后在重庆也做了一些工程，业界人事关系方面相当熟悉。他在中国银行时担任建筑科的科长，和国民党政府的许多要人都有关系，具有"玲珑的外交手段和很高明的口才"[①]，而这些黄作燊全然不会。陆谦受看重黄作燊的技术，邀请他合作，而黄作燊也很想在实际工程方面有所发展，因此同意了。由此，他们开始了一系列的设计项目合作。

在合作中，陆谦受主要做人事方面的工作，负责在社会上联系项目任务，而黄作燊则在其后做实际的设计技术工作。这样，在陆谦受仍是中国银行建筑科科长的时候，就已开始了私人的营建事务。虽然当时黄作燊的薪水并不多，但是黄作燊没有提出异议，因为一方面来说，他觉得"保持了做个忠厚的人"，另一方面来说，自小高洁的品性和一贯优越的家境使他对钱看得很淡，认为"有工作就行，钱不钱，没有关系"[①]，不愿意为了这些事情斤斤计较。与此同时，他也在实际项目中锻炼自己，积蓄实力，希望能够进一步扩展自己的事业。

在与陆谦受合作阶段，他完成了早期作品中国银行宿舍（图7）。这是一个多层住宅，处于街角转角处，简洁而无装饰的外立面，局部阳台的整体凹凸，沿街的弧面，舒展的形体使其现代建筑的手法初见端倪。转角处屋顶采用了透空的花园，底部具有支柱的意象，整体带有一些勒·柯布西耶"新建筑五点"的特点。

图7　中国银行宿舍（摄影：胡暐）

---

① 黄作燊个人档案，同济大学档案馆。

（2）参与大上海都市计划

抗战胜利后，上海的城市规划工作重新开始恢复。当时在上海市都市计划委员会主持下，1945 年月 10 月再度开始城市规划的研究。政府召集了市政、工程专家举行技术座谈，1946 年 8 月 24 日上海市都市计划委员会正式成立[1]。其中，通过圣约翰大学以及陆谦受的介绍，国民党工务局聘请了黄作燊加入，作为计划委员[2]。该委员会里还有陆谦受、鲍立克、郑观宣、王大闳、白兰德、张俊文、梅国超、甘少明等。计划期限以 25 年为对象，以 50 年需要为标准，对整个上海市进行了规划。

图 8 大上海都市计划一稿

在执行秘书赵祖康的主持下，于 1946 年 6 月完成《大上海都市计划总体草案报告书》初稿（图 8）。1947 年 5 月完成二稿，1948 年春完成三稿[1]，图稿中均有参与者的签名。该规划与同时期的西方城市规划图已非常接近，一些最新的规划理论如"田园城市""邻里单位""有机疏散"等都得到了运用，成为我国第一份现代城市规划方案，既是西方现代城市规划理论与中国的具体实际相结合的尝试，又是我国近代城市规划成熟的标志。[3]

当时在都市计划委员会的工作都是兼职型的，黄作燊每天上午去计划委员会工作，下午回学校上课，晚上再有车送回工务局计划委员会。虽然薪水只是象征性的，但大家都在尽力贡献自己所学的技术。圣约翰的部分学生也参与了其中的一些工作，由钟耀华带领着绘制相关图纸等。由于这个组织是为专项任务成立的，因此当规划图纸完成之后，大家就解散了。

（3）成立五联营建计划所

黄作燊一直想继续扩充圣约翰建筑系的规模，因此抗日战争胜利后建筑系的发展势头很迅速，但工学院院长兼土木系主任杨宽麟先生并不希望建筑

① 郑时龄.上海近代建筑风格 [M].上海：上海教育出版社，1999.

② 黄作燊个人档案，同济大学档案馆。

③ 孙施文.城市规划哲学 [M].北京：中国建筑工业出版社，1997.

系发展太快，因此减缓了其发展的速度。教学方面压力的减小，使得黄作燊得以在实际工程的工作方面有了更多的发展。

1948年5月5日，由陆谦受、王大闳、陈占祥、郑观宣和黄作燊共同组成了"五联营建计划所"。"五联"就是五位建筑师联合创办的意思。他们五个人都有类似的留学英美的经历，在学术和设计思想方面比较接近，他们试图通过共同合作，发展实践业务。

"五联"当初按各人所长进行了一些分工，陆谦受负责人事方面，王大闳、陈占祥负责政界方面，郑观宣负责商业方面，黄作燊负责教育界方面，吸引同学们参与事务所的工作。这样，黄作燊也将"五联"发展成为圣约翰大学建筑系的一个实践场所。于是，"五联"给学生提供了一个理论联系实践的场所。很快地，五联发展成为一个具有相当规模的营建计划所，也成为一个新建筑的权威机构，从家具到房屋到城市设计都做，影响力很大。在五联期间，黄作燊完成了几个实际工程项目，一个是复兴岛渔管处的冰库工程，另外还有嘉兴民丰造纸厂的锅炉房的设计。据黄作燊自己认为，中银宿舍并非其最喜欢的作品，之后的复兴岛渔管处冰库工程和中国银行高级员工住宅（图9）是他自己觉得更为满意的[①]。在"五联"期间，

1947年夏天，黄作燊受邀去台湾考察了当地建筑发展的可能性[②]。同行的王大闳是黄作燊早年在英、美留学时的同学与朋友。之前黄作燊和王宠惠曾同在"曦社"兄弟会中，这是一个留学生的"知识救国"团体，1940年在纽约成立，参加者有各方面的人士，有经济学家、教育界官员、医生、工程师等[①]。黄作燊由国民党外交部部

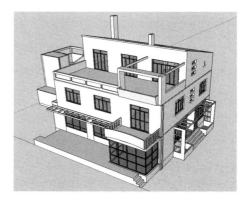

图9　中国银行高级员工住宅（复原模型）

---

① 黄植提供文字介绍。

② 黄作燊个人档案，同济大学档案馆。

长刘锴介绍加入。也就是因为参加了这个"曦社"团体,使黄作燊后来在"文化大革命"期间受到了怀疑和长期审讯,遭受了种种磨难。

（4）新中国成立前夕

新中国成立之前,"五联"的一部分搬到了台湾,"五联"成员陆谦受,郑观宣和王大闳都准备过去,也劝说黄作燊一同前往。但黄作燊一方面受《西行漫记》的影响,另一方面当时他认识了一个英国新闻处的处长,这位处长有一个叫 Lindsay 的朋友曾经在延安住过,告诉了他很多延安的事,让他觉得延安是一个极富朝气和生命力的地方。同时这位处长自己的思想也比较"左倾",他也劝黄作燊不要到台湾去,他认为中国必定要走这条路的,将来黄作燊的技术,会有机会在新中国得到很大发展,不必去香港和台湾。于是黄作燊充满希望地留下,准备为新中国贡献自己的力量。[1]

当黄作燊看到解放军非常有计划地解放上海,看到他们严明的军纪和朝气之后,对比在国民党时期的所见所闻,他的信心更强了,而且"平生第一次地感到了以前一直藏在心中的民族自卑心理的消失,油然而生一种民族自尊心"[1]。他满怀希望地准备着为中国建筑的发展奉献他的毕生所学。

1949 年 7 月,梁思成曾邀请黄作燊到清华大学和北京都市计划委员会去工作,被他婉言谢绝了。因为他觉得,清华大学学院式为主的教学方法和他的现代建筑思想并不完全一致。而且,从他归国到现在,已经培养了不少建筑学的人才,这些人成了他的班底,能同他默契地合作,他不想离开他们[1]。于是,他决定留在上海,继续在圣约翰建筑系传播他的现代建筑思想。

（5）成立工建土木建筑事务所和抗美援朝运动

1949 年之后,他和圣约翰的部分师生联合组建了"工建土木建筑事务所",合作进行了山东省中等技术学校校舍工程,进行了总体规划并设计了其中的宿舍楼和食堂（图 10）。其中食堂形体简洁,正立面采用斜面大玻璃窗,十分大胆新颖;宿舍楼运用了流动空间和中国园林融合的手法,很有特色。[2]

---

① 黄作燊个人档案,同济大学档案馆。

② 参见本书文章:从一组早期校舍作品解读圣约翰大学建筑系的设计思想。

图 10　山东省中等技术学校食堂

　　1950 年的抗美援朝运动，激起了全国人民的斗志，举国上下，齐心协力，支援朝鲜战场，同时，进行了大规模宣传活动，清除"亲美、崇美、恐美"的思想。在这一运动中，圣约翰大学也参与了各种宣传活动，表现出了旺盛的活力和生气。长期的耳濡目染，黄作燊不仅对剧场建筑十分见长，也对戏剧艺术本身有所造诣，经常亲自带领学生一块儿排戏、演戏。他曾带领圣约翰建筑系的学生排演了两部戏，一部是《投军别校》，剧名从京剧《投军别窑》演化而来，戏的内容是宣传鼓励青年人参军上前线，参与抗美援朝战争。另一部是《纸公鸡》，题目源于讲述太平天国运动的京戏《铁公鸡》。《纸公鸡》一剧用公鸡的擅斗和不可一世来影射和讽刺当时美国的骄横霸道。剧中还出现了麦克阿瑟一角。这些戏从编排到演出都是黄作燊亲自组织进行的，后来还曾去之江大学进行过表演（图 11）。①

　　黄作燊在抗美援朝的运动中，表现出了极强的爱国热情和积极性，不仅他自己组织编排了宣传的话剧，他的夫人程玖还作为翻译，直接参加了抗美援朝运动。①

---

① 2000 年 4 月 19 日访谈李德华先生。

图 11 约大和之江两教会大学联欢中演出《纸公鸡》后

　　黄作燊的爱国热情和振兴国家的愿望是由来已久的。他当初之所以去英、美学习，也是因为近代中国知识分子所普遍拥有的"师夷长技以制夷"的观点，认识到只有学会世界上最先进的技术才能使中国步入强国之林。而格罗皮乌斯的一句话"建筑最重要的在于经济性和实用性"使他受到了极大的启发，认准了这是时代发展的方向，同时也是中国正在寻找的一条出路[①]。包豪斯的进步思想，如提出的解决工人住宅问题，为其考虑阳光、空气等，更使他确信这一方向的科学性，成为其坚定的追随者。而他在受到勒·柯布西耶的邀请时并没有留下，就是因为在他的心目中，格罗皮乌斯的社会责任感更令他钦佩，他的建筑思想令他觉得"更加合理一些"，觉得更能够解决迫切的现实问题，也更加符合中国应该努力发展的方向。他始终将国家的前途和发展放在心中。而后来包豪斯这一很早就带有进步色彩的思想在中国遭到了极大的误解；同时黄作燊也因为宣扬现代建筑思想，遭到了不公平的待遇。

三、任教同济大学建筑系

1. 院系调整和初成立的同济建筑系

　　虽然新中国成立之初西方国家对中国进行了全面的经济封锁，但在苏联的帮助下，1952 年中国在经济上完成了国民经济的恢复工作，同时也开始

---

① 黄植提供文字介绍。

了全面学习苏联的"一边倒"的局面，这对于高等院校的建筑教育也产生了重要的影响。

由于过去大学组织、教学等都是各自为政，既有国立学校，如交通大学，也有教会学校，如圣约翰大学。其中教会大学虽也受教育局的影响，但比较独立；也有很多大学原来直接受国外控制，因此国家管理十分不便[①]。为了便于管理，也为了让新中国的大学为新中国服务，于是中国教育体制仿效苏联进行了全国院系大调整。院系调整将一个地区相近的专业都并入一所学校。同时为减弱教会学校和外国人所办院校的力量，将这类学校都尽量拆散。于是，圣约翰大学这所上海著名的老牌教会学校大部分系科都被拆散合并进其他学校，只留下政法系（发展为今天的华东政法学院）。当初圣约翰的文科到了复旦，工科都到了同济。圣约翰建筑系，则被合并进入了同济大学新成立的建筑系，黄作燊先生以及其他圣约翰大学的师生也都同时合并来。组成该建筑系的还有原之江大学建筑系、同济大学原土木系和杭州艺术专科学校建筑系等。

院系调整之前为了做思想准备，在各学校都进行了思想改造运动，这也是 1951 年知识分子思想改造运动中的一部分，其目的是进一步在知识分子中系统地清除帝国主义、封建主义思想和批判资产阶级。在建筑界，重点涉及清除技术人员"盲目崇拜英、美""单纯技术观点"及"立场不稳"等问题，要求建立社会主义思想[②]；在教育界，则同时也是为了动员广大教师知识分子满足国家建设的需要，服从整体的院系调整和分配，为调整工作的顺利进行打好基础。

圣约翰大学的师生们也经历了这次改造，而且思想改造也确实起了很大的作用。据原圣约翰毕业生罗小未先生回忆，"运动之一是听陈毅的广播报告，12 个小时，吃了饭讲，讲了又吃饭，吃了饭再讲，持续了很长时间。报告确实令人开阔眼界，并且心里很服。我从小就在教会学校读书，在教会中做礼拜时，牧师讲的都很短，而且是长期积累的，不会一次讲这么多。听陈毅

---

①　1999 年 11 月访谈罗小未先生。

②　龚德顺、邹德侬、窦以德 . 中国现代建筑史纲 [M]. 北京：科技出版社，1987.

的报告觉得这个人学识渊博，心胸开阔，觉得很愿意跟着他走。……也觉得共产党是个很开明，很有文化的党。……当时这些报告让人觉得自己必须改造，不改造就无法适应新的社会，而且也的确感觉到自己受帝国主义影响太深了。一方面是检讨自己，另一方面也真的是希望能在共产党领导下工作。事实上，当时我们非常爱国，爱党，这种感情非常强烈……这个思想改造运动，使大家都很愿意地来到这里（指同济建筑系），而且来了之后就一直开会商量怎样搞好教学"①。可见，这一运动确实对于推进教师的思想进步起了很大的作用。

新成立的同济建筑系主要由三支渊源组成：之江大学建筑系、圣约翰大学建筑系和同济大学土木系。它们均成立于 19 世纪末 20 世纪初，都具有很悠久的办学历史：

之江大学是一所历史悠久的教会大学，它的历史可以上溯到 1845 年美国北长老会在宁波设立的崇信义塾，1867 年迁至杭州，改名育英义塾，1897 年改名育英书院，1906 年扩充为大学，1914 年正式改名为之江大学，1929 年设立土木系，1938 年土木系开设建筑课目，有从土木系修业一年后的两名学生转入，为建筑系第一级。后来高年级在上海南京路慈淑大楼(东海大楼)上课，由陈植、王华彬教授负责。1941 年太平洋战争爆发后曾内迁。抗战胜利后，一、二年级在杭州复课，三、四年级在上海之江大学留沪建筑系上课，增聘原中央大学教授谭垣及原海关总建筑师吴景祥等教建筑设计。

同济大学也是一所历史悠久的多科性大学，创办于 1907 年。原来只有土木系，并无建筑系，抗战后内迁，1941—1946 年时在四川李庄。当时中国营造学社也在李庄，梁思成、刘致平教授均曾在土木系兼过课，1946 年复原回上海后，曾开设城市规划（当时称都市计划）课及建筑学课。1950 年在土木系高年级成立市政组，学习城市规划、城市道路、上下水道建筑设计、建筑构造、建筑艺术（建筑史）、素描等课，主要任课教授为金经昌、冯纪忠。②

同样，圣约翰大学也是一所历史悠久的大学。因此，组成同济建筑系的

① 1999 年 11 月访谈罗小未先生。
② 董鉴泓. 同济建筑系的源与流 [J]. 时代建筑，1993 年第 2 期。

三所学校都同样有着深厚的历史，而且各自的教学有其不同的特点：之江大学原采用的是学院式的教学方法，对基本功要求很严格，在素描、水彩、平涂、渲染等方面有系统的训练，在设计方面比较注意轴线、组构、比例等规则的运用。而圣约翰建筑系及同济土木系均采用现代建筑的教学方法。因此，合并后的同济建筑系一开始就有着学术上的争论。加上学苏后在全国掀起的"社会主义内容，民族形式"的复古潮流，情况比较复杂。

同济建筑系成立后，黄作燊先生被推举为副系主任，而正系主任暂时空缺。这据说是因为院系调整时内定华东区所有建筑系均调整至同济，包括原中央大学建筑系（当时称南京大学建筑系）。同济建筑系主任已内定为该系系主任杨廷宝教授。但就在尚未正式宣布时，当时的江苏省委向中央呈报告，提出苏南苏北两行署撤销后，新成立的江苏省政府及省委设在南京，将有大量建筑任务，建议南京大学建筑系仍留在南京，中央同意了这一报告[1]。因此，正系主任一段时间空缺，所有的事务由担任副系主任的黄作燊先生负责管理。

建筑系初成立，黄作燊面对的是来自不同留学和学术背景的教师们。后来同济建筑系被称作"八国联军"，形象地反映了当初复杂的情况：主要教师如黄作燊曾留学英国、谭垣等留学美国、吴景祥留学法国、冯纪忠留学奥地利、金经昌留学德国，另外还有美术老师周方白留学比利时和陈盛铎留学日本，再加上陈从周等受教于国内的老师就成了"八国联军"。同时，由于来自不同院系的主要教师有着不同的学术背景和教学思想，在资历、学术水平、影响及国内外声誉等方面都不相上下，因此，合并后的同济建筑系在学术上形成了"群峰耸立"[1]的局面。这与国内其他几所合并而成院校的"金字塔"形稳定统一的教师队伍相比，呈现出同济所独有的特点。

面对初立的同济建筑系复杂的教师背景，黄先生基本采取了一种宽容的态度，让各位教师都能有空间发展自己的学术思想，促进了建筑系兼收并蓄的特点。[2]

当初教师们的争论情况，从罗小未先生的描述中可以清楚地了解：

---

① 董鉴泓.同济建筑系的源与流[J].时代建筑，1993年第2期。

② 2000年12月20日访谈梁友松先生。

"当时最中心的工作就是拟订教学计划，几乎成天开会，因为大家都知道要拿过去的那一套东西来是不可能的。大家讨论中也有不同意见。虽然都是教会学校，但总有争论，圣约翰大学黄作燊是格罗皮乌斯的学生，在格之前是伦敦 A.A.（Architecture Association）的，伦敦的 A.A. 是当时三四十年代教学最自由的学校，很注意发挥学生的想象力。A.A. 是从 RIBA 分裂出来的，它革 RIBA 的命。冯纪忠先生是奥地利维也纳工业大学的，那个学校和包豪斯的关系是很密切的。冯先生、金先生从奥地利和德国来，他们和黄先生的思想比较接近。吴景祥（毕业于法国的一个接近"布扎"的艺术学校）、谭垣、吴一清来自之江大学，思想比较接近中央大学。中央大学主要教师是宾夕法尼亚大学毕业的，受法国学院派影响很深。所以，同济建筑系一开始就有学院派和包豪斯思想的共存。黄家骅是 MIT（麻省理工学院）毕业的，当初 MIT 拿的学位是 architectural engineering，介于两者之间。谭垣认为黄作燊及黄家骅等都属于工程类，而他那一批人的建筑更具艺术性，因此，学术争论总是难免。

虽然这些人在一块儿总是会有争论，但有话都当面说，光明磊落，决不会背后搞小动作。讨论起来最易激动的是谭垣，特别是在为学生争分数时，认为否定他的学生就是否定他，大家都很怕他，但这个人真诚坦率，绝不会背后害人。

五湖四海的人带了同一个目的来到学校，很用心地探讨很多东西，就这样形成了同济的教学计划、教学大纲。所以后来批判我们'八国联军'，但这'八国联军'还是蛮团结的，在'腐蚀学生'方面也是蛮团结的。争论也是有的，但大家的确是带了一颗心想把这个教学搞好，想把这个系搞好，对外很团结。"①

此时，建筑系中学术思想十分活跃，建筑理论、城市规划理论，都有一定发展。同时，对城市规划学科的一贯重视，也使黄作燊先生支持依据原同济土木系较强的城市规划方面的基础，在系中设置了城市规划教研组和城市规划专业（初名"都市计划与经营"），并让圣约翰毕业生李德华先生加入该

---

① 1999 年 11 月访谈罗小未先生。

教研组，使同济建筑系成为中国第一个有独立规划专业的院系，为规划学科的发展打下了基础。

图 12　城市规划专业第一次毕业设计的成绩评定讨论会

（上排右一黄作燊，右二吴景祥，右三冯纪忠，右四为主持答辩会议的陈植）

2. 统一教学计划

1954 年，教育部有关部门在天津召开了由苏联专家指导的统一教材修订会议。这也是学习苏联的教育改革的结果。苏联教改要求：每种专业，都有一定的教学计划，这种教学计划必须经过高等教育部的审查批准。各校按照规定的计划进行教学，由此保证同一专业培养的人才都是一样的。[①]

于是 1956 年夏，中国第二次教育部门会议在北京举行，由苏联专家进行指导，从此建立起以苏联建筑教育为蓝本的中国建筑教育体系。学制为 5 年、6 年两种，该体系以培养建筑师为目标，要求通晓中外建筑历史，加强美术教学，设置雕塑、人体绘画等课程，加强了结构、施工、设备等有关技术课程，并开设了工业建筑设计。因为苏联的建筑教育注重基本功，包括绘画的技巧，也注重有关技术的课程。它的体系脱胎于法国巴黎美术学院，和

---

① A.A. 福民，苏联高等教育的改革——在京津高等学校院系调整座谈会上的讲话，同济大学行政档案，1952 年。

当时国内已有的来自欧美的学院派教育思想合而为一，由此形成了中国建筑教育的学院派主流，并沿续了几十年。[①]

由于教学大纲要求全国各建筑院校统一执行，同济建筑系也必须采用这样的课程设置（表 5）。但是，教师们对统一大纲是很不赞成的，认为它太死板，"为什么要统一，每个学校为什么不能有自己的教学目的？是不是统一了，各个学校出来的学生质量就保证了。为这些问题，教师们讨论好多次，除了教学时间以外就在讨论"[②]。但是，各方面的压力使得苏联的影响仍无法避免。

教学计划课程比较　　　　　　　　　　　　　　　　表 5

类别		1954 年高等教育部颁发统一教学计划 / 总学时		1955 年同济建筑系教学计划 / 总学时	
公共基础课		中国革命史	105	中国革命史	105
		马克思列宁主义基础	132	马克思列宁主义基础	132
		政治经济学	138	政治经济学	138
		历史唯物主义与辩证唯物主义	90	历史唯物主义与辩证唯物主义	90
		马列主义美学	42		
		体育	136	体育	136
		俄文	239	俄文	239
		高等数学	140	高等数学	140
专业基础课	绘图	投影几何及阴影透视	108	投影几何及阴影透视	108
		素描	340	素描、水彩	396
		水彩	176		
		雕塑	76		
	历史	世界美术史	36	世界美术史	36
		中国建筑史	167	中国建筑史	152
		西洋建筑史	127	西洋建筑史（包括俄罗斯及苏维埃建筑史）	141
		俄罗斯及苏维埃建筑	90		

---

① 龚德顺、邹德侬、窦以德．中国现代建筑史纲 [M] 北京：科技出版社，1987．

② 1999 年 11 月访谈罗小未先生。

续表

类别		1954年高等教育部颁发统一教学计划/总学时		1955年同济建筑系教学计划/总学时	
专业基础课	设计及理论	建筑设计初步	424	建筑设计初步	424
		建筑构图原理	34	建筑构图原理	34
		居住建筑设计原理	54	居住建筑设计及原理	339
		居住建筑设计	384		
		公共建筑设计原理	51	公共建筑设计及原理	360
		公共建筑设计	360		
		工业建筑设计原理	48	工业建筑设计及原理	240
		工业建筑设计	240		
		城市计划原理	90	城市计划设计及原理	144
		城市计划	180		
	技术	测量学	36	测量学	36
		建筑及装饰材料	85	建筑及装饰材料	85
		建筑力学	238	建筑力学	238
		工程结构	196	建筑结构	212
		建筑构造	147	建筑构造	147
		建筑及装饰施工	141	建筑及装饰施工	136
		建筑物理	48	建筑物理	48
		建筑设备	96	建筑设备(上下水道、暖气、通风、电气)	92

资料来源:同济大学建筑系档案,1954年、1955年

原来同济建筑系的设计课程因为受圣约翰时的教学方法影响,所出设计题目都是很宽泛的:"任务书自己定,设计之前先了解设计项目,如作医院先去医院服务两天,半天一个岗位"[1]。这种方法是为了培养学生自己发现问题,解决问题的能力,更好地培养其设计理解能力和思想方法,但有些学生感到有些无从下手,又受到苏联和其他学校学院式设计教学任务书的影响,去学校抱怨说任务书太简单,不如其他学校建筑系所出的任务书认真细致。于是学校对建筑系进行了批评,要求任务书写得非常具体,多少教室,多少实验室,各有什么条件等都要说明。发展到后来就变得非常仔细,一个个房间块块都知道,设计就是在基地里拼这些块块。

---

[1] 1999年11月访谈罗小未先生。

虽然整体课程安排不得不参照苏联的学院派体系，比起圣约翰大学的课程，加入了很多渲染、美术等表现课，但是在建筑教学中，黄先生仍然采用了现代建筑的设计思想。他利用设计指导课与学生面对面进行交流的机会，向学生教授从功能出发，灵活布置平面的设计方法，要求学生"联系实际，结合实际"①，教导学生从实际出发，提出问题，解决问题。与此同时，他还将一些有关于现代建筑和艺术等方面的知识讲给学生听，以弥补教学计划中所无法提供的知识，其内容基本上就是他在圣约翰大学时的一些理论课的内容。

像在圣约翰大学时一样，他讲授的范围也十分广泛，而且常常采用类比的手法，让学生理解他所讲的概念。与其他一些老师擅长理性逻辑思维的特点相比，采用联想和触类旁通的教学方法是他的特色①。例如，为让学生理解建筑的本质是空间的观点，他常引用戏剧舞台艺术来表达。他认为中国传统的戏剧舞台艺术与现代建筑空间理论有着极其相似的地方："舞台上的东西很少，但表达的含义很多"；舞台上的"二三人千军万马，四五步万水千山"与"少就是多"的概念有着异曲同工之妙。②

他广阔而渊博的艺术知识面，不仅是学生，一些老师都十分钦佩，觉得他"很有学者风范，谈吐之中引用很多中国古代典籍。而且对京剧有着很深入的了解，不仅熟知京剧流派知识，而且能从更大的范围，将它作为艺术的一个门类进行剖析，甚至也能将它作为一门造型艺术（色彩、动作定格、节奏等）来分析，做到融会贯通"②。不仅是中国传统艺术，黄先生对国外艺术知识也很精通。他对帕拉第奥作品的研究观点，至今仍给一些老师留下了深刻的印象。

黄先生不仅学贯中西，知识面广，而且内外兼修，心胸开阔，为人宽厚儒雅，对其他教师都十分平等和宽容，决不作异己性的排斥，而是谋求大家的共同发展②。而且，他对个人得失也很少计较。据其子黄植回忆"他在评职评薪会上从不计较他的级别和薪水，而有一些老师却会去争论"。

---

① 2000年12月19日访谈刘仲先生。

② 2000年12月20日访谈梁友松先生。

3. 教学中心大楼风波

1954 年起，原空缺的正系主任一职由来自之江大学的吴景祥担任，黄先生继续任副系主任。虽然黄先生与系中其他一些具有现代倾向的教师一直坚持现代建筑的思想，但是由于当时学苏情况下建筑界复古风气盛行，这种风潮也影响到了学校的校园建筑。

1955 年同济拟建教学中心大楼，向建筑系征集竞赛方案。建筑系广大教师充分发挥了积极性，几乎全系的教师，或多或少分担了许多工作，无论设计教师、艺术教师、历史教师、构造教师都发挥出每一个人的力量，按自愿结合的方式，共分 11 个小组进行工作，到三月底止，共完成了比较设计草图 15 种，图纸 117 张。为了集思广益地征求群众的意见，学校将 15 种比较设计方案公开在校内展览，共展览了 11 天，经统计参观人数达 4388 人，其中本校师生员工 2887 人，校外来宾 1501 人，收到的意见共 870 份。同时，还成立了评图委员会，由学校聘请了专家来校审查图纸。这些专家包括南京工学院建筑系杨廷宝、刘光华先生，上海市建委同志及华东设计公司罗邦杰先生等。15 种设计被分成几种类型由专家提出意见，然后将专家的意见及群众意见加以总结，制定了 14 项原则，作为今后重新制作草图的依据。[1] 可谓对此项目十分重视。

由于教师各自的学术思想不同，方案的设计风格也不一样，既有复古式样的，也有现代式样的。其中，黄先生的方案完全是现代式样，从功能出发，自由布局。但是，由于当时复古之风的盛行，校方最后选中一个完全复古的方案。该方案平面采用苏联莫斯科大学轴线对称布局，立面造型采用了中国传统的大屋顶式样，并有汉白玉栏杆、立面雕花和梁栋彩画等装饰。[2]

包括黄先生在内的系中一些老师认为这样的建筑不合时代精神，而且经济上过于浪费。当时适逢国务院总理周恩来的政府工作报告中对基建中浪费现象进行批评，全国开展了反浪费运动，系中十几位教师联名上书校党委，

---

① 1953 年同济大学行政档案。
② 2000 年 7 月访谈王吉螽先生。

要求停止建造中心楼尚未施工的大屋顶和一些立面装饰，但没有成功。教师们便上书至周总理的办公室，说明了这一情况。总理办公室为此曾派出专门工作组下来做调查，认为教师们反映的情况属实，提出的建议也很有道理，因此，敦促教学中心楼的屋顶部分和立面雕花停止施工[①]。现在学校的南、北教学楼，本来三段式的立面，屋顶部分没有建造，只剩下平屋顶，生动地反映了这一段历史。

4. 教学样板——同济工会俱乐部

在 1954 年的反浪费运动之后，建筑设计中在民族主义旗号下的复古主义之风有所压制；同时 1956 年"百花齐放、百家争鸣"的"双百方针"的实施，使建筑界的学术活动活跃起来。大家都在纷纷探索什么是新时代的建筑形式。

总体来说，现代建筑的思想在此阶段得到了迅速发展。在当时学术气氛渐浓，政治气氛相对较弱的情况下，建筑系和德国的学术交流逐渐密切。东西德国建筑界曾联合组团来学校与同济建筑系进行了广泛的交流活动[②]，德国的一些现代建筑精神也对建筑系的学术思想起了较大的影响。

在系中现代建筑思想活跃的时候，李德华和王吉螽两位教师，也是圣约翰大学的早期毕业生，合作设计了作为教学样板的工会俱乐部，参加人员还有毕业留系工作不久的年轻教师陈琬、童勤华、赵汉光、郑肖成等人。在俱乐部的方案设计中，深刻透析出黄先生的设计思想。设计注重功能布局和空间的流动性，大小空间相互穿插，室内外空间交融，打破了常见刻板的中间走道、两边房间的布局。同时该建筑采用了较新颖的结构形式，拱梁、密肋梁、人字屋架等结构构件均直接暴露，体现了现代建筑中结构美、技术美的观点，并同时满足作为教学样板向学生展示结构形式和现代建筑美学观点。另外，将室内也作为建筑的一部分同时加以设计。室内风格受抽象画的影响，用木屑材料压制的墙板等，进行材料的不同组合，体现了包豪斯的一些室内风格

---

① 2000 年 4 月 19 日访谈李德华先生。

② 2000 年 12 月 20 日访谈梁友松先生。

影响。建筑中也有很多中国传统特色的体现，如受中国园林影响的茶室布置，以及用中国屏风画进行空间的限定和分隔，体现了现代建筑的流动空间思想和中国传统空间意境的完美结合。[①]

但是活跃的学术气氛很快就被随之而来的"反右"运动所打击。在"反右"运动中，建筑系的大部分教师都受到了批判，罪名是走资本主义路线。部分学生纷纷以"大鸣、大放"的形式在校报发表文章批判教师的思想[②]。于是，现代建筑的思想又一次受到挫折，教师们迫于各种压力，不得不压制心中的看法，对一些事情保持沉默态度。

黄先生在这次反右运动中是"内定右派"，虽然他从未对家人说过，但据他的夫人程玖回忆，"他在整个反右期间如同惊弓之鸟，日子很难过。因为他的几位好友被打成右派，有的甚至锒铛入狱"[③]。在如此沉重的压力下，黄先生也不得不在教学中尽量避免一些敏感问题，无法像以前那样自由谈论现代艺术，而将设计教学重点更加放在解决设计的功能和技术等客观问题上。

5. 三千人大剧院设计竞赛

1958 年，中国在圆满地完成了第一个五年计划的基础上，开展了"大跃进"运动，在"破除迷信，解放思想"的口号下，全国掀起了建设狂潮。为响应"赶英超美"的建设号召，在毛泽东同志"教育为无产阶级政治服务""教育与生产劳动实践相结合"的指示下，高校的建筑教育也进行了改革，广大师生纷纷走上热火朝天的建设工作第一线，基本停止了课堂教学活动[④]。在此背景下，同济成立了建筑设计院，院长由系主任担任，室主任由教研组组长担任。课堂教学工作基本停止。学生由教师带领，在设计院进行各种实际项目的设计工作。在此期间参与了闵行一条街和张庙等工程[①]。

还有一些师生则组成合作小组，参与了上海市一些重大国庆献礼工程的

---

① 2000 年 7 月访谈王吉螽先生。

② 参见 1957—1958 年《同济报》。

③ 2001 年 1 月 30 日，黄植提供文字介绍。

④ 龚德顺，邹德侬，窦以德. 中国现代建筑史纲 [M]. 北京：科技出版社，1987.

方案设计竞赛。黄先生由于对剧场建筑的擅长，带领一个设计小组进行了上海三千人大剧院的方案设计竞赛。

上海之所以要建国庆工程，是受了北京国庆"十大工程"的影响。为了迎接 1959 年中华人民共和国成立十周年，政府动员了全国的重点设计力量，集中了全国的财力和物力，在北京建造了人民大会堂等十所重要的公共建筑工程，以展现"新中国十年建设的巨大成就"。在这股风气的影响下，一时之间，全国各大城市都纷纷效仿，建设自己的"几大工程"①。上海的三千人歌剧院就是在这样的背景下开始的。同时进行的还有上海历史博物馆，火车站等方案，由系中其他师生组成设计小组进行设计②。

接到这个任务后，黄先生十分激动，将大量的精力投入了其中。剧场观众厅设计的技术性要求很高。因为要在满足音质和最佳视距和视角的同时，容纳三千名观众是十分困难的③。为解决这一问题，黄先生投入了很多心血，与其他师生一起，思考了多种办法。"这是他第一次把音乐和建筑设计结合起来"，至今，其子黄植仍清楚地记得，"我目睹他是多么地兴奋，他同郑肖成，赵汉光，王吉螽等人在家里热烈地讨论设计问题……为此他还专门研究了世界上的著名音乐厅的声学设计，和他们一起阅读了世界著名声学和建筑结合的经典著作《音乐、声学与建筑学》（利奥·白瑞纳克著，Music，Acoustics and Architecture by Leo Beranek）"④。

自从指导歌剧院的设计工作以来，黄先生一直夜以继日地工作着，经常放弃休息和所喜好的业余活动。而且常常是半夜两点多钟才从学校回去，回到家中已接近四点，早上八点钟仍然按时赶到学校里，十分辛苦。甚至有一天晚上，"已经搞到深夜三点多，他怕第二天来不及回校影响讨论，就在同济新村单身宿舍一张没有被褥的棕床上，以大衣当被子躺了几个小时，一早又投入了新一天的工作。"③ 由于他还兼任民用建筑教研组的主任，行政工作和其他社会工作也极其繁忙，但他总是埋头苦干，从不抱怨，而且始终保

① 龚德顺，邹德侬，窦以德．中国现代建筑史纲 [M]．北京：科技出版社，1987．
② 参见 1958 年《同济报》。
③ 安怀起，上海三千人歌剧院设计的前前后后，《同济报》1960 年 4 月 30 日。
④ 黄植提供文字介绍。

持着极大的干劲和充沛的精力，全力地进
行工作。

在合作中，黄先生平易近人的态度和
热情认真负责的精神也使学生们十分感动。
大家都觉得"黄先生态度和蔼，没有教授
的架子""对别人的意见也非常尊重"[1]，使
大家一直能够保持良好的合作并发挥主动
积极性，共同攻克设计难关。黄先生对学
生也十分关心爱护，"有一次工作到深夜，
一位同学依着椅子睡着了，夜里室内气温
骤然下降，黄先生就脱下自己的大衣，轻

图 13　黄作燊指导学生设计

轻地盖在这位学生的身上，自己却穿着单薄的衣服继续工作"[1]。其他学生
都十分感动。有的时候，学生由于某些原因来不及完成画图的任务，黄先生
不顾自己的劳累和繁忙，主动帮助学生完成图纸任务。黄先生对学生的关心
爱护和踏实、勤恳的工作态度赢得了每一位师生的心。因此，在后来的评比
活动中，他被一致推选为先进工作者。

在大家的努力下，大剧院设计方案极好地解决了功能技术的难题。该方
案采取了两层挑台再吸取过去剧院小包厢的形式，做成跌落式小挑台，解决
了满足视线质量和观众人数之间的矛盾。同时，为了降低俯视角，作到二层
挑台之间空间尽量小，尽量薄，方案采用了悬索挑台结构，创造性地完成了
这一要求。因此，该方案在功能上受到了一致的好评，评委认为它在观众厅
的视觉质量、水平控制角、俯视角等方面质量都超过了相同容量的国外剧院
设计水平；观众厅的音质可不用扬声器装置而达到一定的清晰度；另外该设
计在配合解决技术问题的同时，在结构上采用了国际的最新结构技术——悬
索挑台和悬索屋盖及装配式钢筋混凝土结构。对新技术、新材料的创造性应
用也使得该方案尤显突出。

虽然方案在功能和各方面指标上均受到了很高的评价，但是现代风格的

---

[1]　安怀起，上海三千人歌剧院设计的前前后后，《同济报》1960 年 4 月 30 日。

形象遭到了评审人员的冷遇，被认为没有表现出中国的传统特色以及没有表现出巨大成就感。①

虽然设计组中的黄先生和一部分师生仍坚持采用简洁的现代建筑形式，但是组中部分学生在文化局人员的激烈批评刺激下，对现代建筑的形式产生了怀疑和动摇，觉得"过去大家学习创作理论，都朝着'少就是多'的方向努力，强调空间组合，但群众就是看不惯，领导就是不接受，是因为'群众的艺术欣赏水平太低'吗"？学生的心理十分矛盾。于是，有几个学生决心尝试走"民族形式"道路，来到上海歌剧院，向舞台绘图师学习民族式样的立面设计，并连夜赶制了一个民族形式立面方案，成为继前两个立面方案之后的"第三方案"。

在系中，第三方案受到了激烈争论。一些老师和学生看了后，觉得很不满意，更有些学生直抒己见："哎，你们怎么搞出这样的方案，真使我失望。"但也有少部分师生表示支持"第三方案"，认为它有气势，能体现民族精神。于是，"两种思想的争论在先生之间、先生和同学之间、同学和同学之间都表现得很尖锐"。①

虽然有争议，该方案还是作为"列席方案"与其他两个方案一起予以展示，而其"民族形式"的立面一下子就吸引了文化局领导的注意，被评为最佳立面。加上原来就很完善的功能和技术指标，方案被确定由同济建筑系与民用院协作实施。可见，虽然用现代建筑功能性方法设计出的平面布局因其客观性和技术性能够被接受，但一旦涉及形象问题，在当时的背景下仍不免要与意识形态挂钩。

虽然大家费了这么多心血，但是该建设计划因各种原因没有进行下去：一方面，"大跃进"造成的经济滑坡无法支持这一批大型公共建筑的兴建；另一方面，随即而来的三年自然灾害使经济问题更加雪上加霜，建设工作无法进行。于是这些宏伟的计划都没有能够实现。

---

① 安怀起，上海三千人歌剧院设计的前前后后，《同济报》1960年4月30日。

6. 古巴吉隆滩纪念碑方案

1960 年代初，国家实行"调整、巩固、充实、提高"的国民经济调整方案。这一段时期的调整恢复工作，纠正了"大跃进"的盲目冒进做法，经济和社会有了一段比较平稳发展的时期。

由于该阶段缩小基建规模，设计任务相对减少。而《高教 60 条》的颁布也使业已停滞的课堂教学重新得到了恢复。于是，同济建筑系的教学工作也开始正常起来。随着设计任务减少带来的建筑界学术研究气氛的再一次活跃，同济建筑系的理论探讨和现代建筑思想到也得到了进一步的发展。

国内建设项目虽然减少，但国际项目仍源源不断，建筑界常组织参加国外（主要是社会主义国家）的一些设计项目竞赛。其中，同济建筑系曾参与了波兰华沙英雄纪念碑和古巴吉隆滩纪念碑方案竞赛等。黄先生和王吉螽先生合作参与了吉隆滩纪念碑方案竞赛。参加此方案竞赛的还有葛如亮先生和戴复东先生等。

黄、王二位先生的方案十分独特，不设置突出的纪念碑，整个场地规模较大，高低起伏，让人在经过时，有一段过程的心理准备，以达到净化心灵的目的，如此通过整个场地空间环境营造氛围，使游历于其中的人心灵受到震撼和感动。[①]同时，运用了"流动空间"的手法，观者不停变化视点和视角时，得到一连串不同的感受，更加强化了环境的氛围。这些设计手法，十分新颖，深刻体现了现代建筑理论中对"空间"的重视。

但是，提交参赛的作品未能通过市文化局的审查。黄、王二位先生的探索工作和努力，也只能付之东流。

同样的命运也发生在系中其他一些教师的方案上。一些老师很有想法的方案也由于政治原因而无法选送。

对于这样的情况，很多教师都觉得很无奈，甚至有些教师对这一类的竞赛失去了信心，索性不参加，冯纪忠先生说是"眼不红、心不动、手不

---

① 2000 年 7 月访谈王吉螽先生。

痒"①，表达了他心中的愤慨。但在教学上，教师们仍然坚持了自己的建筑思想。

四、文革磨难

"调整、巩固、充实、提高"时期短暂的平稳发展很快就被"设计革命"和"文化大革命"打破了。1965 年在设计领域发生了"设计革命"运动，要求打破旧的设计体制和方法，通过思想的革命化，达到设计工作的革命化。这一改革不断地被政治化、扩大化，学术问题和设计工作，也被错误地看成是阶级斗争在设计领域中的反映。于是，很多作品都受到批判。很快地这一运动也发展到教育界，教学工作再次受到了极大挫折。

随后的"文化大革命"使先前的批判和斗争更加扩大和升级，发展为全社会的大运动。1968 年之后，学校教学活动全面瘫痪，教师们也受到不公正的批判，部分被送往各地的"五·七"干校劳动。

和其他很多教授一样，黄先生在这段岁月中，饱受摧残。从 1970 年开始，局势稍微缓和，黄先生由于高血压症，由医生开了长病假在家休息，他同时还在照顾生病的妻子。但黄先生一直保持乐观，从无怨言。他还能自得其乐，有时去福州路外文书店看西方的建筑参考资料。当他看到贝聿铭的作品时，感慨万千。

1974 年间，学校让他翻译英国人李约瑟（Josef Needham）编写的"中国科技史"一书中的土木建筑史，他极端振奋，常常昼夜不眠，忙于写作。他对工作的热情始终没有减弱过。

1975 年 6 月 15 日，离他 60 岁生日只差一个多月，黄先生突然脑溢血发作，溘然长逝。他没有等到文革结束的那一天。②

直至去世，他仍十分遗憾，当年他同格罗皮乌斯和布劳耶告别时，一心想把他的学问带回祖国，造福中国人民。但由于局势的动荡，他一直没

---

① 2001 年 11 月 8 日访谈罗小未先生。
② 2001 年 1 月 9 日黄植提供文字介绍。

有能够充分实现他一生的抱负——将他所热爱的建筑学在中国发扬光大。但唯一让他感到欣慰的是他培养出来的众多"桃李"——很多像他一样具有现代建筑思想的学生。他们将继续黄先生所未完成的愿望，将他的理想最终实现。

教师建筑设计作品解读

"现代"还是"古典"?
——文远楼建筑语言的重新解读

    位于同济大学校园内的文远楼长期以来一直被学术界公认为中国早期现代建筑的杰出代表作品。该建筑建成于1953年,对比其建成之前"整理国故"运动中兴起的大量中国复古建筑和之后学习苏联所形成的"社会主义内容,民族形式"浪潮下的又一次复古思潮,文远楼以其简洁的形体、合理的功能布局而独树一帜,成为中国探索现代建筑道路上的里程碑式的建筑。邹德侬先生在1999年《时代建筑》上的文章《文化底蕴,流传久远——再读"文远楼"》中,盛赞它所蕴涵的现代建筑特点,评价它已"并非风格化的现代建筑,它是中国建筑师已经熟练掌握现代建筑手法的有力例证"[1]。因为文远楼的这些成就,1993年中国建筑学会成立四十周年时授予该作品"中国建筑学会优秀建筑创作奖"。

图1 文远楼南部鸟瞰

图2 文远楼北部透视

    从形体来看,文远楼具有典型的现代建筑特征,如不对称的整体布局、高低错落的方盒子体量关系、平面按功能需要灵活布置、立面反映内部功能的开窗方式和反映框架结构特征的墙体处理手法、大片玻璃窗和强调水平线条的扁长形的窗扇等,在当时大量盛行形体对称、覆盖大屋顶的复古建筑的背景下让人感到全然耳目一新,呼吸到强烈的现代气息。

而文远楼确实全然不受古典思想影响，是全新的独创性探索吗？它是单纯的现代主义作品吗？通过对文远楼的进一步深入阅读，我们发现在现代主义的面纱之下，文远楼不仅具有中国传统因素的诸多影响，令人吃惊的是还渗透着多重西方古典建筑语言，是一个深具复杂性和矛盾性的作品。

一、西方古典建筑语言和中国传统因素的渗透

1. 西方学院派的主从轴线系统

从平面来看，文远楼采用不对称的布局，将大体量的阶梯教室和小体量的教室分别安排在不同体块之中，具有功能主义的特点。但是仔细阅读，会发现其平面布局有明显的主次轴线关系（图3），卢永毅教授指导刘宓的硕士学位论文中也曾提及此点 [2]。直交的主次轴线系统是学院派建筑构图常用的手法。学院作品以对称的主次轴线更为常见，而文远楼采用的是不对称的主次轴线，这种空间组织方式在不规则基地之上或采用不对称构图的学院式建筑中时常出现。

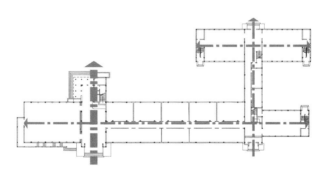

图3　一层平面主次轴线分析

不仅文远楼单体建筑具有主次轴线关系，而且包括它在内的当时校园主体建筑群的整体规划布局也采用了类似的轴线体系。1953年出自同一批设计人员的同济校园总体规划图（图4、图5）清楚地显示，文远楼（红圈标注）与其他几座相似的建筑共同构成具有对称特点的院落，其院落纵向轴线与平

行的校门纵轴线间通过一垂直方向的广场轴线相结合，形成具有典型学院派构图特征的主次轴线体系。与文远楼相似的是，群体的轴线体系也采用了不对称的手法，不知是巧合还是有更为深刻的原因。

图4　1953年同济校园规划，其中圈注为文远楼

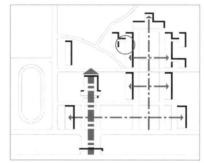

图5　1953年同济校园规划建筑群轴线分析

　　文远楼的平面和总平面都具有主次轴线，那么立面的情况如何呢？这需要考察建筑的主立面。长期以来不少人对这个建筑有一个误解，将南立面当作了它的正立面，认为其具有非常现代的自由体块和不对称的特点[①]，发表文章也大多以南面视角照片作为辅助说明。但文远楼最初设计时的正立面应该为北立面，这不仅从一些老教师的回忆中可以得知，而且上述规划总图中文远楼面对轴线院落的正是北立面的这一事实也对此作了充分的证明。由于该建筑建成之后原规划进行了调整，校门轴线向南平移至图中十字路口处，主要人流方向也由此转换至建筑南面，因此文远楼原本作为背立面的南立面在实际使用中成为了主立面。

　　考察建筑原本为主立面的北立面，与平面具有主次轴线相对应，其两个入口立面也具有主次的特点。虽然建筑整体立面并不对称，但仔细看，每个入口的立面仍然具有轴线对称性（图6），分别构成了主、次立面轴线。因此，建筑主立面同样采用了非对称的主次轴线系统的构图方式。

---

① 　如邹德侬所著《文化底蕴，流传久远——再读"文远楼"》便以南立面为主立面进行分析。

图6 北立面主次轴线分析

由此可见，文远楼单体的平、立面以至当时包括文远楼在内的校园主体建筑群的规划布局都采用了主次轴线体系，其学院派构图特点十分明显。

2. 严谨的西方古典建筑美学比例

文远楼看似由使用功能和结构体系决定的外形之下，其实隐藏着大量严谨的西方古典建筑比例关系。西方古典建筑传统中常使用一些被认为经典的从古希腊、文艺复兴至学院派以来均十分推崇的完美的比例，如1、2、3、4、5、8等这些简单数组成的比例关系，西方历史中建筑师大量使用相关的比例控制线来进行建筑设计。通过对文远楼考察，笔者发现这个作品远远不仅只是有一些比例的采用，甚至可以说它完全是一个异常精致的比例系统的整合体。

从平面来看，文远楼的布局并非完全出于功能考虑，而是由经典比例进行整体控制的结果（图7、图8）。它东端的大阶梯教室体块A和中间小教室体块C的平面在同样南北宽度的基础上反复使用了4∶3[1]的比例，而且C体块中南面的小教室也采用了这一比例。这便十分合理地解释了为何C体块南北两部分的教室进深并不相同——这个从功能和结构的角度出发无法很好解释的问题。

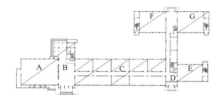

图7 平面比例控制线分析一∶3∶4

图8 平面比例控制线分析二∶2∶5和1∶3

---

[1] 原发表文章中比例线条为彩色，各比例关系通过不同色彩表达更清晰。

除了 A、C 之外的其他几个阶梯教室 E、F、G 也同样采用了 4∶3 的比例。门厅与走道部分 B、D 则反复采用了 2∶5 的比例，FG 组成的整体体块也与 C 同样采用了接近 1∶3 的比例。这些相似比例的使用，使得建筑平面充满了严谨的秩序感。建筑师为了满足这些比例，在每个体块的柱网布置上进行了不同的安排，处处体现出深思熟虑的结果。

比例控制不仅使用在作品的平面设计中，更大量体现在各个立面之上，立面轮廓和其中的窗户均由一些经典比例来进行严格构图。

北立面（图 9、图 10）是建筑的主立面，作者在 A、B、C 体块立面上反复采用了 2∶1 的比例；对于 C 体块则每一开间都用 2∶3 的比例进行控制，整体比例为 3∶10，接近于 1∶3；对于 E 体块采用了 3∶5 的比例，这些比例不仅控制体块立面整体轮廓，也控制墙面上窗户的形态比例，如 A、E 立面中的大片玻璃也都具有与体块轮廓相应的比例。C 体块中的窗户则采用整体 1∶3 和小柱间 1∶2 的两套比例，与左侧 A、B 立面及与 C 的整体轮廓分别取得某种比例呼应。

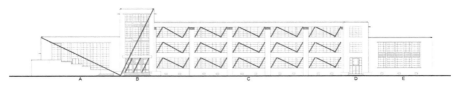

图 9　北立面比例控制线分析一：2∶1

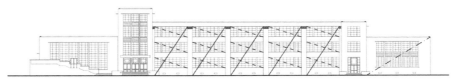

图 10　北立面比例控制线分析二：2∶3、1∶3、5∶3

主立面以外的其他立面也都由比例线控制。如南立面（图 11）的 F、G 体块及门窗都采用 1∶3 的比例，南面门廊及其柱间都用 2∶1 的比例，与主门厅和大阶梯教室立面一致。东立面（图 12）的部分体块和窗户均由

2：1控制，西立面（图13）则多用9：10的比例。其中9：10是为满足上述体块C的小教室平面3：4和立面开间2：3的结果。

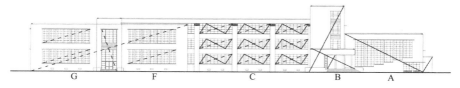

图11　南立面比例控制线分析：2：1和1：3

图12　东立面比例控制线分析：2：1

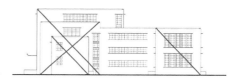

图13　西立面比例控制线分析：9：10

经典比例的使用不仅体现在体块和窗户整体形态轮廓上，还体现在窗扇的分隔中。建筑立面的大片玻璃窗中，有些窗洞由窗间小柱横向分为2：5：2的比例（图18），有些则将钢窗本身横向分隔为2：3：2或1：2：1等几块，呈现出强烈的古典美学节奏。

从以上这些分析中可以看出，看似结构和功能主义的文远楼中，具有十分严谨的古典比例。建筑形体与其说是由功能决定的，不如说更是由古典美学法则决定的。一些体块都具有良好的三维比例关系，如大阶梯教室具有十分完美的2：3：4的三维形体比例，以至于该教室在实际使用中由于室内空间太高、混响时间过长而声学效果不好，不得不多次进行内部声学改造[1]。同样作为阶梯教室的E、F、G部分，立面开窗也并没有对应于室内地面的抬升，而是采用了立面比例控制下的大片矩形玻璃窗，以至于在室内会有前排窗户过高的感觉。这些都是在形态控制下产生的一些结果。而恰恰是这些形态的控制，使得建筑整个形体具有深沉的宁静与和谐感，这与古典建筑的美学特质是一致的。

———————————
① 王季卿教授曾为文远楼大阶梯教室进行声学改造。

3. 西方古典建筑原型的隐含

文远楼不仅在主次轴线体系和大量比例控制线的使用方面具有西方古典建筑特征，在建筑形态构图中还有西方古典建筑原型的透露。

（1）凯旋门式构图

文远楼立面多处采用矩形体块轮廓内嵌套矩形大片玻璃窗或透空门洞的构图手法，如正立面的 A、B、E 体块立面（图 14）。为强调体块内部矩形的整体感，其竖向窗间墙都采用了连续横纹的装饰板，使其与玻璃呈现一致的灰度，产生了大片矩形的视觉效果，而且内部的矩形与外轮廓矩形还常具有相同的比例（如图 14 中 A、E）。

这种构图方式是典型的学院式手法，其渊源可以追溯到古罗马时期的凯旋门。凯旋门是典型的内外矩形相套接的构图形式，内外矩形往往具有相同的比例（图 16、图 17）。其中内部矩形或由壁柱和额枋构成，或是拱门内接矩形。

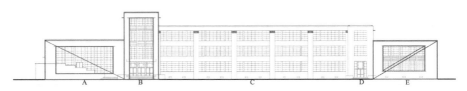

图 14　北立面"凯旋门"式构图分析

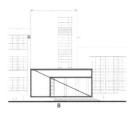

图 15　南入口门廊立面"凯旋门"式构图分析

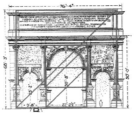

图 16　罗马 Septimius Severus 凯旋门构图分析

图 17　罗马 Constantine 凯旋门构图分析

文远楼也多处采用了源自于凯旋门的内外矩形套接的构图形式，甚至南入口不对称的门廊也具有这种构图形式的影子（图 15），只是此时的内部矩形和外部矩形有两边重合而已。

（2）古典柱式

文远楼看似十分现代的外形中，十分巧妙地隐藏着西方古代柱式的原型。这通过对建筑主体部分结构与形式之间矛盾的分析中可以逐步发现。

主体小教室 C 体块的外立面（图 18）上第三层屋顶有挑檐，如果从功能角度将之解释为遮阳板，为何一、二层的窗户上没有？此外，仔细观察 C 体块小教室的平、立面时会发现，真正起结构作用的柱子在立面上并没有表现为支柱，而是呈现为划分窗户的小柱，视觉上是窗间墙的效果；而立面上呈现支柱效果的部分实际是结构上并不承重的真正的窗间墙，其支柱的视觉效果是通过微微突出于周边墙面的手法形成的。那么，这种窗间墙和承重柱在视觉上进行转换的目的是什么呢？再仔细阅读，会发现视觉支柱顶部的一直被看作中国传统"回"字形装饰图案和支柱一起，其实是组成了一个具有抽象装饰意味的"爱奥尼克式壁柱"，而"回"字形图案则是"爱奥尼克柱头"带有中国意味的抽象变形（图 19）。那么，其上部的挑檐也非常容易解释了，它和女儿墙共同组成了檐口的感觉。在这里，"檐口＋柱子"的古典语言清晰地呈现出来。

图 18　南立面

图 19　"柱头"图案

如果"爱奥尼克柱头"的想法仅从图案来联想还不够有说服力，那么文远楼设计图纸中由黄毓麟亲自审核，学生陆轸绘制的这一图案的详图下标明的"柱头花饰大样"的字样有力地证明了这一点。不仅如此，此"壁柱"的长细比为 9.5，恰好是维特鲁威在《建筑十书》中规定的常用"正柱式"神庙爱奥尼克柱式的长细比值。由此可见，文远楼看似结构框架式的形式的表层并不体现结构，其下隐含的是纯正的古典建筑语言，这一语言通过窗间墙和承重柱的

图 20　南部入口门廊

视觉转化、挑檐和抽象柱头花饰的共同结合而形成。

　　"檐口 + 柱子"的古典柱式不仅体现在 C 段体块立面上，也暗含于南入口门廊之上。其圆柱加上部女儿墙共同形成的入口具有西方神庙柱廊韵味，东南视角对此体现得最为明显（图 20）。为了达到柱间 2∶1 的良好比例，门廊顶部专门做了下沉的吊顶。吊顶和柱子相接之处在立面上做了退进的线脚处理，更加强化了其古典檐口的神韵。

　　（3）"巨柱式"和"双重柱"

　　文远楼中 C 体块立面具有古典柱式的隐含，这是在整体层面上的古典建筑语言，在此层面之下，还隐含着另一条古典语言的线索。

　　C 体块立面的"爱奥尼克式壁柱"贯通三层，"壁柱"之间的窗洞则由窗间小柱将窗户分为 2∶5∶2 的三部分（图 18）。这种三层巨柱之间每层再用小柱的构图手法可以追溯到文艺复兴运动时期米开朗琪罗在罗马市政广场（The Capitol）上设计的博物馆（图 21）立面的"巨柱式"和"双重柱"[1]。它从文艺复兴时期一路走来，在历史上诸多复古建筑中得到使用，如加尼尔（Charles Garnier) 的巴黎歌剧院（图 22）等。甚至法国混凝土建筑大师佩雷（Auguste Perret)1929 年的颇具现代色彩的 Naval Construction Depot（海军仓库）（图 23）立面中，也具有"巨柱式"和"双重柱"的隐含 [1]。文远楼中柱式的非直露的表达方式与后者有某种相似之处。

---

① "巨柱式"和"双重柱"指立面上跨越多层的巨柱之间再有小柱式的分层次处理手法，由米开朗琪罗首创，对后来的影响很大。

图 21　罗马 Capitol 广场博物馆　　　图 22　Garnier 的巴黎歌剧院　　　图 23　海军仓库

此外，文远楼的"巨柱"之间，小柱将窗户分成 2 : 5 : 2 的三段，不仅同样暗合前文所述的古典比例，而且这种"短—长—短"的分隔节奏也是学院式建筑划分主要开间的常用的手法，其渊源同样可以在上文已提及的凯旋门那里发现。凯旋门三开间通常采用的成比例的"短—长—短"的节奏成为学院式建筑设计手法中的基本要素之一，也为中国近代诸多具有学院式背景的建筑师所采用。

通过上文的分析，我们可以发现文远楼并非以拒绝传统的先锋性姿态出现，在现代主义特征的表层之下，隐藏着丰富的西方古典语言。不仅如此，建筑表面还多处出现了中国传统图案抽象化装饰，如"勾片栏杆"的气窗（图 25）、"回"字形柱头和栏杆扶手（图 24、图 27）、暗示中国古建筑鸱尾的女儿墙压顶转角（图 26）、表达榫卯结构的层层突出方块装饰等（图 28），体现了中国传统建筑和装饰图案的影响。

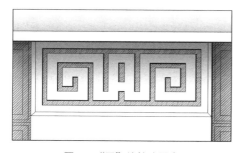

图 24　"回"纹柱头图案

图 25　气窗图案

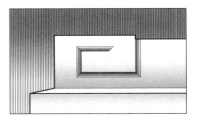

图 26　女儿墙压顶转角　　图 27　"回"纹栏杆扶手　　图 28　方块装饰

这些中国传统特征与上文所述的现代和古典等诸多特点在文远楼中共同存在，体现出建筑表层和深层的多重语言立体交织，它们共同造就了文远楼复杂而矛盾的个性。

二、建筑语言复杂性的原因分析

文远楼为何会呈现出如此复杂的特点，这与设计者黄毓麟的建筑思想密切相关。

文远楼的主要设计者是同济建筑系当时的青年教师黄毓麟[①]。他毕业于组成同济建筑系的源头之一的之江大学建筑系 (1940—1952)，曾留系任助教，1952 年全国高等院系调整时随系一同并入同济建筑系成为该系教师。在建筑系成立之初，他作为学校"校舍筹建处"的成员，为建筑工程系设计了这座后来被称为"文远楼"[②]的教学楼。

黄毓麟的设计思想直接来源于他的母校之江大学建筑系。该建筑系 1940年由中国近代著名建筑师、毕业于美国宾夕法尼亚大学的陈植等创办，陈植之前曾与梁思成在 1928 年时共同创办过东北大学建筑系[③]。他创办的之江大学建筑系其主要教师如王华彬、谭垣等均毕业于美国宾大，深受起源于巴黎美术学院 (Ecole des Beaux-Arts) 的学院式的设计和教学思想影响。之江与近代的东北大学、中央大学建筑系等一样，都采用学院式的教学体系，学生从

---

① 文远楼设计者同时还有中年教师哈雄文，他为该工程负责人。

② "文远楼"的名称取自中国古代数学家祖冲之的字"文远"。

③ 详情参见钱锋 . 近现代海归建筑师对中国建筑教育的影响 [J]. 时代建筑，2004.7。

入门的古典柱式渲染、古典构图练习开始，学习整套的设计方法。设计教学中倡导诸如对称、均衡、比例、轴线等古典美学要素。

黄毓麟在之江大学接受了四年教育，是深得其老师谭垣真传和喜爱的学生。他熟练地掌握了古典建筑设计原则和创作手法。文远楼是他承担主要设计的第一座建筑。他在设计过程中，有意无意地融入了学院式教育所形成的古典建筑语言。

之江大学的一些学生设计作业从某种程度可以直接解释文远楼中部分古典语言的出现。如新入学的学生往往从西方古典柱式的绘制和渲染开始，必须熟练掌握柱式的画法和比例，文远楼中所体现的古典柱式的抽象正是这些训练的体现。又如低年级学生还要进行凯旋门的渲染练习（图 29），而且凯旋门样式还常常出现于"公园大门""纪念碑"一类设计作业，说明了凯旋门式的构图是被直接用来指导学生进行建筑立面设计的。从之江大学学生的后期作业来看，无论是比较严谨对称的礼堂立面，还是比较自由的住宅立面（图 30），都有凯旋门构图使用的痕迹。同样，黄毓麟在文远楼的设计之中也多处采用了凯旋门式的构图形式。

图 29　之江构图渲染作业分析

图 30　小住宅设计作业分析

黄毓麟虽然接受了学院式的教育，但是他也深受现代建筑思想影响。在他学习建筑的 1940 年代，上海建筑界已广为推崇现代建筑，大量建筑作品都采用简洁的现代风格。作为执业建筑师的之江建筑系教师们此时也大多接受了现代建筑，在教学中并不要求一定复古，而是让学生自由创作。学生则多热衷于现代建筑，通过国外杂志等渠道学习现代建筑的设计手法。这在学生的一些作业（图31）中可以看出。黄毓麟在文远楼的设计中，应该受到现代建筑思想的不少影响，可能还参考了国外现代建筑杂志，因此设计出了非常具有现代感的作品。

图31　1951届之江学生设计作业

同时，这座教学楼所采用建筑材料也为建筑师塑造现代建筑形体提供了良好的条件。当年因为需要在屋顶安装测量仪器并能够上人进行测量工作，因此在物资匮乏、资金紧张的情况下采用了当时颇为昂贵的钢筋混凝土结构[1]，使得黄毓麟得以充分运用现代建筑的设计和造型方法，也由此提供了该作品具有典型现代建筑面貌的重要基础[2]。

三、结语和启示

文远楼究竟是怎样一座建筑呢？从整体形态来看，它具有鲜明的现代建筑特点，但是从多方面仔细阅读和分析，会发现它绝非一个纯粹的、完全的现代主义作品，其简洁的表面下隐藏着大量的古典建筑语言，使建筑呈现出扑朔迷离的矛盾性和复杂性。

从设计者的角度来分析，黄毓麟作为一个经历了扎实的学院式教育的建

---

① 　当时其他校园建筑大多采用较经济的砖混结构。

② 　2007年6月访谈王季卿先生。

筑师，并非一个彻底而简单的现代主义者，他的建筑思想更为丰富和多层次。西方古典建筑训练的根基、现代建筑的影响，以及中国民族思想和"国故"思想的社会意识都在他身上以某种方式共同存在着，这些异质共生的专业思想和社会思潮造就了他设计作品的丰富性和层次性，而这一特点，也恰好是解读和剖析他的建筑作品"文远楼"的关键所在。

由此出发，我们还应该看到现代建筑本身定义的复杂性。长期以来，我们一直将现代建筑看成某种固定的模式，具有统一的标准和完全脱离古典的革命姿态；认为建筑发展的现代转型具有共同指向，指向某种单一的终极目标，其发展道路也只有主要的一条。但是现在越来越多的西方学者已经认识到原先这种观念的片面性，现代主义运动中的建筑具有复杂的多种表现，它们常常与古典有着千丝万缕的联系，研究现代建筑时应更为关注复数形式的 Modern Movements，而不是以往的单数形式的 Modern Movement，需要关注现代建筑的发展在各个地区不同的多条线索。

与此相应，我们看待中国现代建筑进程时，也需要打破单一发展模式的观念，应该更加多方位多层次地入手，理清多条不同线索，探索现代建筑更为立体丰富的发展历史。从这个意义上来看，文远楼是中国早期深具学院式古典底蕴的建筑师探索现代建筑的重要代表，而他们的探索工作呈现出更为复杂、丰富和矛盾的特点，对文远楼的分析则正是开启这条研究线索的一把关键的钥匙。

（感谢王季卿、傅信祁先生为本文提供的回忆材料和珍贵照片！）

参考文献

[1] 维特鲁威 . 建筑十书 [M]. 高履泰，译 . 北京：知识产权出版社，2001.
[2] 之江大学建筑系档案，浙江省档案馆提供

相关书目

[1] John Summerson. The Classical Language of Architecture [M] .The M.I.T. Press，Massachusetts Institute of Technology，Cambridge，Massachusetts，1981.

[2]   Colin Rowe.The Mathematics of the Ideal Villa and Other Essays[M] . The MIT Press，Cambridge，Massachusetts，and London，England，1995.

[3]   [英] 理查德·帕多万 . 比例：科学·哲学·建筑 [M] . 周玉鹏等译，北京：中国建筑工业出版社，2005.

[4]   邹德侬 . 文化底蕴，流传久远——再读"文远楼"[J] . 时代建筑，1999.1.

[5]   刘宓 . 之江大学建筑教育历史研究 [D]. 同济大学硕士学位论文，2008.3.

（**本文原载于《时代建筑》2009 年 1 月，此次略作修改和调整补充。**）

从一组早期校舍作品解读圣约翰大学建筑系的设计思想

上海圣约翰大学建筑系（1942—1952）是中国近代建筑史上最早全面引进现代建筑思想的教学机构。建筑系创始人黄作燊（图1）曾师从现代主义大师格罗皮乌斯，1939年追随其从伦敦 A.A.（Architecture Association）学校到哈佛设计研究院，深受新建筑思想熏陶。他回国后创建上海圣约翰大学建筑系，进一步宣扬现代建筑思想，培养了一批具有新思想的建筑师和建筑教育者（图1），他们共同成为开辟中国现代建筑之路的先锋者，为现代建筑思想在中国的传播和融合发展发挥了重要作用。

图1　上海圣约翰大学建筑系学生们

（右四李德华，右一王吉螽）

但是圣约翰大学（下文简称"约大"）建筑系的设计思想具体情况如何，除了注重功能和结构等这些最为基本的现代主义的特点之外，是否还存在其他更为独特和丰富的思想？长期以来由于其相关设计作品不多，这方面一直缺乏深入全面的研究。目前已有解析其设计思想的研究相对集中在该系师生并入同济大学后于 1956 年设计建成的同济教工俱乐部。[1] 虽然这座建筑是当时这些开拓者的精心实验之作，集中体现了他们所追求的现代建筑思想，但仅此一座建筑对于全面深入探索他们的思想仍然显得不够。

其实在同济教工俱乐部之外，约大建筑系师生还有一个不太为人熟知的早期作品，那就是 1951 年在济南建成的原山东省中等技术学校校舍[1]。笔者近期考察了该组建筑，查询了其档案资料，并访谈了当年的设计人，发现这个作品对于探索约大建筑系师生的设计和教育思想具有重要价值。它在某种程度上是同济教工俱乐部的前奏和实验。对于该作品的分析，不仅可以发现设计者更为丰富立体的现代思想，而且能进一步看清其思想发展脉络，并探明其中更为深刻的西方及中国传统渊源。

一、山东省中等技术学校校舍概况

山东省中等技术学校 1951 年成立，初名为"山东工业干部学校"[2]，1950 年代筹建学校时，圣约翰大学建筑系师生为校园进行了整体规划，并设计建成了其中的食堂（图 2）和两座宿舍楼（图 3）。后来由于 1952 年之后"学习苏联"浪潮下追求民族形式的兴起，学校对校园规划进行了调整，其他建筑并没有按照原计划实施，因此该校中只有之前建成的三座建筑为约大师生手笔。

图 2　山东省中等技术学校食堂

图 3　山东省中等技术学校宿舍楼

---

① 卢永毅教授曾发表研究文章《"现代"的另一种呈现——再读同济教工俱乐部的空间设计》，笔者在拙著《中国现代建筑教育史（1920—1980）》中也曾有所提及。

② 后改为山东机械工业学校，现为山东建筑大学分部。

从当年建筑设计图纸的签名及图章可见，其设计者为"工建土木建筑事务所"（图4）。该事务所是1951年由黄作燊等人共同成立的，其主要设计人员除了黄作燊外，还有约大毕业生、时任该系助教的李德华、王吉螽等人。在设计图纸上也多处看到这三个人的签名。据王吉螽先生回忆，该设计是他们集体讨论的结果。考虑到三人本来就有师承关系，因此本文将他们作为一个设计整体进行思想研究。

图4 "工建土木建筑
事务所"图章

目前食堂和两座宿舍楼仍然存在，但是长年的不良使用和改建搭建，已使不少地方面目全非。而且这些建筑不久将被拆除，因此又曾相当长一段时间处于废弃及部分拆除状态，无人问津，致使杂草丛生、垃圾堆积，破败不堪。但所幸基本躯壳尚存，仍可依稀辨认出当年模样，为研究设计者的设计思想提供了宝贵线索。

二、校舍建筑丰富而独特的现代特点

整体来看，宿舍楼和食堂这几座建筑都具有注重功能、结构和经济性，外形简洁等众所周知的现代建筑基本特征。设计者在接受笔者访谈时，解释当年的设计意图时也往往从功能角度出发，可见实用性是设计的一个重要出发点。

先看宿舍楼，在总体层面上（图5），两座建筑主要入口都位于东南部位，迎向从食堂及教学区方向过来的主要人流，流线清晰顺畅；从建筑单体（图8）来看，内部设计也非常合理：串接主要房间的走廊分别在入口门厅处、转角休息处及盥洗间门前设置放大空间，符合这些节点人流交汇、便于暂时停留的特征；宿舍楼的每间寝室的长宽尺寸以及开窗的位置都是按照家具最紧凑的布置方式确定的（图7），体现十足的功能主义特点。同时，设计者还针对寝室和盥洗卫生间的不同要求分别设置

图5 山东省中等技术学校总图
（左下为食堂，右上为两座宿舍楼）

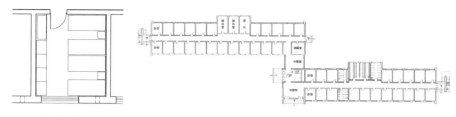

图6 宿舍楼寝室单元   图7 宿舍楼平面图

了可引入充足光线的大窗和私密性良好的高窗。

寝室窗户的分隔和使用方式也十分独特（图8）。具有现代感的横长形窗玻璃的窗扇并非通常的矩阵状均匀排列，而是中间一列三扇较大，两边两列四扇较小。两边的下三扇玻璃组成平开窗，而中间一列的上、下两扇窗则为上弦窗，其余为固定窗（图9）。这样在晴朗的天气，可以开启两边平开窗，获得良好的通风；如果下雨，则可开启上弦窗，防止雨水溅入的同时，保持一定的通风效果。这一灵活的开启方式，对于实际使用考虑得非常周到。

图8 宿舍楼寝室窗户

食堂设计也十分注重功能，同时兼顾结构和经济性的多重考虑。建筑将就餐区大空间体量与厨房备餐小体量部分通过天井分开，局部连接（图10），便于各种功能的顺利组织和运行。就餐区大空间采用钢筋混凝土框架结构，而厨房备餐

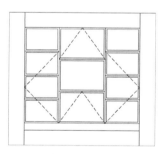

图9 宿舍楼寝室窗户开启示意

区采用砖混结构，充分考虑了造价的节省。同时，为了解决大空间内部常会出现的通风采光不好的问题，设计者借鉴了厂房的设计方式，将中间一列框架升起，利用其两侧高窗采光通风（图11），使得如此庞大的空间内部十分明亮通透，通风良好，现代主义建筑所追求的健康的室内环境在这里得到了很好的贯彻。同时在造型方面，结构所采用的框架形式清晰地展现在侧墙之上（图12），成为墙面肌理塑造的积极因素，体现了简洁而结构清晰的现代美学特征。

约大师生所设计的这些校舍建筑具有注重功能、结构和经济性，外形简

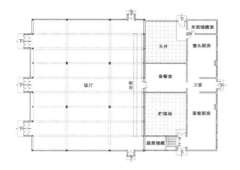

图 10　食堂平面图　　　　　　　图 11　食堂就餐区室内

图 12　食堂北立面

图 13　食堂东立面

洁等特点，不过这些都属于现代建筑的基本特点。在这些略显笼统和表层的
基本解释之下，是否还有更为深入的角度来诠释建筑？是否能从中总结出黄
作燊等人所探询的不同于同期其他中国建筑师的现代建筑道路？通过对建筑
的进一步解读，我们发现作品具有流动空间、造型"风格化"手法和多种材
质组合利用等丰富的现代建筑设计手法。

1. 流动空间的运用

学校宿舍楼具有"流动空间"的特点，这同时体现在楼群整体布局以及

建筑细部处理上。从整个形体来看，长条形的宿舍楼在中间被打断，前后错置平移后形成"Z"字形体，在打破刻板的长条形立面而使建筑形体更活泼的同时，形成了几个交错的内院（图14），这几个内院空间恰好以角部斜切的方式相连，形成了流动的序列。

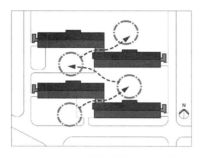

图 14 宿舍楼院落流动空间分析　　　图 15 宿舍楼建筑内部流动空间分析

流动空间的手法还体现在建筑内部处理上。建筑入口门厅并非采用学院派常用的轴线正交处理方式——设置在南北短轴入口轴线上，而是从西南侧的前院进入西向门厅，一方面斜切连接前后两个交错的室外庭院（图15），另一方面斜切转入前后两个体块的室内主交通空间。这里所有的流线和景观序列都是斜向展开的，与古典学院派沿正交轴线布置空间序列的方式截然不同，体现了对现代空间序列的流动和渗透方式的实验探索。值得注意的是两个方向都将局部走廊放大，设置了没有门的休憩室，使得休憩室和交通路线之间的空间流动起来，丰富了公共空间的同时，也将室外空间景色引入进来。

此外，门厅东北部休憩室处让人看到了后面另外有一个院落，但是却没有设门让人走出去，人们若想到达后院需要绕北部走廊才能出去，这也是约大师生所追求的空间效果。王吉螽先生对此解释为：你可以穿透一些前景物体，看到或被暗示后面有更多的空间存在，引导你过去，但有时常常是无法直接过去的，需要转几个弯才能到达。人在这蜿蜒转折的过程中，视角不断发生变化时，可以体会到不同空间的效果①。这原本是中国园林的一种空间处理手法，约大师生将之和流动空间理论相结合，来塑造多变而富有趣味的空间。

---

① 2009 年 11 月笔者访谈王吉螽先生。

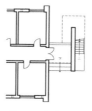

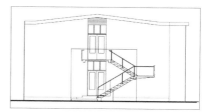

图 16　宿舍楼端部楼梯间　　　图 17　宿舍楼端
　　　　　　　　　　　　　　　部楼梯间平面　　　　图 18　宿舍楼端部楼梯间立面

　　建筑"流动空间"的设想更集中体现在端部的室外楼梯和门廊处理上（图 16～图 18）。楼梯没有紧贴建筑，而是离开山墙一段距离，由一堵坚实的片墙凌空支撑起通透轻巧的梯段，二层走廊楼板成为一层出口的雨棚，与地面高起的几级踏步一起，共同营造出一个具有灰空间性质的底层入口。这个入口与后面的庭院在视线上是通透的，却由下面砌筑的矮墙在流线上进行了隔断，人在前面能看到后面的空间，却要从旁边绕过去才能到达。而在凌空飞跃的楼梯上则可以在几个转折处交错体会前后两个空间，使得在蜿蜒的路径中产生步移景易的效果。室外楼梯不仅形体空透轻盈，具有简洁的现代特色和抽象雕塑感，在空间渗透和流动处理方面也颇具特色，堪称建筑的点睛之笔。

　　为了更好地产生流动空间的效果，设计者在不少地方处理得十分独到而精心，例如为保持入口处雨棚和室内的顶棚一直连续无隔断，用顶面来引导流动空间，设计者将门上部的结构过梁上翻到二层楼板之上，结合在墙体之中（图 19），形成了一层平顶面一直向外延伸的效果。另外，南面休憩室支撑二层阳台的外沿过梁也采用了上翻的手法（图 20、图 21），减少光线遮挡室内[1]的同时，更使休憩室和平台空间顶部保持了面的延续。王吉螽先生解释说空间之间连续的界面可以引导空间的连续，因此他们常在两个相邻空间之间用墙、顶或地面连续的手法产生彼此空间的流动渗透。他还说如果这些面被隔断了，各个空间就被会封闭静止。可见设计者细致地解决局部的结构问题，其目的是为了追求不间断的，连续而平整的面与面的交接方式，以及与此同时产生的空间的连续和流动性。

---

① 　王吉螽先生对建筑细部处理作了如此解释。

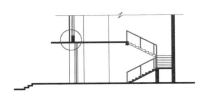 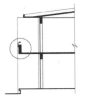 

图 19 宿舍楼门厅结构细部　　图 20　宿舍楼　　　图 21　宿舍楼休息室处立面
　　　　　　　　　　　　　　休息室结构细部

2. 建筑造型"风格化"的手法

宿舍楼在形体塑造、立面处理等方面具有 20 世纪初荷兰"风格派"所开创的将"实体"消解为"面"或者"板"的手法。建筑体大多由片墙、片板进行看似松散的搭接，具有强烈的反古典实体的特色，体现出非稳定性、离散性和漂浮感的现代美学特征。

建筑主要由两个矩形体块构成，但设计者却故意在转角处将之处理成一个面的墙体微微突出于另一个墙面，同时屋顶也在主要立面上呈现为一片突出墙面的混凝土板。南面休憩室阳台部分板与板交接的构成方式尤其明显（图 22），上下层的阳台和平台主要由两侧伸出的横墙限定，在离墙端稍稍退进的地方横插平楼板和阳台挡板，顶部则退离横墙端一段距离处延伸了屋顶的片状屋板，使二层休憩室在兼顾采光和遮阳的同时，在形体中突出了片状构件的交接方式。

这种片状构件相搭接的造型手法也进一步体现在山墙立面及宿舍单元立面的处理上（图 23）。在这些立面中，设计者没有采用传统的在大片平整墙

图 22　从南面休息室看过去的宿舍楼　　　图 23　宿舍单元立面

面上直接开窗洞的方法，而是将竖向窗带和竖向窗间墙用不同的色彩材质和空间层次区分开来。红砖清水窗间墙纵贯上下，再次体现出完整的板状构件特点；而灰色竖向窗带则微微退后于墙面，其中水泥材质的横墙与窗扇进一步构成几个层次面的组合效果。这些前后错置的竖向面层通过通体的三片水平向的板——屋面板、楼板、地板——而横向串织起来，使立面形成丰富统一的多层面板交织的视觉效果。

3. 对"材质"的精心的搭配及应用

建筑在造型方面还有一个特色，即运用多种质感材料进行了精心的搭配和构图组织。设计者充分使用了当地有限的建筑材料：砖、水泥、玻璃、石材，将这些材料有机地组合起来，产生了丰富的视觉效果。

对于石材，设计者用乱石砌筑的方式做勒脚，用它粗糙的质感和其上承托平台的细腻的水泥抹面进行视觉对比；对于水泥，设计者分别将它分别做成抹平的细腻质感效果和拉毛的粗糙质感效果，结合两种效果对一些构件表面进行精致处理。如宿舍竖向窗间墙部分在和玻璃统一灰色调的前提下，用拉毛水泥窗间墙和抹光水泥窗台、楼板外端相结合（图24），甚至在拉毛水泥窗间墙部分极细致地用抹光水泥的方式处理了其四个周边（图25），室外楼梯支撑墙体也采用了类似的拉毛水泥墙镶嵌抹光边框的方式（图26），食堂立面处理也是如此（图27、图28），体现了设计者对材料和质感效果的充分想象力和掌控能力。两种质感的水泥面层和红砖墙搭配在一起，共同强化了面板搭接构图的风格化的立面处理特色。

图24 宿舍单元立面材质处理　　图25 宿舍窗部材质处理　　图26 宿舍楼片墙材质细部

图 27　食堂局部材质处理　　　　　　　图 28　食堂山墙材质处理

4. 现代美学特征的构件和比例的运用

　　建筑中还运用了不少具有独特而新颖的美学特征的构件和细部。食堂和宿舍楼的部分窗户采用了不太常见的错置的玻璃分割方式（图 29），这一手法后来在同济教工俱乐部的花房窗户上有所延续。食堂的主要立面中间设计了两片较大的倾斜玻璃窗（图 29、图 30），虽然设计者将之解释为功能的需要——在这个玻璃内侧的窗台上可以放盆花，成为一个小花房，但是主立面上所呈现出的斜玻璃的独特美学效果也是作者默认并欣赏的。

　　现代造型特征还体现在一些小构件上：食堂两个主入口门廊顶部的半炮筒状落水口具有独特的塑性感（图 31），令人联想起柯布西耶一些作品如马赛公寓的上大下小的鸡腿柱、自由曲面形态的屋顶烟囱等。对此设计者解释

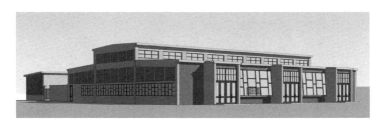

图 29　食堂模型（主立面具有两片倾斜玻璃窗）　　　　图 30　食堂斜
　　　　　　　　　　　　　　　　　　　　　　　　　　　窗剖面

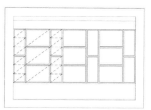

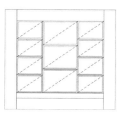

图 31 食堂门廊顶部落水口   图 32 食堂大玻璃窗构图分析   图 33 宿舍单元玻璃窗
构图分析

为当时试图隐喻中国传统建筑中的石质"吐水嘴"。这是作者灵活地将中国传统嵌入现代建筑之中的独特尝试。

值得注意的是两组建筑主要窗户的玻璃分格虽然看似随意，但仔细观察会发现这些大小不一致的玻璃都遵循了 4 ：3 的基本网格（图 32、图 33）。这使得每组窗扇都具有很统一的视觉效果。虽然本研究中并没有进一步发现除此窗扇分格外，设计者在多大程度上关注了比例的使用，但是据王吉螽先生回忆他们当时的教学，教师常会提醒学生采用一些比例较好的形体。他们当时认为现代抽象绘画作品是很注重比例关系的，特别是风格派的绘画，因此师生们在设计时也非常关注比例的使用。

三、建筑设计思想渊源的探讨

圣约翰建筑系设计校舍的现代手法来源于哪里？联系其主要成员的教育背景和约大建筑教学情况，笔者认为其设计思想源自于包豪斯、风格派、密斯以及现代视觉艺术的综合影响，同时他们也融合了中国传统园林空间和建筑构件的某些特点。

1. 风格派和密斯的影响

约大建筑系的直接思想渊源虽然来自格罗皮乌斯和包豪斯，但其设计很大程度上借鉴了密斯沿承风格派发展而来的系列手法。

20 世纪初荷兰风格派的出现与当时的哲学思考有关，它所追求的是最为本质和抽象、最具一般性（generality）的视觉艺术形象，认为这是最高层次的人类智能（intellect）境界的反映，也是永恒的真理①。 在这一思想下，风格派在视觉艺术方面探索用基本形态和色彩：点、线、面；红、黄、蓝等因素构成抽象作品。在绘画中，他们采用冷静理性的构图（图34），在建筑方面，他们打破和解析实体，消解其稳定沉重的感觉，代之以离散的板状构件搭接，使作品呈现不稳定及反重力的漂浮状态（图35、图36）。

图34 蒙德里安的绘画

图35 凡·多斯堡的造型探索

图36 里特维尔德设计的乌德勒支住宅

　　风格派的基本思想后来由密斯、柯布西耶等人进一步继承和发展。其中密斯1923年的乡村砖住宅（图37）被认为是发展"风格派"的代表作品。这里他受赖特作品启发，独创性地在风格派的离散板状构件中融入了"流动空间"的手法。比较"砖住宅"与早期风格派代表作如凡·多斯堡的"俄罗斯舞蹈的韵律"（图38），后者主要是不同长度的直交线段组成的韵律构图，并没有空间方面的考虑。而"砖住宅"平面墙体线条在类似于后者韵律的同时，着意考虑了墙体之间的空间，形成了类似于图39的"风车式"原型构图，由墙体分隔出几个空间，并形成了空间A向B、C、D、E的渗透与流动。这种空间的穿透方式大多是从角部斜切进入，与传统的古典空间序列大多从中心轴线穿越有明显不同。

　　"砖住宅"的平面构图是在"风车形"原型的基础上大大小小多个风车相嵌套的结果，因此使得所分隔的众多空间以角部相连形成一系列复杂而流

---

① Richard Padovan, Towards Universality: Le Corbusier, Mies and De Stijl, Routledge, 2002.

动的空间系列综合体。通过这一作品，密斯将"风格派"发展到了结合空间的新层面。后来他在众多作品中不断探索了这一手法。

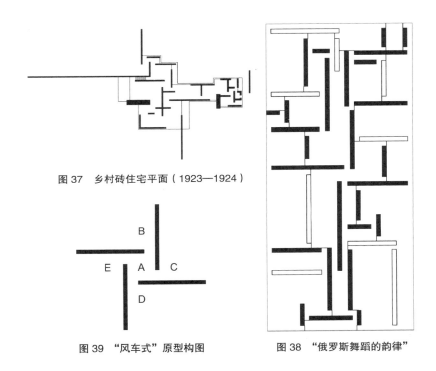

图 37　乡村砖住宅平面（1923—1924）

图 39　"风车式"原型构图　　　　图 38　"俄罗斯舞蹈的韵律"

　　由此反观约大师生设计的校舍，两组宿舍楼都采用了"Z"字形体，即两个矩形体块错位平移，角部相接的方式，而这种形态正是密斯"风车形"的变体。"风车形"若单轴两向发展，就会形成"Z"字形平面。"Z"形平面同时构成了斜切的室外空间，互相之间形成了空间的流动。密斯在后来的作品中，也经常使用这一手法，如吐根哈特住宅上层平面（图 40）、Robert住宅平面（图 41）等，都是"Z"字形体的典型案例。

　　此外，这组校舍建筑在造型上的实体离散、板状构件组合的处理方式，其直接来源则是风格派的影响。乌德勒支住宅（图 36）是应用这种手法的典型，其矩形体块上突出面板的构成方式，与约大设计的校舍建筑的立面处理手法在本质上是一致的。事实上有证据表明乌德勒支住宅确实对设计者有参照作

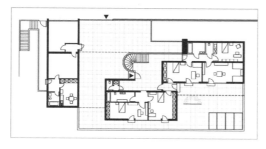

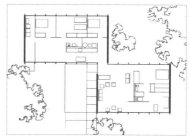

图 40　吐根哈特住宅上层平面　　　　　　　图 41　Robert 住宅平面

用。设计人王吉螽先生回忆他们当时曾在书上看到过这座住宅，其设计手法被他们视作一种现代的造型方式而经常学习和使用。而这组校舍建筑的细部反映并证实了他的这一说法。

　　圣约翰建筑系在设计方面很大程度上借鉴了密斯和风格派的系列手法，这种影响应该与格罗皮乌斯的好友、CIAM 的秘书长吉迪恩（Sigfried Giedion）有很大关系。在黄作燊就读哈佛期间，Giedion 曾在这所学校作了有关现代建筑的演讲，他 1941 年出版的《Space，time and architecture》（《空间·时间·建筑》）一书更是对黄作燊有很大启发。李德华先生曾说当时黄作燊一直将这本书作为他们的重要参考书，可见他对该书的推崇。这本书介绍了密斯的作品及其流动空间的特点，并且将空间看成为四个维度，在传统三维空间的基础上加入了时间这一纬度，认为新的建筑应该随着行进路线展现不断变化的空间，并借助爱因斯坦物理学上的四维空间理论将之提高至新时代特征的高度。且不去讨论爱因斯坦的理论是否和流动空间理论有密切相关性，当时吉迪恩对"空间"和"空间流动性"的推崇是显而易见的。考虑到格罗皮乌斯和包豪斯并没有在"流动空间"方面有较多追求，黄作燊对"流动空间"的关注和后来的持续探索应该和吉迪恩的著作有很大的关系。

2. 包豪斯教育中对材质的关注

　　对于圣约翰建筑系具有更直接影响的是格罗皮乌斯和包豪斯教育。上述校舍建筑所体现的善于精心搭配和组合多种质感材料的特点来源于包豪斯教育。包豪斯的基础教学十分注重对材料的研究，有不少各种材料组合练习

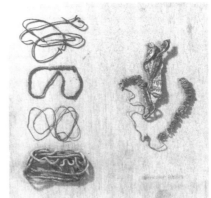

图 42、图 43　包豪斯的作业

（图 42、图 43），学生要学会利用各种材料的不同效果进行创作。这种思想由格罗皮乌斯带到了哈佛大学，影响了他在那里的学生黄作燊。黄作燊在约大也十分重视学生这方面能力的培养，并且把它看作是设计现代建筑的基本手段。例如学生们刚开始学习时就有关于 Pattern & Texture 一类的作业练习[1]，这培养了他们对建筑材料视觉效果的敏感和善于组合操作的能力。

3. 对中国传统园林空间的感悟与借鉴

约大师生的设计思想渊源虽然主要来自于西方的现代建筑思想，但他们对中国传统建筑和园林空间的感悟与借鉴融合也不容忽视。

黄作燊所接受的早期教育中并没有太多关于"流动空间"的内容，他只是通过吉迪恩的著作对此有所了解，相信他对这方面手法的热衷在某种程度上同时得益于他对中国传统园林空间的感悟。出于对中国传统文化的情感，他认为西方具有颠覆性的空间思想其实暗合中国传统建筑手法，也由此对其推崇备至。因此约大师生对流动空间手法的探索，一方面来自于分析西方建筑书籍中的建筑案例——如密斯、风格派、柯布西耶等人的作品，正如上文所剖析；另一方面也直接来自于他们对中国园林空间的体验

---

① 2002 年 1 月访谈罗小未先生。

和感悟。他们所使用的手法之一："人能透过窗洞看到后面的空间，却无法直接到达，要从旁边绕过去才能到"的方式正是典型的中国园林手法，这种做法似乎在西方的现代建筑案例中并不多见。可见，他们的"流动空间"手法除了对西方的借鉴，同时也结合进了中国园林的特色，呈现出自身一定的独特性。

四、总结

　　黄作燊及其约大建筑系的学生们设计的山东省中等技术学校校舍建筑是他们在同济教工俱乐部之前的重要实验作品。设计者在注重功能、结构等现代建筑的基本特征之外，更深入探索了"流动空间"的处理、"风格派"的造型手法、多种材质的精心搭配等多重现代设计方法。这些手法渊源于西方的现代建筑运动中的多条探索路线，包括格罗比乌斯和包豪斯的教育中对材质的关注、密斯的空间处理手法和"风格派"的建筑形态操作方式等，同时他们也受到西方现代视觉艺术的综合影响。

　　通过作品分析我们可以发现，约大师生在中国探索的现代建筑具有西方现代主义运动的深厚思想根基，其空间手法、离散和非实体化形体和对材质的重视都是运动中带有深层变革性的探索方向，在这些方面，约大师生的探索与西方先锋者是比较同步的。而在当时的中国，其他大量建筑师对于现代建筑的探索仍多集中在追求箱体建筑表面的净化和加强关注功能和结构方面。与此不同，约大建筑系的探索更多借鉴和融合了西方先锋探索的多条途径和手法，他们从更为接近现代主义运动本源的层面进行了建筑实验。

　　同时也很值得关注的是，约大师生的现代建筑并非完全是西方的简单克隆，相反他们积极融合了中国的传统文化。设计者们深受中国传统园林空间启发，将之与西方的"流动空间"思想相融合，探索出一种兼具现代和中国特点的空间建筑作品。他们后来一直坚持追求这一方向，使之成为他们设计的核心特点之一；除关注空间艺术外，他们在设计中也试图唤起对传统建筑构件的记忆，但他们采用了现代造型手法将之陌生化，表达意象性的形态隐喻。因此无论是追求空间艺术，还是传统意象的表达，他们的关注点都并未停留在建筑形态和装饰的浅层层面，他们追求的传统文化更多体现在意境之中。这也是他们与同期其他建筑师借鉴传统手法的不同之处。

参考文献

[1] 卢永毅，"现代"的另一种呈现——再读同济教工俱乐部的空间设计 [J]. 时代建筑 .2007.5：44-49.

[2] 钱锋、伍江,中国现代建筑教育史(1920 ~ 1980)[M].北京:中国建筑工业出版社, 2008.

[3] Richard Padovan, Towards Universality：Le Corbusier, Mies and De Stijl, Routledge, 2002.

[4] Sigfried Giedion , space, time and architecture：The Growth of a New Tradition, Harvard University Press, 2009.2.28.

[5] 邹德侬 . 中国现代建筑史 [M]. 天津：天津科学技术出版社，2001（5）.

[6] 山东大学基建档案，山东大学档案馆 .

[7] 刘先觉 . 密斯·凡·德·罗——国外著名建筑师丛书 [M]. 北京：中国建筑工业出版社，1992.12.

[8] Bauhaus Archiv and Magdalena Droste, Bauhaus, Benedikt Taschen.

（本文原载于《时代建筑》2011 年 5 月，此次略作修改和调整补充。）

探索一条通向中国现代建筑的道路
——黄毓麟的设计及教育思想分析

20世纪20年代末30年代初，中国开始通过各种途径逐渐受到西方蓬勃兴起的现代主义建筑思想的影响，其建筑设计也在悄然发生着向现代的转向。中国近代由于大量留学生在国外主要接受了"布扎"（Beaux-Arts）[①]体系的建筑教育，特别是深受20年代被视作"布扎"大本营的宾夕法尼亚大学的影响，因此中国的建筑创作以及建筑教育也大多以这种思想为主流。但事实上当时这种主流思想并没有完全屏蔽西方现代建筑思想的影响，在二十世纪三四十年代出现了各种层次和角度对现代建筑的吸收和引入。不少深具"布扎"设计思想的建筑师，其作品都出现了简洁实用的特征，并逐渐有了更多对现代建筑的借鉴。在和西方持续不断而又千丝万缕的交流中，这种倾向一直发展，在1940年代后期愈加显著。

中国近现代虽然有着各种阻碍和复杂的局面，但向现代建筑的进程一直在进行。以往的研究中，常常会有将"布扎"、学院派思想与现代建筑思想相对立的倾向，但现在越来越多的学者认识到，两方面的思想是相互渗透的。西方的现代建筑运动是一场复杂而多向度的运动，中国探讨现代建筑的过程同样具有多条线索，是极其立体而丰富的。其中非常主要的一条路径便是具有"布扎"思想基础的建筑师对现代建筑的实验和探索。（当然若进一步仔细剖析，他们也有不同的倾向和方法。）本文试图从一位建筑师的一批设计作品入手，考察一位深具"布扎"教育根基的建筑师如何在设计中引入现代建筑手法，剖析他的教育背景如何潜在地对作品产生作用，从而探寻作品中所存在的各种思想相交融的状况，并呈现这条探索现代建筑道路的基本特征。

[①] 本文以音译"布扎"指代起源于法国的 Beaux-Arts 教学和设计体系，有时也以学院派指代其设计和教学特点。

一、为何选择黄毓麟？

黄毓麟（1926—1954）是 1940 年代之江大学建筑系培养的毕业生，他在学校接受了扎实的"布扎"体系建筑教育，对此具有深厚的思想根基。之江大学建筑系（1940—1952）由美国宾夕法尼亚大学毕业的陈植创立 [①]，系中不少教师都来自美国宾大。黄毓麟 1946—1949 年就读于该系，直接受教于1946 年从中央大学转来的，同样毕业于宾大的谭垣。

图 1　之江大学教学中的建筑组合部件（Composition）练习

之江大学建筑系的教学贯彻了"布扎"体系的基本做法，以低年级的柱式渲染、建筑部件组合（也称"大构图"，即 composition）练习（图 1）和之后系列功能的建筑设计作业逐渐展开设计训练。黄毓麟在这里学习，深受其老师谭垣的影响，被同学们评价为"谭垣嫡传" [②]，是谭垣十分喜爱和欣赏的学生。毕业后他也一直是谭垣教学和实践工作的得力助手。因为联系密切，

[①]　之前陈植曾于 1928 年和梁思成、林徽因等共同执教于东北大学建筑系，该系教学体系直接借鉴于美国宾夕法尼亚大学。1931 年陈植转至上海，从事建筑实践工作。

[②]　黄毓麟的同事王季卿先生，以及黄毓麟的夫人刘秋霞都是之江大学建筑系的学生，他们在回忆中均强调了这一点，认为"谭先生的思想，黄先生都学到了"，其他一些之江学生也有相同观点。

谭垣的基本建筑及其设计思想在他身上都有所体现。而谭垣是中国近现代建筑史上的重要教育者，在建筑界影响巨大，他从 1932 年开始，曾先后在中央大学、之江大学，以及后来的同济大学建筑系任教，培养了大批学生。很多中国重要的建筑师如张镈、张开济、郑孝燮、吴良镛、徐中等都是他的学生，这些学生都曾回忆谭垣对他们教导的重要①。虽然谭垣对于中国建筑界有很大影响和作用，但遗憾建成作品不多，难以从案例角度对其进行研究。而从黄毓麟的设计作品，我们可以追踪探寻到从谭垣和之江大学传承的宾大的"布扎"体系的基本思想及其设计特点，理清这条发展线索。

从另一角度来看，黄毓麟受教育以及主要建筑设计活动都在 1940 年代末和 1950 年代初（他 1954 年因突发脑瘤而英年早逝）。这段时期恰好是中国建筑发展史上现代建筑思想逐渐鼎盛的第一段时期。他身处上海这个西风强盛的现代大都市，能够接触到不少国外建筑杂志以及大量建筑案例。上海崇尚尚时尚的社会风气对于当时兼作职业建筑师的之江教师及其学生们都有影响。同时，上海的另一所建筑院系——圣约翰大学建筑系此时正如火如荼地进行新建筑的设计和教学探索，他们与之江之间也有讯息往来②。身处这样的综合背景，之江大学建筑系学生对新思想很有兴趣，在他们的作业中，能看到不少颇具现代特点的作品。而且年轻学生对历史和传统没有太多包袱，对新风尚易于接受，也乐于在设计中借鉴和引入现代建筑的手法。③

黄毓麟 1949 年毕业后一直随谭垣作助教，也曾和他共同经营事务所（"中国联营顾问建筑师 / 工程师事务所"）。1952 年院系调整进入同济建筑系后，他一直担任设计教师，因此在教学和设计理念方面都对谭垣有所传承和发展。1950 年代初期，他曾应华东文化委员会要求，设计了一批学校和医院建筑，其中不少作品都颇具现代建筑特征，特别是同济大学文远楼，其简洁的几何形体和功能良好的布局使其被不少学者评论为中国早期现代建筑里程碑式的作品。

---

① 见张开济《悼念谭垣老师》，另外徐中曾提及："中央大学建筑系（建筑设计）教学是谭先生给奠定基础使之正规化的"。参见同济大学建筑与城市规划学院 . 谭垣纪念文集 [M]. 北京：中国建筑工业出版社，2010.10 .

② 学生之间有一些联谊活动，互相对教学情况有所耳闻。

③ 根据黄毓麟夫人刘秋霞的介绍，他当时有一些西方建筑杂志，如 Architectural Record、Architectural Forum 等，曾受到其中现代建筑的影响。

因此，对他这批作品进行研究，可以剖析具有"布扎"基础思想的建筑师在探索现代建筑时的特点，从中透视"布扎"思想中最为本质和核心的一些特征，同时也能考察"布扎"体系本身在现代建筑思想影响下所发生的应对和调适。

二、作品基本概况

1950 年代初，新中国的华东文化委员会为发展教育和医疗事业，急需在该地区建设一批新校园和医院。为此同济大学成立了"校舍设计处"，黄毓麟和哈雄文 [1] 一起负责第一设计处，带领当时建筑系毕业班学生设计完成了华东地区多所院校校舍和医院建筑，其中黄毓麟承担了主要设计工作。这些建筑包括同济大学文远楼、中央音乐学院华东分院系列建筑，上海儿科医院，以及稍后的同济大学西南楼宿舍。

从形态上来看，这批建筑除了 1954 年设计的西南楼宿舍之外，之前 1953 年设计的几座建筑都非常现代。其中，文远楼（图 2）采用了非对称的几何形体，小空间和大空间分开设置，功能布局合理。简洁的墙面上开横向矩形玻璃钢窗，使其具有某种工业时代的特征，也非常接近包豪斯校舍的形象，以至于一度曾让人产生"中国的包豪斯校舍"的联想 [2]；上海儿科医院（图 3）则采用了平缓坡屋顶和立面突出的水泥材质横向窗间墙相结合，塑造了水平舒展的形体；音乐学院的校舍（图 14）也大量采用坡顶和红砖墙相结合而强调水平线条的方式。

建筑中唯一相对比较传统的是西南楼宿舍（图 4），这是 1954 年时"学习苏联运动"影响下校方坚持要求采用"社会主义内容、民族形式"的结果。建筑运用了带有江南特点的微微飞翘的大屋顶和整体粉墙黛瓦的形象。应

---

[1] 哈雄文（1907—1981），美国宾夕法尼亚大学毕业生，曾任上海沪江大学商学院建筑系主任（1935—1937），1952 年随交通大学土木工程系并入同济大学建筑系。1958 年转至哈尔滨工业大学建筑工程系。

[2] 以往有些学者将文远楼与德国的包豪斯校舍相比较，认为它们有很多相似的地方，最近一些研究论文指出了它们之间的不同，如刘丛的"重读文远楼的'包豪斯风格'——文远楼与包豪斯校舍的对比分析"（《建筑师》2007.10），笔者也在论文"'现代'还是'古典'——文远楼建筑语言的重新解读"（《时代建筑》，2009.1）中指出了文远楼具有更为复杂的建筑语言。

图2　同济大学文远楼

图3　上海儿科医院

该说，如果不是意识形态和校方干预，黄毓麟更倾向于设计具有现代特征的建筑。

三、作品源于"布扎"体系的特征分析

图4　同济大学西南楼宿舍

　　黄毓麟的这些作品虽然样式都不一样，并且不少建筑都具有非常现代的形象，但是仔细阅读，会发现它们之中隐藏着"布扎"体系的基本要素。这些要素控制了建筑的整体布局和形态。

1. 以直交轴线体系展开基本布局

　　这些作品的体量大小各有不同，但即使是最复杂的形体，基本也都是以轴线体系作为骨架，即以直交的轴线展开体形布局。这里的轴线既有对称的，也有不对称的，其中以不对称为多。轴线体系是"布扎"设计的一个基本特征，它在加代（Julien Guadet）主持下的巴黎美术学院的设计教学中已极为强调，是安排建筑布局的主要线索。这种界定和引导建筑的方法从19世纪开始取代了文艺复兴时期建立的轮廓分界的图解划分方式，其前提是假设根据轴线而划分的建筑部分能通过双边对称的关系来达到"均衡"[5]（图5）。一些学者认为这种建构建筑秩序的方式可能是当时静力学、晶体学、动植物生态学发展的结果。之后轴线布局方法一直在"布扎"体系中得到延续和发展，并融合在了建筑组构（composition）[①]的系列原则之中。

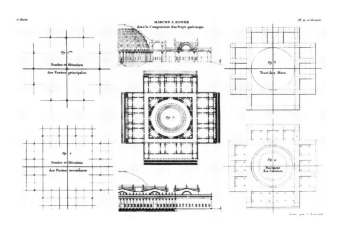

图5　利用轴线方式引导布置建筑平面（迪朗，Durand，1802—1805）

　　早期的、比较常见的轴线体系大多是对称的，如近代中国杨廷宝先生有不少这样的作品。而黄毓麟的这批作品中除了西南楼宿舍是完全对称轴线之外，其余几个都采用了不对称布置的轴线，平面和立面分别以主、次轴线引导主、次入口，之间还有直交相连的次轴（图6）。这种非对称主次轴线的布局不仅运用于建筑单体，也运用在群体布局之中，如同济大学文远楼及其同期的周边早期校园规划等（图7）。

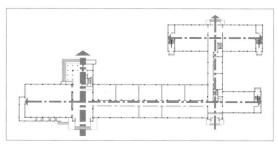

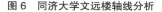

图6　同济大学文远楼轴线分析

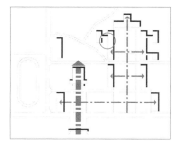

图7　同济大学教学建筑群轴线分析

① Composition，早期国内建筑教育者多将之称为"构图"，李华在论文《从布杂的知识结构看'新'而'中'的建筑实践》中，将之称为"组合"。这是"布扎"体系的核心原则之一。参见参考文献[9]。

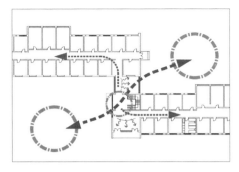

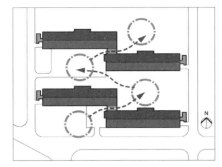

图 8　山东中等技术学校宿舍空间分析　　　　图 9　山东中等技术学校宿舍总图分析

　　轴线系统的空间组织手法是"布扎"体系的特点。这里需要指出的是，若将它与当时另一所院系圣约翰大学建筑系探索现代建筑的手法比较，会发现它们在组织空间方式上的差异。运用轴线体系安排建筑布局，会形成直交式的序列空间；而同期的圣约翰建筑系师生的作品如同济大学工会俱乐部、山东工业技术学校校舍等则尽量避免轴线式空间布局，大量采用相邻空间角部相连，斜向切入的方式，以"风车式"基本形态形成流动空间[10]（图 8、图 9）。由此我们也可以发现，他们在探索现代建筑过程中，各自具有不同的特点。

　　在运用非对称布局轴线作为骨架序列的同时，黄毓麟也注意到了其他一些构图原则的运用，如统一（unity）、对比（contract）、体块组合（composition of masses）、均衡等。这些原则同时也是他的老师谭垣在教学中所极力强调的。例如在运用不对称式构图时，他会在作为主轴的主入口两边分别布置大体量的报告厅，及小体量集中设置的多层教室，使其形态在对比和动态之中仍然呈现均衡的效果（参见图 9、图 10）。事实上这种手法在当时"布扎"教学的一些重要参考书籍，如哈伯森（John F. Harbeson）的《建筑设计学习》（The study of Architectural design）以及罗伯森（Robertson）的《建筑组合原理》（The Principles of Architectural Composition）等著作中都可以看到，也是学院派教学的核心内容。

2. 对于比例的关注

　　这些作品的另一个特点是从整体形态到细部房间，建筑师都十分关注良好比例的运用，这使得他的建筑从平面、立面看起来都十分优雅。

比例是从西方古典时期便已开始，文艺复兴时期再次达到高潮并持续发展的建筑设计基本原则，是古典建筑形态秩序控制的又一个根本要素。它从古希腊的和谐音程以及完美多边几何形的测量开始，在文艺复兴时期受到柏拉图和谐宇宙思想的强化，延续到了"布扎"体系中，成为又一种塑造完美形体的指导法则。在后期科学和理性思想影响下，比例原则结合以网格设计方法，得到了更加灵活的运用。

黄毓麟的几个作品使用了不少常用的比例，如 1:2、2:3、3:4、3:5 等。如文远楼的平面反复使用了 3:4 的比例 [10]（图 10）；西南楼宿舍的房间采用了 4:5 的比例，整体内院大约 2:3；而音乐学院教室由于需要叠合安排不同规模的教室，采用了一层 3:4 的小教室并置，二层两间小教室组成 2:3 中等教室的方式，它们同样也都拥有良好的比例，处于建筑几个端头的体量较大的大教室，则跟随其临近的教室分别采用了 2:3 和 3:4 的比例（图 12），这使得建筑平面看上去十分和谐统一。在分析这些比例的时候，我们能够体会到建筑师在兼顾合理功能布局和结构的同时，能够使主要空间具有良好的比例关系。

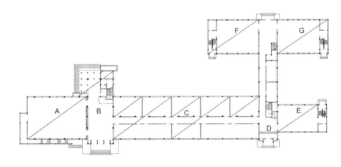

图 10　文远楼平面比例分析（斜线 3:4）

图 11　文远楼立面比例分析（斜线 1:2；壁柱间比例 2:3；右侧大教室立面形体 3:5）

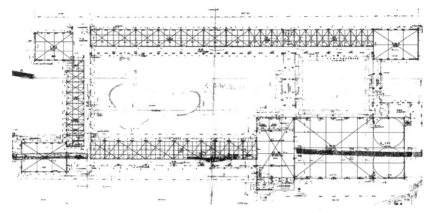

图 12　音乐学院教学楼平面比例分析

　　除了平面之外，立面、甚至空间也有比例的控制。典型的例如文远楼，其立面具有大量 1：2、2：3、3：5 等比例的使用（图 11），不仅体现在正立面上，也体现在其他立面。一些重要的大空间，其长、宽、高都相互成比例，例如，文远楼的东侧大报告厅拥有 2：3：4 的空间比例。而空间比例外化，便可以形成形体的比例。由此可见，关注平面、立面、形体乃至空间的比例，是黄毓麟作品的又一个典型特征，它同样体现了"布扎"体系的特点。

　　从西方相关论著介绍来看，其利用比例引导设计可以分别采取"控制线"和"网格法"等不同的辅助方式。黄毓麟在设计作品时究竟采用了哪种方法，或者二者兼而有之，或是还有其他方式？目前尚没有进一步的资料可以说明。但是他作品中确实存在大量的比例关系。赖德霖曾经在《折中背后的理念——杨廷宝建筑的比例问题研究》[8] 一文中曾提到杨廷宝作品中同样有大量比例控制线的使用，可以看出对于比例的关注是"布扎"设计体系中十分重要的特点。正是这些比例的使用，造就了他们作品的沉稳协调的视觉效果。

　　从对黄毓麟的作品分析中，我们可以发现"轴线"和"比例"这两个关键的特点，而这正是传承自"布扎"和学院派设计的核心思想，同样也是黄毓麟的老师谭垣等早期一批留学生在宾夕法尼亚大学建筑系学习建筑设计的关键特点。有资料说明当时宾大最为重要的建筑设计教师保罗·克瑞（Paul

Ctet）在设计中也十分重视这两个特点，比如他早年（1903 年）学生时代的获奖作品被评论为具有良好的学院派设计特点，其平面布置方面占据前两位的要素就是具有独立体量的清晰比例和门窗洞口的主次轴线布置。[4] 可以想象这两个学院派设计特点通过宾夕法尼亚大学和克瑞传承到中国留学生及他们的中国再传学生如黄毓麟等建筑师的手中。这里需要指出的是到黄毓麟学习的时期，在现代建筑的影响下，轴线体系已经常采用非对称的主次轴线，反映了更加灵活和新颖变通的特点。由此也可以看出学院派方法随时代在不同地区传承和发展的特征。

四、现代建筑思想的不同层次渗透

黄毓麟的这些建筑作品一方面具有"布扎"体系的基本特点，而另一方面也有多重现代建筑思想和语言的渗透，体现了"布扎"体系本身在现代思想影响下所产生的调整和修正。

1. 功能思想的渗透

黄毓麟的作品非常重视结合功能，如主要房间都有较好的朝向，不太好的西向多布置厕所、盥洗室等服务空间，也会结合形体安排条状遮阳板或长廊（图 13）。

他的平面流线很好，配合非对称的基本布局，大、小空间位置安排合理，使用起来十分方便。不少业主都对设计的功能方面赞誉有加 [①]。

事实上此时他所实践的"布扎"体系中已经充分渗透了"功能"思想，这在之江大学的教学中、在他的老师谭垣那里都已有所贯彻。谭垣在之江大学的教学中一直比较强调功能，他认为这是需要满足的基本条件。学生们回忆谭垣和黄毓麟改图不强调对称，强调实用和便利，形体活泼，有很多新思想，"哪里需要阶梯教室就安排阶梯教室，哪里需要连廊就设连廊。"同时做

---

① 2008 年时刘秋霞女士在儿科医院偶遇当年负责工程的现基建科长，他说医院的医生都认为该建筑设计得非常好，很好用，不少员工对于这些建筑将要被拆除十分痛心。他还指出另址新建的儿科医院虽然面积大很多，但是很不实用，相比之下大家更喜欢这座建筑。

图 13　上海儿科医院西向连廊

设计也很关注地形，例如谭垣曾经指导青年建筑师设计过折尺形的学生宿舍，以满足特殊的环境要求。"形式反映功能，从而丰富立面效果"是他们设计的基本准则。[①]

这里需要指出的是，他们重视功能，但并非完全"功能决定论"。当时，沙利文"形式追随功能"[②] 的思想已广为师生所知，对此观点，谭垣认为"大体上应该是这样，但也不能勉强"[③]。指导教学时，他们在解决基本功能问题的基础上，会进一步从美学角度帮学生进行形态调整。可以看出谭垣和黄毓麟是在遵循基本组合 / 构图原则的基础之上，关注"功能"的运用和表现。可以说"功能"思想此时对于"布扎"体系具有一定程度的渗透。

2. 追求简洁的形体

黄毓麟作品的另一个特点是形象都很简洁，即使有少量装饰点缀，也十分简单而节制，有时会考虑结合功能，如"勾片栏杆"图案的饰块兼作通风口等。即使是"民族形式"的西南宿舍楼，整体看来也无繁琐装饰。这方面应该与当时现代建筑思想盛行后简化和净化建筑形象的影响有关。

学生们回忆黄毓麟最喜欢简洁的设计，包括他自己设计的家具。他的观

---

① 2008 年 12 月 26 日访谈刘秋霞女士。

② 需要指出的是，沙利文提出的"功能"是指建筑有类似生物体的功能，但后来大多数建筑师将其理解为实际使用的便利性，即使用的功能。这里谭垣等对功能的理解主要指后者——使用的功能。

③ 刘光华. 忆谭垣先生 [M]// 同济大学建筑与城市规划学院. 谭垣纪念文集. 北京：中国建筑工业出版社，2010.10：156.

点是:"一件东西,看上去没有多余的部分,就是好的。装饰有时也不是多余的,因为装饰也是好的,但过于繁琐了,就不美了。"①

黄毓麟对简洁和节制的喜好与他所受的教育有关,当时密斯的名言"少就是多"已经为大家熟知,他的老师谭垣就曾给大家介绍过密斯的作品,并且明确表示反对繁琐浮华的装饰。可见,此时简化思想已经渗透了他们的"布扎"设计和教学体系。而这一点,与宾大时期保罗·克瑞的教学思想也一脉相承。

3. 现代建筑造型语言的借鉴

黄毓麟这些作品对于现代建筑造型语言明显有所借鉴和使用。其中,文远楼的形象带有包豪斯校舍,以及一些工业建筑的特征,这类造型特征也曾出现在当时之江大学的学生作业中。根据一些回忆,他们在设计建筑时很可能参考了一些西方建筑杂志中关于现代建筑的内容。这里值得注意的是,文远楼等建筑仍然采用了盒子式的体量,每个体块的转角都是坚固的,没有角部的弱化(如采用转角窗等)以突破古典的实体体量,也没有盒子的解体、离散和片墙化的出现。这后一种手法,在与其同时期的圣约翰建筑系师生的作品中曾经有所尝试。

黄毓麟以音乐学院教学楼为代表的另一些作品(图14、图15)则明显受到赖特的"草原式住宅"形象的影响,如宽大而横向舒展的大坡顶;二层立面采用深色砖墙以加强屋顶的轻盈和漂浮感;以及以楼梯间为竖向锚固体块,固定横向层层水平伸展的体块和屋顶的构成手法等。这些都与"草原式住宅"十分相似,反映了黄毓麟对赖特作品的欣赏和借鉴。

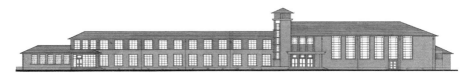

图14 上海音乐学院教学楼立面

---

① 2000年12月26日访谈刘秋霞女士。

图15　上海儿科医院透视图（黄毓麟绘制）

事实上，对赖特作品的喜爱是黄毓麟和他的老师谭垣共有的特点。学生们回忆谭垣对美国出生的基本上自学成材的建筑大师赖特非常推崇，他认为赖特设计的"草原式建筑"挑檐深远、自由舒展的造型与西洋古典迥异，是建筑配合环境无与伦比的范例。[10]可见黄毓麟对赖特建筑形态的借鉴与其老师的思想直接相关。甚至这些作品上所出现的一些简化抽象中国传统建筑造型元素的装饰，如"勾片栏杆"的通风口、回纹图案柱头装饰等，同样也有赖特的启发。因为谭垣"对赖特变形地运用东方纹样，以形成其特殊风格的手法，也欣赏备至。"[10]有意思的是，似乎当时中国不少具有学院派教育体系背景的建筑师都很喜欢赖特的作品，包括杨廷宝等，他也曾设计过类似特征的建筑。

五、结语

分析黄毓麟的这批建筑作品，我们可以发现在1940年代末、1950年代初，中国建筑师已经自发在西方现代建筑运动的影响之下，开始了大量的相关探索。黄毓麟作为经受过"布扎"教育体系严格训练的建筑师，作为美国宾大毕业的具有同样思想根基的谭垣的"得其真传"的弟子，在探索现代建筑的过程中，体现了"布扎"体系最为本质和核心的思想的渗透，如"轴线"和"比例"等基本思想，以及融合于其中的统一、对比、协调、均衡等建筑组合／构图的潜在美学支配原则。这些思想正是"布扎"体系在现代历程中经过适应和调整而积淀下来的更为基础性的原则。这些原则具有强大的包容性和整合性，可以将从古典到现代、从西方到中国，乃至到"民族形式"等不同建筑语言和思想要求都整合在内，提供合适的应对方案，可以说此时的"布扎"体系本身也在经历现代的转变。

这种经受了现代转变的具有更强适应性的"布扎"体系在中国扎根极深，其影响十分久远。中国大量具有"布扎"教育根基的建筑师中不少人都实践了这样一条探索现代建筑的道路，虽然他们各自仍然有具体手法的差异。总体而言，他们探索现代建筑的基本特点都有与上述有类似之处。更清晰地认识这种手法的基本特征，以及现代转变的具体情况及相关线索，将使我们对中国建筑现代转型的过程有更准确全面的理解和认识，也对我们进一步探索建筑发展道路具有启示意义。

参考文献

[1] John F. Harbeson, The study of Architectural Design: with Special Reference to the Program of the Beaux-Arts Institute of Design, originally published: New York: Pencil Points Press, 1927.

[2] Robertson H., Principles of Architectural Composition, London: The Architectural Press, 1924.

[3] Talbot Hamlin, Forms and Functions of Twentieth-century Architecture. New York: Columbia University Press, 1952.

[4] Elizabeth Greenwell Grossman, The Civic Architecture of Paul Cret, Cambridge University Press, 1996.

[5] 亚历山大·仲尼斯、利恩·勒费夫尔. 古典主义建筑——秩序的美学 [M]. 何可人译，北京：中国建筑工业出版社，2008.

[6] 卢永毅，谭垣建筑设计教学思想及其渊源 [M] // 同济大学建筑与城市规划学院. 谭垣纪念文集. 北京：中国建筑工业出版社，2010.10：43-68.

[7] 朱亚新，谭门学子忆先师 [M] // 同济大学建筑与城市规划学院. 谭垣纪念文集. 北京：中国建筑工业出版社，2010.10：9：3-23.

[8] 赖德霖，折中背后的理念——杨廷宝建筑的比例问题研究 [M] // 赵辰，伍江. 中国近代建筑学术思想研究. 北京：中国建筑工业出版社，2003：38-43.

[9] 李华，从布扎的知识结构看"新"而"中"的建筑实践 [M] // 朱剑飞. 中国建

筑 60 年（1949—2009）.北京：中国建筑工业出版社，2009.1：33-45.

[10]　钱锋，"现代"还是"古典"——文远楼建筑语言的重新解读 [J].时代建筑，2009.1：112-117.

[11]　钱锋，从一组早期校舍作品解读圣约翰大学建筑系的设计思想 [J].时代建筑，2011.3：134-141.

（本文原载于《南方建筑》2014 年 6 月，此次略作修改和调整补充。）

访谈录

李德华、罗小未、董鉴泓、王吉螽、童勤华教授访谈录

受访者：李德华、罗小未、董鉴泓、王吉螽、童勤华

访谈人：钱锋

访谈时间：2001 年 11 月 8 日

访谈地点：同济大学建筑与城市规划学院外国建筑历史教研组办公室

受访者简介：

李德华：圣约翰大学建筑系 1945 届毕业生，后为同济大学建筑系教师。

罗小未：圣约翰大学建筑系 1948 届毕业生，后为同济大学建筑系教师。

董鉴泓：同济大学土木系市政组 1951 届毕业生，后为同济大学建筑系教师。

王吉螽：圣约翰大学建筑系 1948 届毕业生，后为同济大学建筑系教师。

童勤华：1951 年入之江大学建筑系，1952 年转入同济大学建筑系，1955 届毕业生，后为同济大学建筑系教师。

钱　锋　以下简称钱

李德华　以下简称李

罗小未　以下简称罗

董鉴泓　以下简称董

王吉螽　以下简称王

童勤华　以下简称童

图 1　李德华和罗小未先生在家中

钱：各位老师好，我现在正在做有关圣约翰大学建筑系和黄作燊先生的研究，您几位老师都曾经见过黄作燊先生，李先生和罗先生您二位是圣约翰

建筑系的毕业生，直接受教于黄先生；董先生和童先生后来在同济大学建筑系时和黄作燊先生是同事，可否请各位介绍一下黄先生的情况？

李：在圣约翰大学，我本来念土木专业，1942年时开始成立建筑专业，我就转了过去。当时我们这一届是五个人，有人原来念土木专业，有人原来念化学专业等。因为第一年时我们有些课程（如土木、制图等）都已经上过，所以读建筑时这些课程都可以不用再修了。

罗：我们这一届要晚一点。他们第一届有白德懋（后来成为北京市建筑设计院规划总工）、李滢、虞颂华（后来一直在园林局做总工）、张肇康。

李：我们第一次上课时，觉得这位老师（黄作燊先生）和其他的老师都不一样，气度非凡，非常特殊。后来相处时间越长，越感觉到他具有非常的人格魅力。不仅是他的外表，尤其是后来他和我们的接触和交谈对我们的影响非常大。他的教学方式很特别。我印象很深的是第一次上课时，他让我们将纸条裁成不同的标准长度，在墙上每隔一英尺贴一条，以此培养学生的尺度感。后来到同济时，我们一开始也是这样做的，但是后来就不做了。所以我觉得很多好的东西，都没有能够继续下去。甚至我觉得建筑学的教室，在室内设计时就应该将这些常用的尺度都做好。但是学生自己贴当然更好，因为这样会有更深刻的印象。

再就是出题目，每个设计题目他总是打印成一张纸，因为我们只有五个人，所以打字复印也很快的。每一张纸我都保留着。他出题目并没有像我们后来那样，对具体内容限定很多，将什么房间、多少面积都规定得很死，他总是讲很多有关设计题目的背景状况，描述性的，告诉你要造一栋房屋究竟要怎么样。可惜这些方法后来都失去了，我们到后来时设计题目都变得非常具体，房间的面积都给出了。

罗：进同济时说我们的题目出得不好，要我们出得具体一些，例如一个学校，有几个班，每个班有多少个学生，教室具体尺寸多少，多长、多宽，都要给出。圣约翰的时候不是这样，老师的出题都是很抽象的。

李：我觉得不抽象，是很具体的。但不是直接的，不是死的。这里面有什么房间，有什么功能要你自己去想。你拿到了这个题目以后，还要去做一番思考或者调查。你要思考这里面有什么功能，需要什么，我觉得这个方法是很好的。而且题目的文字写得很好，像散文一样，英文很漂亮。（那时上课都是用英文的）。

记得第一个（或是第二个）设计题目，是 Weekend House，周末居住的房子，从现在来讲，是真正的别墅。他将背景条件都告诉你了，别墅中是怎么样的生活。因为别墅只在周末才去居住，因此在这个设计中很重要的是要解决不住人的五六天的问题，那就是一个安全的问题。但他不直接告诉你这个问题，而是要你自己讲出这个问题。

我们还做过其他一些设计，做过一个公寓，做过一个托儿所。当时没有专门造好的托儿所，托儿所应该怎样，你只能通过自己的想象和分析去理解。我们很多的建筑设计练习都没有现成的实例，因此不能从现成作品里去取得设计经验，必须自己思考，但我认为这才是建筑设计真正应该走的途径。即使这个建筑类型是已经有的，例如设计一个电影院，他也让我们从电影院的原始问题开始思考，不是完全跟着看到的已经存在的电影院去模仿，要从问题的源头来解决这个问题。用一句现在我们说的话形容就是"原创性"。现在我们说创作常用"creation"，事实上"origination"这个词更早，他就是强调这种思想，让你从源头上考虑问题，培养你的思想、思维能力，让你不是跟从人家已经有的布置去做，不是像现在有些人常常做的，只要抄就行。这是他一个比较重要的教育思想，特别是在建筑教育上。

我们也做过一个教堂，在上海看到的教堂差不多都是"gothic"或假"gothic"一类的，他要求你设计的教堂一定要是全新的，不能跟着传统样式，或是人们头脑中留存的教堂样式，但是教堂里面的活动一定要按照教堂活动的要求。所以做这个设计时我们需要访问牧师。

最后我们的毕业设计题目是医院，他找了一个医生叫 Amos 王，此人是妇产科医生，孙克基的好朋友。

罗：孙克基当时有个医院，在现在的延安路、番禺路口，靠近达华宾馆。孙克基是当时第一个拥有大型妇产科医院的中国人。以前的妇产科医院规模都很小，类似一个家庭的规模。

李：那时我们做设计，黄先生找来 Amos 王医生作设计项目的业主。Amos 王要重建自己的医院，让我们来做设计。医生把我们找去，告诉我们医院的要求。这样一来，学生的设计激情很高。这个事情在我们今天看来是很普通的，很多学生都参加过，但在那个时候（1940年代初）是很难得的。做设计的过程中医生也来了，我们向他汇报，汇报时院长也来看。其实当时的这个题目并不是真的，我们事后才知道，是个"真题假做"的设计。这个题要求我们做模型，最后还举办了一个展览。

罗：我记得做的模型很大，他用绳子把模型吊到人的视线高度展出，他说放在桌上的模型是鸟瞰的，不是真实的视角。那时候做模型本身就是很少的，做了模型都是放在桌子上的，而他的这个展览中模型都是吊起来的，让我们从正常视线角度去看模型。

李：最后，业主请我们吃了一顿饭，还给了我们一笔钱，让我们买了一些绘图工具，我们都很高兴。谈到对黄先生的印象，对我来说最深刻的是他对什么事情都看得很淡，淡泊名利。

罗：比如说，他不戴手表的，为什么不戴呢？他说，因为现在的表都太差了，所以他不戴，他有一种他的观点，是很高的，但是他对世俗的事情是很淡薄的。

李：讲到启蒙，在我学建筑的过程中，他对我的启蒙很多，他带我们不知不觉进入了一个全新的建筑世界，跟我们那时候在城市里看到的建筑完全不一样，他让我们发现，原来建筑和我们想象的房屋是完全不一样的。

罗：他跳出了我们通常的建筑范畴，追求建筑的原创。

李：他强调建筑的功能和使用，强调各种各样好的社会条件，事实上这一部分是柯布西耶的思想，阳光、空气，现在这些看起来是理所当然的，可是在当时柯布西耶的时候，在新建筑刚出现的时候，在那样的背景下，是非常不容易的。即建筑不但是为了王公贵族、为有钱人服务的，还应该考虑更多人的需要，这就有平民思想在里面。同时他还把这种建筑的思想扩大到其他的方面，让建筑在使用要求得到满足后，还能在造型，形态上满足视觉要求。他的这些思想正是在那时候灌输到我们的头脑中去的。

罗：在1940年代的时候，他曾带我们去参观普陀区的贫民窟，那里是当时上海居住环境最差的地方。我们确实地看到了"肥皂箱"——因为房间太挤，睡觉躺不下，就在墙开个洞，把脚伸出去，怕受风淋雨，套个肥皂箱。

他在那个时候带我们去，说明他是很具有平民思想的。这一点他是受了柯布西耶的"Utopia"（乌托邦）思想的影响，就是那种世界大同的思想，是很理想化的。

李：除了建筑以外，我们通过他受到了现代艺术的影响。他在讲课中，往往会离开建筑，进入其他的艺术领域。他讲得最多的也就是他最喜欢的。如马蒂斯、奥赞方、毕加索（罗：毕加索是通过一个完整的讲座讲的）。在当时，艺术界也是以学院派为主，所以对现代艺术的接触，我完全是通过他。再有就是在音乐方面，我原有的音乐知识仅仅是从巴洛克到浪漫主义，以后便是黄作燊带进的，如德彪西、勋伯格，肖斯塔科维奇这些人。肖斯塔科维奇、德彪西当时还听到过，但是勋伯格、马勒这些根本没有条件听到过。

当时是抗战的时候，和外界完全不通，虽然我们有建筑系，但建筑系的英语图书资料完全没有，我们学习都靠黄先生自己的书籍。我们班每星期五晚上，都到黄先生的家里去看书，当初靠看这些书籍大开了眼界。

罗：我记得我们班级当时是星期四去，我们班有八个人。他的书籍是随便我们看的，甚至他要出去，也随便我们看下去，我们只要在走的时候帮他把门关上就可以了。

李：那时他家在泰安路，他家的窗有一个很宽的窗台，他的大儿子黄太平就常在那里晒太阳。

他对我们的启蒙不仅是在建筑上，还进入了其他的艺术领域。在这些方面他讲得很多，要说具体讲了些什么，我很难说，总之通过这些，开辟了我们自己的新世界。

再有就是在京剧艺术方面。他给我们讲了很多戏，除了戏以外还讲其他类型的曲艺，我们在山东的时候，天天一起看评剧，河北梆子，他发表了很多见解。对于戏剧的喜好是因为他小时候家庭对他的影响。所以从他的整个经历来看他好像非常洋派，可是对于中国的戏剧、绘画等艺术他都很精通。对于中国的建筑他虽然不是像一些专门研究中国建筑的人那样，能够叫得出很多古古怪怪的建筑构件的名称，不一定达到这个程度，但他对于中国建筑中的韵味、空间感受的理解是非常深刻的。

罗：音乐方面他曾进行过好几个不同的音乐家之间的比较。特别提出来瓦格纳。他说瓦格纳的音乐气魄很大，他的歌剧场景与他以前的歌剧场景都不一样。

李：在他整个教学过程中，我有一点感受特别深刻。他除了教你具体的建筑设计之外，还熏陶你对事物好坏的审美辨别能力，给你标准。这个标准不是直接告诉你，而是通过不断地影响你，使你形成并保持你自己的鉴赏、选择能力。所以他在讲课中会运用很多比较，但是好坏标准要你自己在内心中形成。这也是他建筑教育中特有的一面，也是他的基本思想。在一些艺术领域这些好坏区别并不一定是很绝对的，但是有一个领域非常明确，这就是现代主义和学院派之间的区别，这一条线他划得最清楚。

我在前面讲到有关他的气度风度的问题，他的衣着也和别人不一样，他穿的衣服质地很粗，而且是家庭手工做的。他爱穿灯心绒裤子，这是我第一次看到这类质地。他说灯心绒的好处在于，你日常穿时，感到线条一直是挺的，也不需要熨烫。他的外衣通常是短大衣，这在当时也很少见。口袋有拉链，可以上锁。他的帽子是 Tyrolean 的（奥地利阿尔卑斯山一带常见的帽子），雨伞是英国的雨伞，卷起来以后就是一根手杖，料子是尼龙布的（当时很少）。他总是有特别的风度。

董：我记得他当时有一把特别大的扇子，是戏剧中花脸用的那种。

罗：他的中短大衣，大概到膝盖上面，正反都可以穿，这也是我第一次看到。大衣一边是灯心绒的，另一边是防雨布的。衣着的颜色是他最喜欢的淡咖啡色，巧克力色，牛奶咖啡的颜色，还有就是土黄色。他那件短上衣，最初跟他学的是王吉螽和樊书培，后来还有曾坚，当然衣服的风格类似，但都有自己的设计在里面。他的大衣一边是咖啡色的灯心绒，另一边是土黄色的防雨布，王吉螽和樊书培的衣服一边是深蓝颜色的灯心绒，另一边也是土黄色的防雨布。

李：衣服要自己做，也是受了他的影响，比如后来做的毛蓝布的戏服。解放时，别人总是批评约大学生在服装上争奇斗艳，这个风气应该改一改，黄先生说我们来创造一套衣服来穿，用什么呢？这是黄先生的主意，用中国的土布。那时候在福建路、北京路有土布店。我们在那里买了土布，自己做衣服。因为考虑到画图方便，所以在前面做了暗钮，最上面做一粒明钮，每个年级明钮的颜色都不一样，以此作为区别。衣服的旁边是开衩的，方便行动，特别是弯腰画图。衣服前面有口袋，可以放画笔。衣服的形和功能、材料结合得非常好。有了统一的系服，使得大家不至于会比衣着，也使得建筑系学生统一中特殊感的要求得到满足，大家都很满意。到了同济以后，其他学生也纷纷效仿，但后来被批评为标新立异。

童：我们当初的毛蓝布都是穿褪色的，现在有些牛仔衣服专门打磨成褪色的样子，我们穿旧的就像那样。

李：用土布做的衣服背后原来都有一条中缝（拼缝），因为土布很窄，只有一尺二寸，而后来用了洋布也专门做出一条中缝来。

王：我记得系服的产生原因，当时因为要抗美援朝大游行，要求建筑系学生服装统一，从这时候开始，有了系服。

李：再讲演戏，我们第一次演的戏是有关参军的，戏名是"投军别校"，当时正值 1950 年 10 月抗美援朝，我们还在约大。这出戏借用京戏——"投军别窑"之名，我们要描写的是很多学生报名去参军。本来想演一个"活报剧"，但当时"活报剧"太多，我们就打算自排自演一出京剧，内容是抗美援朝运动中，有的学生踊跃参加，也有的学生拉后腿，有的家长支持学生参军，也有的家长不支持。

罗：我记得最后一个动作是一个人把手里的毛笔一扔，就参军去了。

李：在排戏过程中，黄先生总是出主意，他的主意很多，也很会动员一帮人来演。我们吹拉弹唱，都是全的。唱词也自己来编，一段一段用什么曲子，我们给它谱上去。翁致祥在里面演一个落后学生，那时候市面上叫做"小阿飞"，因为他们的头发梳得向前飘出来，叫做"飞机式"，所以把他们叫"阿飞"。落后学生在这里面是小丑，他的脸上画一道横的白色，一道竖的白色，好像一个飞机在脸上，两只眼睛上两个竖的白道道是"发动机"。我们编的这出戏后来在学校里公演。

演了这次之后，大家觉得很有热情，又动脑筋再演，演了一出"纸公鸡"。"纸公鸡"借京剧"铁公鸡"的名，那时候讲美国是"纸老虎"，在戏里面改成了"纸公鸡"。里面的人物很多，有当时的日本首相吉田，还有麦克·阿瑟、杜勒斯（美国国务卿），这出戏演得很热闹。

后来有一次到杭州春游，不止我们一个学校，我们住在之江大学。因为有几个大学在一起，之江大学准备开一个联欢会，让我们出节目，我们就演出了这个节目，很多东西都是临时做的。戏中吉田是一个小花脸，麦克·阿瑟是一个花脸，（叫"二花脸"），背上插着靠旗，可是衣服是美军的衣服。麦克·阿瑟出场也和京戏一样的，先出来四个美国兵，然后他"叫板"，"叫板"以后再出来，出来以后有"定场诗"，自报姓名，有"起霸"，这一套全部用京剧形式。吉田出场时唱"数来宝"。吉田是个小丑的角色，麦克·阿瑟是反面军官。

通常说约大的学生好像对政治不感兴趣，黄先生通过这种方式使同学对解放、对新形势很有热情，很投入。

罗：所以黄先生并非不管政治，他是很爱国，非常拥护中国共产党的。

李：这两出戏中都是有京剧味儿的，每个人都要唱，除了跑龙套的之外。词都是临时编的，人员主要都是建筑系的，也有一些从其他系中找来的人。黄先生很会动员，发动性很强，比如土木系的蒋大骅，就被他动员加入戏中敲大锣。所以他有办法能够将大家鼓动起来。

罗：他的鼓动从来不让你觉得是鼓动，他这个人是很有魅力的。

罗：我说说出设计题目的情况。我们进建筑系比李先生晚两年。第一次设计题目，就是两个字"Pattern & Texture"。他给你规定好一张图纸，大约A4大小，要求表现出 Pattern 和 Texture。这个题目，就像我们的建筑初步。我想问老师，什么是 Pattern，什么是 Texture，你到底让我们做什么东西？他说什么东西都有"Pattern"，衣服也有 Pattern，围巾也有 Pattern；什么叫 Texture 呢，他说，你摸摸你自己的衣服，就有 Texture。我记得这个设计是华亦增跟我一起做的，我们俩在一张大约四号图纸上，搞了八个方块，上面四个是 Pattern，下面四个是 Texture。华亦增的一个 Texture 是用一种切成圆片的中药，人参那样的，带有裂缝的，一个一个贴在上面。我记得我有一个 Texture 是把粉和胶水和在一起，绕在上面，绕成一个个不同的卷涡形。后来我们交作业给他的时候，他不会直接说好坏，对错，他看着看着，就对华亦增和我说："你看，这里也有 Pattern，也有 Texture。"所以这个作业的目的实际上是要让你知道 Pattern 和 Texture 是分不开的。他就是这样很简单地让你自己悟出道理，所以我觉得他的启发性就在这里。有时你做的时候不知道你在做什么，要问他，他不会直接告诉你，要你尽量自己去想，这给我的印象很深。

图2 圣约翰建筑系的学生们

（左起：李德华、沈祖海、华亦增、樊书培）

王：我记得头一个设计是一个农村河边的诊疗所（Clinic）。那时候我们的设计要求没有用纸打印，可能因为那时学生已经多了。他把题目写在黑板上，写完就自己走了。我们莫名其妙，怎么做呢？

李：他的帽子一定在，让你知道老师还在这里。有一次，已经很晚了，我们要走了，没有办法，太迟了，我们想他一定在潘（世兹）家，我们把帽子送到潘家，然后再走。

罗：外国人走后，约大由政府接管，潘（世兹）当时是圣约翰的一个代校长。

王：他指导只动口，不动笔，主要是通过启发的方法。

罗：他最喜欢问："这里为什么这样？那里为什么那样？"我们碰到他问这些问题总是心里怦怦跳的。

王：所以他总是让你自己想，去问，如果设计是哪里抄来的，就会问得你回答不出来，真的是属于启发式教育。现在的教育，让你改图非动笔不可，不然学生就要提意见，说你不尽职，其实这样做限制了学生自己的创造能力。

罗：黄先生当时是不给参考作品的。当然我们也是要看书，翻杂志，要看示范的例子，但是他要的是你自己的东西。

李：黄先生画图很特别，我们当时是用丁字尺，水平线用丁字尺画，垂直线用三角板画，黄先生不用三角板，他把手和笔固定在尺上一点，然后上下移动丁字尺，这样画垂直线，只用一把尺，很独特的。

王：他的教学方法受了很多包豪斯的影响，是启发式的教育方法，喜欢创新。但后来却被认为是标新立异。

第二个是听京戏，当时我们在山东的时候，每天晚上都看戏。他跟我说，京戏里有很多手势动作来表现整个背景、整个空间，建筑上也可以从这些方面来理解空间。比如有一次他和我去北京天坛，天坛上去有一条很长的通道，旁边都是松树，人在走的时候会感到树在往后跑，人好像在"升天"。他很注重这种空间形式给人精神上的感受。再例如午门，高高的闭塞空间，给人以强烈的威压感，令人马上会想起"午门斩首"，有一种威慑力。他非常热心于研究这些东西，一个空间，如何造成精神上的感受。所以他的教学方法不单纯是在课堂上讲一些，我们经常到他家去，他平时也经常和我们谈谈，在谈话中给我们影响。（罗：这些谈话他也不是事先想好的，他是随时看见一个东西就会讲几句。）我们当时老师和学生的关系特别密切，他就在普通谈话中给我们体会，从各个细小的方面来影响我们。我不知道包豪斯的教学是否也是这样的方式，师生之间有如此密切的关系。

我记得在都市计划委员会的时候，我们开夜车，他也和我们一起开夜车。后来院系调整之后，上海搞"十大工程"，我们做歌剧院，他也和我们一起做。

罗：后来在校刊上有一篇写他的文章，说学生开夜车，他都一起开，说他从来没有教授架子，总是和学生一起的。

王：他往往在想法上给你启示，应该如何来创作，但他是不动手的，只是给你想法，让你去实现。院系调整以后，我和他接触就不是太多了。

董：1953年开始，我们一直打垒球，我们过去不会打垒球的，是黄先生叫我们去打垒球的。开运动会时，我们建筑系的运动会开得最好，发动的人最多，大家都穿着毛蓝布的衣服，很特别。1953年、1954年，我们连续两年是全校总分第一，当时所创很多记录到现在都没有人打破。比如甘好明，跳远记录一直保持了很多年。

罗：有一段时间黄先生是圣约翰大学的工会主席。

董：1953 年、1954 年运动会的时候短跑，他们四个属兔子的都参加了，黄作燊、冯纪忠、樊明体，还有一个记不太清楚了，黄先生一百米是第一名。

图 3　黄作燊在百米短跑比赛中

罗：他虽然个子不高，但是跑得特别快。他在圣约翰大学的时候，体育活动也很积极。一到上午一二节课和三四节课之间的休息时间，他马上就去打球，都是他带头。

董：我们这里也是他带头的，原来我们不会打垒球，都是他带着我们去打。

罗：后来这个爱好体育运动的风气也带到了同济。除了打垒球之外，很多人都来参加各种运动，当时我们各方面都发展得很好。那时候没有什么"全面推广"之类的口号，但大家都有这么一种倾向。我们经常打排球，运动会都参加，而且人最多，得分最高，这点他的影响很大。

董：那时我们班参加运动会也是很积极的，葛星海，人不高的，男子一百米高栏全校冠军，垒球也很好。还有一个学生，个子很高，标枪是冠军，另外还有手榴弹冠军。我们班运动好，与黄先生带头很有关系。系主任自己参加运动会，他一参加，把整个系都带动起来了，参加的人挺多的。

李：葛星海后来作了京剧演员，在宁波市京剧团。

董：关于设计题目，我那时候在之江念书，通过郑肖成对圣约翰有一些了解，因为郑肖成和李定毅很熟。我们的第一个作业是小住宅，那时听到圣约翰做的题目是"梦"。（罗：后来也被批判的。）听到这个题目我感到很新奇，也很欣赏这种题目,觉得非常能培养学生的想象力,"梦"在设计上怎么体现?这不像我们的设计题目,住宅,是固定的,有框架的。从那时候起我对圣约翰有些了解。

这以后参加教学,我和黄先生是一个教学小组的,教二年级第一或第二个设计。在选题上,他从不直接指定题目,而是让我们自己想,我们提几个题目,他给我们分析哪些题目可能更好。具体题目我已经记不清了,但是我记得题目和我们在之江的时候有些一样。

他主要是重过程,培养你的想象力,不是给你很死的东西,这个影响我觉得比较深刻。在改图过程中,他动手很少,这在学生中也有不同的反映,低年级学生会觉得黄先生改图没有多少帮助,说他讲了半天,我的设计还是做不出来,但是能够理解他的学生会有很大收获。当时他帮你分析,他也是问你,为什么这样,为什么那样,你要有道理的,每画一笔都要有道理,要从概念出发,都是有意图的。他的讲话是启发式的,这个我印象特别深。而且有很多东西他联系到很多其他艺术,比如戏剧。他说戏剧中有很多工作人员,一会儿倒茶,一会儿拿茶杯,你似乎当作没有看到,几乎没有感到这个人的存在。因为戏中真正的演员穿着戏服,倒茶的人穿着普通的便服就上台了,你不会感觉这对你有什么干扰,其实这也是培养你的某种想象。哪些是看得到的,哪些是看不到的。

罗:戏剧里还有擦毛巾,工作人员拿了毛巾来,演员就背过脸去擦。

童:喝水也是,手一遮,就喝水了。但是给观众没有感觉到他在喝水。这些概念都是从黄先生那里来的。低年级的学生没有这些基础,对他的方法不大理解。

罗:这种方法的缺点我觉得是教出来的学生,好的和坏的距离比较大。

童:能够意会他的学生收获会比较多,能够再创作,没有那个基础的学生会觉得不太理解。

罗:不像有的老师教出来的学生,因为老师帮着改图,总是能够帮着提高到一定的水平。他的学生不是这样的。

童:我们民用教研组每次碰到评图总是有很多麻烦事情,可以评上一学期,寒假以前交上来的作业,到过了年以后成绩还没有出来。教导处对我们教研组最有意见。黄先生从来不为自己指导的学生的设计争分数。这给我的印象也很深。像刚才讲的，他对名利看得很淡薄。我们那时评图，几个老先生总是要争的。黄先生从来没有争过。怎么看待这些问题，他在这方面给我们这些年轻教师启发也是蛮多的。

在设计里面，从功能和实用出发，这一点非常强调。他很反对从形式出发，他说你做东西总有道理的，即使是形式，也是有道理的，不是光是一个形式的问题。还有就是他反对铺张浪费，我印象很深就是他说有的设计是"暴发户"的设计，恨不得水龙头都用纯金的来做。他说这不是设计，完全是用钱在铺。这点我印象也比较深。

华沙英雄纪念碑我记得他好像参加了一些，不是全过程。刚才讲的天坛的那条道路，对这个设计就有影响。那次竞赛没有头奖，我们得了二奖。我们奖金还没有去拿过。当时他非常推崇天坛的那条道路的做法，他说人有一种升腾的感觉。

讲到毛蓝布衣服，我想起来，他的包是藤的，很简单，容量很大，大的杂志都能放在藤包里，包本身也有一定的刚度。

李：黄先生很推崇这种自然的材料。

董：当时好像还烧陶器。

罗：是的，这在圣约翰大学的时候就有了。黄先生非常强调工艺过程和形式的关系。

李：我们是用黏土做出形式来，不烧的。

罗：制陶器具是李滢设计的。木头的，上面一个会转的支板，下面用脚踩。她要老师和学生体会制作过程和形式的关系。这也是受包豪斯的影响。

李：这种感受是很好的，你自己脑子想，然后用手去做，或者做得出，或者做不出。当时很少有学校这样做。那时我们学习构造，也自己动手，比如砌砖。砌砖我们不用灰浆，就是把它垒起来，看如何稳定，培养自己的感觉。

罗：还有模型教学，他们做医院的时候是 1944 年、1945 年，当时已经做模型了，后来对我们学生都一直强调做模型，不管是周末别墅，河边住宅，他都要我们做模型，一做模型你就要考虑简单的结构问题，梁和柱如何接头，屋架怎么放上去，尽管这不是按照外面的常规来做，但是你都要考虑到这些问题。模型教学我觉得也是他比较大的一个特点，当时还是 1940 年代，就开始了，是很难得的。后来我们到了同济，一开始也很强调模型，不过后来大概人越来越多，资金方面就成了一个问题，就渐渐不做了。我们以前模型材料都是自己买的。

李：我们两个班中间还有曾坚，他们一班五个人。一共只有四个班，罗先生那一班人最多。

王：我是怎么会学建筑的呢？我本来是学土木，快毕业那年，看到教会学校建筑系的作品展出，觉得很有兴趣，就打算参加（李德华、王吉螽有建筑和土木两个学位），后来就读了建筑。因为当初是学分制，我们有很多课程都已经读过了，所以只要将设计课修完就可以了。建筑初步这些课程都免修了。这样大概读了两年。

开始杨宽麟介绍我到航空委员会一个设计室，当时抗战刚胜利。后来读建筑时，黄先生在都市计划委员会工作，他说我们可以到都市计划委员会去兼职，那时叫"工读实习生"。我们上午在都市局，中午吃完饭他们用一部车子把我们送到学校上课。

董：当时搞上海都市计划一、二、三稿的时候，闸北区有一个居住区详细规划，行列式的，是不是你们做的？图还在的，工部局报告里附过一张。

王：当地一些居民到公务局来闹事，说他们没有地方住了。方案是做了，但后来没有实施。

罗：当时指导你们的都是大师，鲍立克、香港的甘少敏（克敏）、王大闳。

王：当时我们主要做绘图员，他们做方案，我们画。

李：现在王大闳在中国台湾被称作"建筑之父"。

王：《世界建筑》上有一篇文章是访谈王大闳的，其中王大闳谈到了黄先生。

罗：当时，王大闳、郑观宣和黄先生是最好的朋友，他们好像既是英国时的同学，又是哈佛时的同学。王大闳家里有政治背景，他是王宠惠的儿子，郑观宣好像是英美烟草公司老板的儿子。

李：他们家就在现在的云都。

董：做三千人剧场的除了黄先生以外，好像还有王宗瑗。

王：王宗瑗参加的，我也参加了，还有一些学生，有赵秀恒。后来赵秀恒专门研究视线，还写过一篇有关的文章。

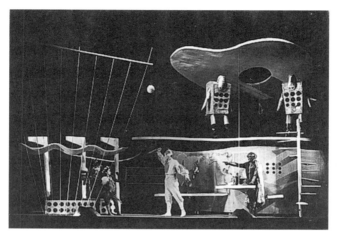

图4　黄作燊设计话剧《机器人》的舞台（约1945年）

李：这是我们当时做的"机器人"舞台布景，我还能画得出来。是第一个非常抽象的舞台布景。

董：1958年时送去的"十大建筑"还有谁做了？

王：有一个革命烈士纪念馆，一个三十万人的体育场。

童：人民大会堂也做过的。

做工会俱乐部还有陈琬、赵汉光。郑肖成做了门口的一个标记，赵汉光做了老年活动室，我做了一个花房，王宗瑗做的大概是木地板部分的构造。陈光贤那时没有参加，她好像毕业以后去做了政工工作。

李：郑肖成做的门口的标记，被人家抨击得最厉害。

童：做的图案是两把泥刀，一个是侧面，一个是平面，把两个物体做一个构图。

李：正面有玻璃条，后面有灯。

罗：因为说它是抽象艺术，是资本主义的。

李：其实这也不是抽象的，是泥刀。

董:后来做西双版纳纪念碑,也被批评;冯先生的"花港观鱼"也被批评,说是"道士帽"。

罗:他们只要是不懂的东西,和一般的建筑不一样,就要批评,就说是资产阶级的。这些事情,黄先生不知道遭受了多少。

李:这些都是对他的压抑,扼杀了他的创造性。

罗:黄先生正是要创新,要原创性,原创性必定和别人不一样,就被说是标新立异,这样扼杀了他的创造性。还好,我觉得黄先生好像一直情绪都还挺好。

董:现在艺术倒是真的又开始要求创新了。当时一讲原创性就要被批评。他真是生不逢时。

董:所以他常常是欲言又止。

童:他对中国传统的东西非常欣赏。

罗:所以他也在拼命改造自己。

李:他努力要把建筑改造成有中国特点的,他尽管受了这样的洋教育,但骨子里他是很中国的。

童:他对中国建筑的空间很有研究,举例中经常讲到中国传统空间的手法和比例。

李:所以他非常矛盾。

罗:现在冯先生也做些设计了,他一直觉得自己没有机会做,现在八十几岁了,才有了机会。所以他也很感慨。

李:前面是做一个,就给人家批判一个。

罗:所以他后来说:我眼不红,心不动,手不痒。结果现在还是忍不住了。现在他在做方塔园的方案,非常积极,每天要去半天。他是觉得一直都没有机会做。黄先生非常可惜没有机会做了。

董:当时同济建筑系有两方面的情况,一个是整个社会背景,大的政治背景的包围,还有一个是在学术思想上我们也是一个孤岛。同济大学1952年成立时的底子原来是很好的,当时真是百花齐放,中心大楼就是一个例子。后来很多好的东西就被一刀一刀砍掉了。

董:我们1962年搞过一个毕业设计,叫做庭院式住宅区研究设计,是把中国的东西结合在里面，搞了几个方案，建筑学报登出来过。黄先生觉得这几个方案很好，比较符合他的设计思想。

罗：把民居结合在设计中，这在我们国家也是比较早的。所以很早的时候我们学生的设计，例如九华山，都是很向民居看齐的。清华、南工，主要是从宫殿方面手法着手。我们是从民居、生活、院落着手。

童：莫斯科西南区设计竞赛黄先生参加没有？

李：也参加了，对方案也有意见的，因为当时设计图纸摊在教研室做，大家都一起发表意见。

童：到北京去是冯先生去的，还有陈运帏和赵汉光。在北京会上冯先生和外校一个老师争论起来，对方说他的方案是资产阶级的，冯先生问他怎么是资产阶级的，他又讲不清楚。

罗：有一个时候，水平线就是资产阶级，垂直线就是无产阶级、社会主义。

董：后来这个方案还是送出去了，我们还得了奖。

钱：向民居学习是什么时候开始提倡的？

罗：其实我们从约大开始，他就一直很欣赏民居。后来到了同济我们也是很早就开始联系水乡、民居一类建筑形式。董先生刚才说他的方案运用了一些民居的东西，黄先生就很喜欢。

董：冯先生做的中心大楼的方案也是用了马头墙、连廊一类的民居的一些手法，不对称的。虽然高层和低层不完全一样，但他基本的思想是一样的。

李：黄先生自己也做过一些方案，最大的一个方案是半亩地的一个住宅，有院子；再小一点的一家；再小一些……做过一个系列的方案，他自己做，自己画，但是没有实施，也没有留下东西。

罗：李先生原来还留了黄先生学生时候的一些作业，那时他的学生作业非常像柯布西耶的作品，不过比柯布西耶的形态稍微软一点，柯布西耶的比较硬。他喜欢柯布西耶，但是我觉得他的根子受包豪斯和格罗皮乌斯的影响多，就是讲究功能，讲究形和产生的过程，形和材料，形和人的比例、尺度等的关系。但是因为柯布西耶的东西在形上很有创意，很有创造性，所以他也喜欢。他的作业我还有点印象。

李：黄先生的矛盾点非常多。

童：我记得"文化大革命"以前黄先生好像没有受到过大的冲击。

罗：因为他这个人不是那种很喜欢站出来的人，个性随和一些。

李：因为他从他哥哥（黄）佐临那里，能够接触到领导人思想的一些信息，有些情况能够知道，他也能小心谨慎一些。他本人是非常平民思想的人。可是他同时又是一个 elite，意思是一种精神贵族，精神贵族我们可以从两方面来理解，我们往往都是从差的一方面去理解，其实我觉得我们社会要有精神贵族，不过要是正义的，好的，而不是排斥平民精神的。在精神上是贵族，并不是说自己本身是超过别人的，或是凌驾于别人之上，而是指在文化上的贵族，这是与世俗的相对的。（罗：他对世俗的东西是很反感的。）

李：黄先生不抽烟，不喝酒，可也不是绝对的，不会绝对地一概拒绝，饭桌上要喝点酒，他也喝，但是没有酒瘾的。

童：他和青年教师是很随便的，没有系主任的架子。

李：他一喝酒，马上就脸红，喝一口，脸红到一半，再喝一口，红到脖子，再喝一口，红到胸。

钱：如何看待他后来的心理矛盾状况，以及很少说话等情况？

罗：他也知道现实对他的要求，我觉得他是很想改造自己，劳动时他是最积极的。

钱：他为何要想改造自己？

罗：这也是他对共产党的拥护和感情，他觉得解放对中国是一个新生的机会，在这点上他是非常拥护的，所以有很多事例，比如我们的大鼓队，系服，两个京剧，都是说明他在歌颂共产党，用他的方式来歌颂，他想为党的方针政策做点事情。但是他做了以后人家总是说他在标新立异。

李：我觉得他完全是真心的，方式和有些人的不一样，不是场面上讲给别人听，装门面的。

董：这一点上，他和冯（纪忠）、金（经昌）先生是一样的。他们反而对那些迎合的人很看不惯。

李：他不会讲一套给人家听，讲一套给干部听。

罗：领导作了报告，他不会站起来响应，另外学校是有一批教授会起来响应，所以那一批人就被捧得很高。黄先生这些人，大家都会觉得有点另类。

董：黄先生不讲，金先生就讲了，看不惯的人，他就说。

童：我们当时住在新字楼，宿舍不够，学校让我们单身教师都搬到学校来。好多人不肯搬，系里也有很多人不肯搬，我也没有搬。黄先生就跑到我们那里去，帮我们搬。那种情况下，我想，没办法，只好搬了，系主任来了。他不是给我们下命令，他是亲自帮你搬。这件事我印象蛮深。他还是响应学校的很多号召的，开运动、搞文艺演出等。

罗：那也是因为他自己参加，以身作则。

王：所以当时他没法做，限制太多，一不小心就被套上抽象艺术之类的罪名，而且根本没办法辩解。他对新建筑有一个认识，如果能够给他一个完全发挥的环境，例如没有院系调整，继续他在圣约翰的教学，他应该能创造出一些很好的东西。

罗：我们现在的建筑一直不能给国际承认，原因就在这里，没有创造性。

李：总是要求统一，统一思想，建筑思想也要统一。

傅信祁教授访谈录

受访者：傅信祁

访谈人：钱锋

访谈时间：2004 年 7 月 12 日

访谈地点：同济新村傅信祁先生府上

受访者简介：

傅信祁：1937 年入同济大学高职班学习，1940
年毕业，1943 年入同济大学土木系学习，1947 年
毕业后留在同济大学土木系任教，1952 年转为同济
大学建筑系教师。

图 1　傅信祁先生

钱　　锋　　以下简称钱

傅信祁　　以下简称傅

钱：傅先生您好！我在做有关中国早期建筑教育史的研究，想向您了解
一下同济大学建筑系当年的情况。首先从建筑系成立的时候谈起。1952 年
院系调整成立同济大学建筑系后，老师们早期的主要任务之一是制定教学计
划。当时的教学曾经受到苏联的影响，那么初期同济的教学计划是学校老师
自己制定的，还是按照苏联的版本修改的？

傅：当时我参加过几次全国教育会，都是各校自己先制定教学计划，然
后再全国讨论，讨论后，有些能统一就统一，不能统一也不一定统一。大概
每过几年，总有一次全国教育讨论会，专门是建筑学专业的。我参加过后期
的几次教育会。

1952 年院系调整时，同济原来教建筑学的就是我和冯纪忠先生两个人。
当时我们负责接待了其他几个院校过来的人。这些学校中有建筑系的是之江

大学和圣约翰大学。我们当时接待了之江大学的吴一清，他现在还健在。建筑系成立不久后我和冯先生参加了建筑设计处。刚解放时由华东区文化委员会领导教学，全国院系调整后，各学校都有变动，有些增加，有些扩大，就要造一些建筑。当时全国还没有像样的设计院，在华东文委的要求下，同济当时建筑老师成立了一个建筑设计处，华东文委的有些建筑就叫我们设计。另外刚解放时，社会上很需要建设人员，就让毕业班提早毕业，1952届、1953届都是三年毕业的。

我们的学生提早毕业，用设计处的方法来培养，他们一面设计实践，一面上一些课。当时学生除了来自圣约翰大学、之江大学之外，还有来自浙江美专的，它也有建筑的学生。设计处分了三个室，对同学来说，等于分了三个小班，每班大概二十几个人。第一室有哈雄文教授，还有王季卿、黄毓麟，他们三个负责第一班的教学。第二室有冯纪忠教授、陈宗晖、肖开统。第三室有唐英教授，下面是我和戴复东、丁昌国，我们四个人。唐英教授不太参加具体工作，名义上是主任，实际就是丁昌国、我和戴复东三个人。一边学生进行实践，一边有教授给每个班上些课，有些课是补充性的，有些课是讲座性的，设计课就是实践课。华东文委有什么建筑设计任务交给我们，我们就做什么。

钱：主要是1952年、1953年吗？

傅：主要就是一年。后来我们学校有一部分去了武汉，有些系到了交通大学和复旦大学。比如测量系到了武汉测绘学院，水利方面到了南京，就是南京水利学院，后来的河海大学。这样我们学校几乎全部被拆光了，只剩下土木系和建筑系，建筑系本来还没有。这样几乎是将一个土木系变成了一个大学，把华东、实际是上海十六个院校并到同济大学，于是也成立了建筑系。

新中国成立前的同济校长准备将我们的校区一直向北扩展到五角场，准备在其中造医学院、理学院等，我和冯先生做了一个很大的规划，从这里一直设计到五角场，后来计划都夭折了。

这幅图（图2）是院系调整后一室做的校园发展规划，其中广场西南角就是文远楼。我们还做了华东区的好几个建筑设计。当时就是用这些项目，一面进行实践，一面培养学生。

图 2　1950 年代早期同济校园发展规划

钱：这个是毕业设计吗？

傅：不是。两个学期，结合实践进行教学就是 1952 年、1953 年。这个照片是音乐学院琴房（图 3），黄毓麟设计的，因为琴房练琴声音要扩散，所以它是朝向一面的。

图 3　上海音乐学院琴房渲染图

这个是外语学院食堂（俄专，图 4），我和戴复东设计的。这个跨度很大，当时钢材就不要谈了，连钢筋混凝土都很困难，所以是用木材做了一个桁架。

图 4　上海外语学院（俄专）食堂渲染图

钱：1952—1954 年期间的教学情况怎么样？有没有受到苏联的影响？

傅：这个教学计划我当时没有参加，不是太清楚。具体教学情况听说当时教师们分成两派，一派是学院派，一派是新派，圣约翰、之江大学的两部分老师不完全一样，所以在教学里起了一些冲突。他们的教学怎么组织的，我也不太知道，只是听说有这些争论。

那时候我们要学习苏联，毛主席还专门去苏联访问过。我们建筑是工业方面的学校，更要学习。当时有一些苏联专家过来，开始是在清华和哈工大，后来到天大。我从建设处出来以后，就在房屋建筑学教研室。苏联的房屋建筑学不是建筑系的，是属于工民建的，我们第一次听说这个名称。我们原来构造教研室改成房屋建筑学教研室。

当时因为要学苏联，我就到了天大。那时沈阳、哈尔滨的苏联专家到天大来，全国有关老师都去听课，他们讲的主要是工业建筑。当时在我们国家，工业建筑从来没有作为一门专门的学问进行教学。过去虽然我也设计过汽车装配车间，但都是根据厂方要求来的，设置几跨，多少跨度，上面有多少吊车，都是他们定，我们根本不知道工业建筑怎么样。后来到了天大学习，它有一套比较完整的工业建筑体系，建筑设计方面和构造方面都比较齐全。

那时，苏联专家还讲了建筑物理方面的课程，我们当初也没有专门的建筑物理课，在他们的指导下才知道还有这些问题。比如建筑热工问题，我们原来都不考虑的，一片砖墙到顶，不管热工。苏联因为气候很寒冷，他说外面冷，里面热，空气在墙里会怎么样，然后要算出墙体要多厚。这个墙可以几层合起来，或者中间有空腔的。他有这样一些做法主要是因为苏联有这些问题，我们当初都没有这些问题。他对于有些问题，比如墙角怎么会有凝结水，会从物理角度来分析。所以我们吸收了他们的物理方面的一些东西，比如热工、声学、光学等。工业厂房设计也很独特，它的光是从上面进入的。原来国内院校一般都没有这样的课，后来都加入了建筑物理，还有工业建筑。这些都是学习苏联以后才有的情况。

1952年我们的课表里已经有了应用声学、暖气、通风，这都是苏联的影响。这里有居住、公共、工业建筑。过去我们的建筑学没有专门讲过工业建筑和这么多技术方面的课程，最多是声学，在影剧院里讲要注意声学，没有专门作为学科。

1953年学生毕业后，学校要我们设计处继续做下去，先是要我做一室的副主任，然后是主任。原来学校的任务要做完，外面文委的工程我们也要做一些，所以这等于是设计院的雏形了。我们设计了学校里的西南一楼宿舍。这座建筑是黄毓麟先有初步方案，后来他去世了，我们接着做下去。当时全国学苏联，兴起了民族形式的追求。那时设计处里我们的主任是翟立林教授。之前因为做解放楼，"三反五反"时受到隔离审查的人有李国豪、翟立林、顾善德和我四个人。翟立林那时候是总务主任。同学们毕业了以后，留下了我们几个人，把原来没有完成的工作做完。当初因为追求民族形式，翟立林带着我和王季卿到清华大学去学习，梁思成在那里。北京当时很多建筑都是民族形式的，我们就去参观、学习，拜访了几个有名的建筑师，如梁思成、林徽因等。回来以后，翟立林在文委做了一个报告，讲建筑民族形式的问题。这样上海也展开了这方面的运动。

当时我们不大赞成北京的那一套，就做得稍微轻型一些，结合南方的情况，在西南楼做了一点翘顶，带点江南的味道。这个是我和陈宗晖做的。陈宗晖那时候在设计一室。我们的设计带点民间的民族形式（北京是宫殿式、官式的）。我们在屋脊做了和平鸽（图5），因为正好那时召开世界和平会议。

图5 1957年苏联学生来访，在西南一楼前，建筑屋脊有和平鸽雕塑

钱：当时上海受民族形式影响大不大？

傅：有些影响的。你看很多中学，都有民族形式，包括这里的航空学院。那一段时期，上海造房子也造民族形式。民族形式在"中心大楼"上最厉害。之前我和翟立林回来，宣传民族形式，那时校长是薛尚实（兼党委书记，后来被划成右派），他也很赞成民族形式，准备在同济大学造一个中心大楼，那时我在设计处，他就找了翟立林和我一起商量。

领导们觉得我们建筑系有这么多教授，各人有各人的想法，是不是让大家组织起来做方案，然后集中，由校部来选择？当时薛校长同意了我的建议，请建筑系全部教师一起吃饭，翟立林拟了一份名单，每一位年长的老师领两位年轻助教，三人一组，组成十几个小组，大家分头做方案。吴景祥、黄作燊当时是正副主任，他们两个组。吴景祥带了戴复东和吴庐生，他们这组设计了一个中心大楼。冯先生这边我帮着他，设计了一个他所谓的民族形式的大楼。总共有十几个方案。校长当然欢迎吴景祥的方案，一方面他是系主任，另一方面他们做得很复古，上面有十几个亭子。但是大家都反对，结果两派意见不合，十几个老师联名写信给周总理，周总理派人来，正好当时反浪费，就批评了大屋顶、肥梁胖柱。上海建筑学会也开了一个会，批评了某个设计院里一位建筑师设计的建筑。这样大家都反对吴景祥方案建筑上面的十几个亭子，以及四面对称的形式。当时苏联造了莫斯科大学，就是四面对称，中间突出，基本上和我们这个接近。我们的规模比它小。

大家意见很大，那时正好有苏联专家在，学校就请苏联专家来评判。苏联专家门槛很精，这边有什么好处、什么坏处，那边有什么好处、什么坏处，各打五十大板，没有讲哪一个更好。本来要他来定，大家就没有话说了。结果他模棱两可，没有一个明确的结论。后来周总理派来了一个张市长来检查这座建筑。北楼已经造了，装饰的东西还没有做上去，大屋顶、亭子等都没有上去，结果文委方面要求都要去掉，所有的虚假装饰都去掉，结果具体老师不同意，去哭呀闹呀，到后来还是全部去掉了。当时门口的汉白玉大理石栏杆、台阶都买来了，结果中央很坚决，就不准装，结果就成了废物堆在那里。建筑中只有挑出来的一个大教室，底下还有一点装饰。屋顶去掉了，怎么办呢？有老师说，是不是弄些栏杆吧，所以后来就用砖砌成栏杆。南楼刚刚造，就跟着北楼，比它再简单一些。本来中心有一个十三层的教学大楼，就不准再造了，后来就变成了图书馆。当时两种教学思想的争论，在这个里头很激烈。

钱：后来冯先生做系主任，两方面的争论是否有所统一？

傅：中心大楼事件之后就由冯纪忠先生做系主任，后来教学有所改革，把结构方面的课程压缩了。以前受苏联影响的教学计划课程非常多，这个时候给排水、设备什么都缩了，声、光、热变为物理，水、暖、电也合成一个设备课了。

钱：这个计划根据什么制定？是不是与"花瓶式"原理有关？

傅：冯先生将一些课压缩、合并，力学、结构、设备、物理，变成一个工业建筑设计，成为设计原理中的一个。我觉得我们在工业建筑方面还是比较缺的。我们对居住、公共建筑熟悉一些。苏联有一套体系，钢筋混凝土、预制构件、大吊车梁、钢筋混凝土屋架、上面有钢筋混凝土的天窗，还有相关理论，我们需要学习这些。我们派了很多教师到哈工大、清华、天大学习，后来有一个苏联专家到我们这里来，也有很多老师到我们这里来学习。这样，全国工业建筑以及建筑物理方面大大加强了。

全国教育会议进行过很多次，大概五几年以后（1950年代），有几次我都参加了。讨论时还是很激烈的，我们学校总能带头提出一些新思想。天大的徐中老师，比较赞成冯先生的一些想法，他在会议里也能起到一定作用。

钱：其他学校对"花瓶式"有什么看法？

傅：会上讨论时，有些学校提议喇叭式、金字塔式，各种都有。有的说，金字塔的基础要打好，有的说采用喇叭式，到上面要放开，各校系主任都有不同的看法。冯先生和黄作燊先生讨论下来，用"花瓶式"教学计划。

这时候我们的技术课虽然少了，但做设计也要有这方面的一些限制。我和丁昌国都是技术课的老师，后来我们和设计一起上课，也就是设计、构造一起上课。指导设计时，要求学生既要有设计的概念，艺术、功能都要考虑，同时也要受到技术方面的约束。实施这个大概是龙永龄这一班的。

当时谭垣先生和冯先生两个组，丁昌国和冯先生一个组，我和谭先生一个组。两个组去教学，设计一个医院，结果谭先生这组有个姓张的北京同学做设计和谭先生的意见不一致。谭先生认为这块地是转角地，房子应该迎合转角方向摆。而这个学生根据技术功能要求，设计了一个"王"字形房子，铺得很开。谭先生先决定了形式，大部分学生都这么做了，姓张的同学不愿意，他认为根据功能应该各科分开。当时我赞成这个方案，鼓励他不要放弃，结果就他与其他一些同学的方案不一样。那时候冯先生就提倡这样的设计。建筑要考虑功能、材料、技术、设备、物理等各个方面，单纯只考虑造型不行。所以两个老师教出来的学生不完全一样。

钱：1950年代后期您参与了一些实际工程，情况是怎么样的？

傅：我那段时期主要做毛主席的梅岭工程。第一学期先是去北京，参加莫斯科西南区的设计，冯先生、我、王季卿和陈伟去的。同济、清华和北京工业设计院三个单位合作。三个单位各派一个代表去苏联访问，了解基地的情况和设计要求。当时我一个，设计院一个做结构的、清华一个做规划的，我们三个人一起去了莫斯科。那里有人接待我们。我们看了工地，他们谈了要求，我们又看了苏联的住宅，以及几个预制厂。他们原来有大型砌块结构，这时又有了大板结构。苏联已经吸收了一些国外的东西，有的是法国、德国的大板技术，也有他们自己发明的一些大板。这样我参观了很多大板厂。他们那时住宅全都是大型板材的。当时来增祥是那边的学生，我俄文不行，他给我做翻译。教规划的王仲谷那时也在那里。我们回来后在北京做这个规划方案。

做到开学时，同济打了个电报过去，说要上课了，要我们赶快回来，我们刚做了一半。我们和他们商量，说我们各人做一个方案。部长同意说你们送两个也可以。这样我就回来做了。后来我们和他们之间闹得有些不愉快。因为他们派代表来时，我们教学很忙，没有很好接待，冯先生大概出差了，我和李先生也没有注意这些问题。他们来了，谈谈北京设计的情况，我们这里也没有很好地做，他们回去以后，好像对我们有些意见，后来冯先生回来，才赶快弄了一个方案。原来部长说是两个都送，到了那里，他们反对送我们的方案，好像我们没有给他们看。我们其实那时也还没有很好地做，没什么东西给他们看，上课要紧。后来大家有些不愉快。最后我们的方案好像是得了个二等奖。方案主要是李德华他们做的，是一个风车型的规划方案（图6）。回来以后我就到东湖去了，我记得去了好几趟。

图6　莫斯科西南区试点住宅区规划设计

钱：东湖项目是什么时候做完的？

傅：做不完，东湖要造招待中央首长的建筑，要设计七八个建筑。他们认为原来的东湖客舍比较好，东湖客舍是冯先生做的，我给他画的施工图，上面有两个签名，一个是纪忠，一个是信祁。原来的负责人，园林局的局长去世了，后来省委招待所的处长来上海，要找这两个人。东湖梅岭一方案是他们湖北设计院设计的，来上海征求意见。当时学校就派了黄作燊（冯先生正好在出差）带了戴复东两个人去，到了旅馆，他们看了方案，那么多方案，重点就是两个，梅岭1号和3号。这一个是毛主席住的，一个是中央开会的会堂，其他就不要我们管了。当时戴复东就在旅馆里帮他们把方案修改了。修改后，他们看了觉得很满意。后来他们把方案拿到北京去，北京方面同意他们按照这个方案做。回来后黄作燊说他们找这两个人，我那时候在，冯先生不在，就和他们见面，他希望我参加，把这个方案弄好。那时候黄作燊比较忙，他说叫我把大家聚拢起来，那时候都是集体设计，戴复东有个初步方案，大家再变成施工图。大家分工，李德华一部分，吴庐生一部分，戴复东、童勤华一部分，王宗瑗一部分，还有陈琬、葛如亮，分组很多，把方案再完善、提高。我整个主持这个设计。批准方案后回来，我将这个方案具体落实。后来我回来了之后，又要我们去，要我们设计很多东西。我说我不行，于是戴复东去了。应东湖方面的要求，我们又设计了很多建筑，包括高层旅馆等。

后来决定东湖梅岭要造了，吴庐生也去了。他们觉得还来不及，又找了很多学生去。湖北省书记黄仁忠，他要求20天把房子造好，因为当时上海、新疆的小礼堂20天造好，连设计、备材料、建造，总共20天。当时大跃进，要我们也这么造。大家连夜地做，我们白天画图，晚上还要去工地看他们施工。这个房子造在山地丘陵上面，毛石墙7m高。工人连夜赶工砌上去，结果那个顶哗啦啦塌下来，这样大家晚上弄得筋疲力尽，睡觉也没睡好。20天没造好，没办法，我们就回来了，那边房子还继续造。

回来后过了一年还是半年，忽然来了个电报，叫我们赶快过去，我就去了。已经造好使用的房子在毛主席走了后，大概是3小时还是6小时，顶坍塌下来了。我去前，所有湖北省设计院的总工程师都被召集来研究原因，大家看呀，算呀，结果说按照苏联的规范，我们的墙高出了7公分。我到了以后，觉得简直是笑话了，不会是这样的原因。我就爬到屋顶上去看，看了以后，发现当时因为施工连夜赶，屋架是很简单的一个豪式屋架。我们的拉杆是钢拉杆，受力是拉力，下面有一个钢垫板，我们图纸上标注的是 10 公分还是 12 公分见方，2 公分左右厚，结果他只做了 4 公分见方，几个毫米的薄铁板，所以这样拉力很大。毛主席住处的要求高，房间温度要控制，所以这里面都有通风管道，管道不像上海用白铁皮，是用木头的，用鸡毛灰保温的（鸡毛＋石灰），管道很重，就把屋架拉下来了。本来栏杆拉住，垫板太薄、太小了，拉得木头陷进去了，屋顶下弦荡下来，平顶的石灰就掉下来了。他们总工都是些年纪挺大的，都没有爬上去看，光算是不行的。

钱：当时同济整个技术课的教学有什么发展变化？

傅：变化很大的。原来的构造课教学有一套方法，从基础、到墙到屋顶，像唐英等老师多少年一直都是这么教的。一般的房子，主要是砖木结构。后来房子结构变化了，不仅是砖木，还有钢筋混凝土，苏联的方法还有砌块、大型板材，除了住宅和一些小房子，还有影剧院、大礼堂等不同的建筑。苏联的分类很细，我们受它影响，除了砖、木结构以外，还有混凝土、钢筋混凝土这些结构，另外再有装配式建筑、大型板材……再后来，大厅堂也有些不同的要求，里头有声学要求、墙和顶棚也有不同要求，比如斜顶、装灯槽等。后来每个学期，我们根据建筑体系的不同有不同的教学，先是普通的，再逐渐复杂，先是砖石，然后是装配式，钢筋混凝土，然后大型公共建筑的一些问题。那时冯先生的"空间原理"有空间排比、大空间等，我们也结合这个进行构造教学。

那时候吴庐生在我们教研室，负责公共建筑，我们带学生到大光明电影院平顶上面参观，面光、侧光、顶的要求，吊顶、灯槽、花纹做法，我们都很关注。东湖这个问题出了以后，我对吊杆就特别注意了。如果吊杆没有吊好，屋顶就要塌下来了。吊顶有各种形式，屋顶有的做成蛋壳状的，有的做成一层层斜的，在构造结构上怎么处理，如果上面有灯槽怎么处理，有的通风口、暖气、出风口、回风口，在设备上的变化，是我们在构造技术上的问题。热工方面，冬天墙几层厚比较好，保温层摆在外面怎么样，里面怎么样，冬天凝结水发生在什么地方，另外我们讲课也偏重原理。过去是就事论事，基础怎么样，屋顶怎么样，现在是从原理来讲，北方保温问题，南方隔热问题，后来有玻璃幕墙了，考虑通风，还有温度伸缩对房子的影响。裂缝，不仅是结构问题，排水问题，要从理论上来解决。所以把原来就事论事的教学变成了原理分科教学。这一套方法在 1954 年、1955 年开始，之后慢慢形成。我担任教研室主任以后，去天大，从苏联专家那里学了这一套，觉得原来的技术课程需要增加很多内容。

唐英是德国留学回来的，他当时的房屋建筑学课程，一般就是六样东西：基础、墙、屋顶、门窗、楼梯等。后来我觉得基础不是我们的事情，应该是结构上的问题，土壤怎么样，大方脚放大多少，有的要打桩，这些不是我们的问题，就把这个列成附录。所以我开始就讲墙或楼板，结合建筑设计。设计先有房间的划分，那个就是墙，然后讲底下有个基础，基础讲泥土比较软弱，墙体摆上去怎样让它不沉下去，或底角放大、或打桩，墙在内部，怎么隔声，外部有冷、热、声音等问题。其他方面也是，维护结构、材料怎么结合，从整个房屋体系讲起。后来我招研究生，就专门在体系方面做一些研究。

钱："空间原理"的教学是怎么和技术挂上钩的？

傅：我们是配合"空间原理"和设计相结合的。前头就开始了，因为设计要有个技术基础，我们先普及砖木结构，把学生的基础打好，然后在这个基础上再提高围护结构，用幕墙怎么样，平屋顶怎么样，后面讲大空间的构造。到"放"的时候我们构造课已经讲完了，有些毕业设计要我们去配合。冯先生有时候要我们一起去上课。

钱：其他学校对这种教学方法的反应怎么样？

傅：对我们这个课的讨论全国进行过好多次，那时大家都对我们这门课将设计及具体构造结合的印象很深，清华老师也对我们比较赞赏。

其他学校的话，我们对他们也有些影响。当时我们对南方的热工不太清楚（苏联是北方的），后来我去南方学习，另外专门请华南工学院派了个老师到我们这里来做报告，金振声老师，我们也去参观了他们在山上做的几个实验，有遮阳的，属于南方热工，这样，我们在教材里也加强了南方热工的内容。

钱：当时有关编写教材的情况是怎样的？

傅：当时 1961 年，全国都在编写教材，我们编《房屋建筑学》教材。南工编《建筑构造》教材，我们参加。《房屋建筑学》由南工、西安、重庆几个学校参与，在我们这里编写。南工组织的《建筑构造》教材中，因为我对装配建筑比较了解，所以有关工业化装配建筑这部分由我来编，其他的构造由他们编。

我们这里，全国各个学校来了以后，工业的《房屋建筑学》也给了我，其他就我们和南工一起编，金振声也来了。那时候编写速度很快，只有两个星期，基本上就是把大家原来用的教材重新组合起来，你这个学校一段，他那个学校一段，共同拼合起来。

钱：这个教材和我们1990年代读书时一样吗？

傅：我不知道你用的是什么教材，也许他们后来又编过。

我们当时上课没有用南工的教材，用了我们自己编写的工民建的《房屋建筑学》教材里面构造部分的内容。后来颜宏亮他们又把构造根据我们的工民建教材再扩大了一下，后来好像韩建新又根据这个重编过。

钱：建筑系是什么时候开始分工业、民用教研组的？

傅：那是苏联专家来的时候，1952年没有，大概1955、1956、1957年，那时全国有很多学校都来听课。

钱：分专门化也是在那个时候吗？

傅：不太清楚，可能是在那后面吧。

钱：1968年之后的"五七公社"时，教学是怎样的？

傅：当时也有些教学，这说起来话长了。1970年、1971年，提出培养工农兵学员，办一些工农兵学员的课程。我原来还在牛棚受批斗，后来大概1969年、1970年春天解放出来了。姚文元要我们学校办"五七公社"，把我派到五七公社，参加教学。教学有一个小组，这个小组到工地，和工人"同住、同吃、同劳动"，在那里办学。我们到上海市建筑第二公司，工地在五角场，招了全国第一班的工农兵学员，大概二十几个学生。后来我们到了安徽小三线指挥战线，因为造高射炮的工厂要搬到那里去。我们过去，建炮厂，建生活设施，宿舍、浴室、食堂、厂房等，同学们结合设计进行学习。上面把我派去，从制图开始，一直讲到建筑设计。房子造好了，这个班就毕业了。那时候拉练，从安徽步行到上海，我当时52岁，也跟着步行到上海。这是第一个班级。这个班级名义上是房屋建筑学，实际上学的是工民建的一些东西。

那时候也不能教很深的内容，都很简单的。

同学们第一天画图，有些人铅笔也不会削。我在黑板上画了支铅笔，告诉他们铅笔要削好了才能画图。发给他们纸头，有学生画坏了，连铅笔也断了。一个女生画坏了，就要我换张纸，换了以后，她又画坏了，又要换。两三张以后，我说这样不行，我说你橡皮会不会用，教她怎么用。结果后来大批判，说我看不起工农兵学生，教削铅笔，擦橡皮，登了《红旗》杂志批判。我们在那里一面教学，一面批判。有一天我跑过去上课，结果改成了批判课，要批判我。因为头天晚上要我编教材，我自己不敢编，在报上东抄西抄，编了一本教材，结果他们根据这本教材批判，说我背叛工农阶级。后来单位一看，说这个教材没有什么问题呀，然后又平反。这样批判加教学，后来又办了好几班。

之后，又要办建筑学的班了，那时候已经转到了文远楼。有关负责人把我找去，要我来办。我说我不行，还是让冯先生来吧。他们说你先办，以后再说。后来冯先生解放了，也来上课了，大概1972年、1973年，办第一班建筑学的工农兵学员。

当时的口号是"结合典型工程进行教学"，开始是这样的。到了文远楼上课以后，基本上各种课程都上一些了，但是比较简单。

钱：那些学生是工农兵学员吧，是不是一些已经工作的工人、农民等？

傅：是工农兵学员，所谓农民也是插队落户的一些学生，从上山下乡的青年中抽上来的。工人主要是中学毕业后到厂里去做工人的抽上来的。士兵也有，各个部队派些年轻人来上课。

钱：除了教课之外，有没有其他的事情，比如劳动、现场设计等？

傅：我们设计就是现场教学，尽量进场。当时有几个工程，第一班就是结合黄浦区体育馆，还有四平路大连路口的那座高层住宅楼这两个工程教学。

钱：其他一些课程，美术、画法几何什么，都是上课时教的吗？

傅：这些都是上课，设计课是结合工程进行的。

钱：这和1978年后的课程有什么区别吗？

傅：1978年后的课程就比较齐全，比较正规了。那时还没有正规，没有教材，只是讲一讲，在原有基础上，拣重点的讲，构造课一类都结合设计、结合施工图进行。

那时候在乡下，部分班级在安徽东至工地上，当时我觉得建筑学应该学些透视，他们的画法几何也没有讲透视，我就花了两个小时给他们讲透视。有的学生很好，就学会了。当时有两个学生是也门的留学生。其中一个当时设计了一个医院，五层楼的房子，画了一个透视图，要我给他看有什么问题，我觉得他设计得不错。他专门有一个典型工程，在张家港。当时冯先生要规划专业的同学在那里做了一个规划，他是留学生，给他们做了个百货公司。他就很好了，工农兵学员学了三年，就能做得不错了。他原来小学毕业，在技校读了两年，考试成绩好，到我们这来留学，我们这里再培养三年，就可以做工程了。后来他到英国去读研究生了。后来我到也门还碰到过也门的这两个学生，已经在工程部里工作了。

钱：工农兵学员出来以后，一般到哪里工作？

傅：那时统一分配，有些到了设计院。有几个学生都很不错的，也有的后来成了室内设计公司的院长。有些学生差一些，有些很好。留学生两个都很好，这套教学方法，个人能力强的就上去了，能力弱的要补很多东西。

钱：这和正规的教学方法相比，各有何利弊？

傅：这和1952年刚刚院系调整时的班级差不多，参加实际工程进行教学。

钱：1952年班级的早期课程应该还是正常的吧？

傅：不晓得。有些学校可能上过。

钱：工农兵学员的理论和基础课程是不是少一些？

傅：是少一些。这些方面我们请了一个老师给他们上课，包括数学、外语、物理什么都有的。

钱：那您觉得这种结合实践的教学也有它的可取之处是吧？

傅：我觉得这种教学对于自己比较上进的学生，他们会提高得比较快，平常的学生提高得慢一些，好的也蛮好的，不过总的来说，理论不够，实践达到了。因为工程很大，都是分工，平面图只能一个人画，你画屋顶，他画楼梯，各人的工作不一样，不能得到全方面的练习，这需要教师有意的安排。

比如1952年、1953年，我们班的学生朱亚新，我要她为无锡疗养院的一个大门设计一个门房，她做了好几个方案，每做一个，我都给她提出一些意见，她做了一个、两个……做到第十三个方案，我修改了一下，同意了。假如老师严格的话，学生会提高很快。假如教师不严格的话，她做两、三个方案就可以了，或者教师给她改好，照教师的方案就画施工图了，这样她就得不到足够的锻炼。不过工程紧张时就只能这样，学生做一个方案，老师给它改改就照着做了。假如工程不是很紧张，老师也要求严的话，学生会提高得很快。这和老师、学生都有关系。我们学校对结合实践工程比较重视的。

　　钱：其他学校这方面的情况呢？

　　傅：你到南工，他和我们的教学就完全两样了。他那边学生送上来第一个方案，定了以后就不能改了，一个方案定终身，整个一学期，或者半学期都画这个方案。我们不是，第一个方案不行，再做一个，要做好几个方案。老师要求不高，或者自己要求不高，一个方案就定了。我们要求高的，就要做好几个方案，甚至完全不同，可以打破第一个思路，这就看老师的要求了。不过不同学校的做法也有不同的效果，南工这样可以做得很细，而我们可以做得思路很广。

童勤华教授访谈录

受访者：童勤华
访谈人：钱锋
访谈时间：2004 年 6 月 8 日
访谈地点：同济大学建筑与城市规划学院办公室
受访者简介：

童勤华：1951 年入之江大学建筑系学习，1952 年转入同济大学建筑系，1955 年毕业，后留在同济大学建筑系任教。

图1　1987 年同济建筑系教师们参观用直保圣寺古物馆

（从左至右：赵秀恒、李德华、童勤华、俞敏飞）

钱　锋　以下简称钱
童勤华　以下简称童

钱：同济大学建筑系是在 1952 年全国高等院系调整的时候，由之江大学建筑系、圣约翰大学建筑系、同济大学土木系（先期已并入大同、大夏及光华大学土木系）部分教师，交大、复旦、上海工专等校部分教师及浙江美术专科学校建筑组学生组成。这些学校各自有不同的教学特点。之江大学建筑系受美国宾夕法尼亚大学建筑系学院派思想的影响，圣约翰大学建筑系受格罗皮乌斯和包豪斯思想的影响，同济土木系的建筑和规划学科老师受德国和奥地利现代建筑思想的影响，他们组成的同济建筑系的设计教学思想和方法十分多元和丰富。您早期在之江大学求学，后期转入同济大学建筑系，毕业后又留系担任设计老师，接触到了不同的教学方法，可否请您谈一谈自己的经历，以及对于这些教学方法的看法？

童：我 1951 年考进之江大学，位置在杭州六和塔那里。之江整个学校主要在杭州，但建筑系的大本营在上海，在南京路慈淑大楼里。当时学生们一年级在杭州，二至四年级在上海。我们刚去时都在杭州之江大学，教我们建筑初步、素描和小设计的是之江前几届的毕业生张圣承。一年级时只有他一名建筑教师。后来他调到上海民用建筑设计院做建筑师了。

之江我们那个班只有大概 13 名学生。统考时我们招收了 11 名，后来从浙江美术专科学校的建筑系转来两名。原来他们是专科生，转过来就是本科生了。学生的人数不多，基础课例如数学、物理、体育等都是和其他系一起上的。

一年级下学期，1952 年 2 月后已经在酝酿全国院系调整了。可能当时调整方案还没有出来，我们没有回上海，到浙江大学借读了一学期，上课的不是张圣承老师了，大都是上海过来的老师们，有吴一清、吴景祥、黄毓麟，另外还有系主任陈植。来的老师不太多，因为一些上海的老师不太想到杭州去，主要就是这四位老师给我们上课。那时他们主要上设计课，测量、数学、力学、结构等课程则和浙大的其他系一块儿上。

之后院系调整，之江大学给拆散了，我们并入同济大学建筑系。给我们上课的除了原来之江的老师，还有汪定曾，教构造课的是王季卿、杨公侠。王老师当时还是助教，还没开始搞声学研究。画法几何老师是巢庆临，他是暖通系的一名教授。力学课程有三门课，包括材料和结构等。结构力学里有木结构，老师是冯计春，还有欧阳可庆。钢筋混凝土老师是张问清。设计课除了之江的老师，还有圣约翰转来的老师：黄作燊、王吉螽、罗小未。李德华也是圣约翰过来的，院系调整后他主要教规划，给我们上课不多。其他老师还有南京工学院毕业过来的戴复东、陈宗晖。规划方面的老师有1953年刚毕业的何德铭、臧庆生等，另外还有一位外面转来的规划师钟耀华。

钱：您当时初步课程的作业做了些什么？

童：一年级上学期主要是素描，到外面去写生，一年级下学期好像有渲染。我记得当时买的墨有两种，一种是黑的，一种是有点发黄的。买了墨研磨后，要用棉线过滤，用一个碟子化开后渲染。一年级下学期那些老师来了以后开始做一些设计，先是小住宅，然后是邮局。

之江的设计教学和圣约翰的不一样，圣约翰的题目容易让学生有所发挥，出一个题目并不具体规定多少平方米，只规定一个功能，学生可以有各种各样的想法。之江的题目非常具体，有多少房间，每间多少面积都规定好。我二、三年级到上海同济大学之后接触到圣约翰的老师，了解了他们的设计训练方法。

之江的教学和国内当时其他一些院校比较接近，主要是受学院派的影响，设计讲究轴线，主轴和次轴，还关注 Lobby（门厅），主 Lobby（门厅）和次 Lobby（门厅），强调门厅作为节点。一般建筑都讲究对称，即使不对称，也有主次轴线，所以设计出来的建筑大多是四平八稳的。另外他们的做法比较直接，觉得学生做得不对，就帮学生改，然后将修改的图纸给学生，让他们按照样子来做。圣约翰老师的教学比较强调启发性，老师会帮学生分析具体的功能，比较灵活，不会直接给学生一个方案。

钱：黄毓麟是之江毕业的，他设计的文远楼是不对称的，比较自由。

童：他是在院系调整以后设计的这个方案，和他一起做的还有哈雄文，他好像是基建处的一位负责人。黄毓麟当时比较年轻，已经吸取了包豪斯的一些思想。

钱：有关设计理论方面的课程是怎样的？

童：之江当时没有专门讲理论的，老师只是在改图的时候顺便讲一讲。

钱：老师们怎样指导设计课？

童：圣约翰的老师比较注意听学生讲他设计的道理，强调要学生分析为什么要这样。那时候给我们改图的是王吉螽，还没有轮到我时，我就跟着看他评图，看前面一个个同学分别是怎么做的，这给我很大启发。

当然，之江的教学对我也有很大帮助，但还是觉得比较程式化，结合具体情况会弱一些，好像思路不是特别开阔。圣约翰的教学结合地形、环境等都是很好的。不过这只是我个人的观点。

讲评设计的时候，王吉螽老师会帮我们改一些图，有些其他老师也会改一些，但黄作燊老师完全不改，他会讲很多。冯纪忠先生讲得也多，但他有时会帮学生改图。他的观点是对于低年级的学生，老师要帮着改图，完全不改他们不容易理解，无法吸收。他说看一个学生的设计不是看他最终的成果，而是看他是如何改出来的，这个过程非常重要。

所以两所学校来的老师在教学方法上是不同的：之江的老师帮学生改图很多，不管是高年级还是低年级，老师有时会直接绘制草图交给学生，让他们继续发展；圣约翰的老师动口比较多，动手比较少。我觉得对于低年级学生来说，如果完全动口，他脑子里基本没有建筑空间的各种组合方式，讲了半天也不会理解。而冯（纪忠）先生结合了两个学校的特点，对低年级动手改，对高年级则以启发为主，主要是帮他们进行分析。我觉得他的方式还是不错的，符合对事物认识的规律，也符合学生的学习规律。

钱：冯先生的方法是刚开始就这样的，还是慢慢形成的？

童：冯先生在院系调整初期是教规划的，我们二、三年级时他都没有教我们，毕业设计才教我们。他带一个小组，好像是旅馆或医院。他给我们讲过几次课，有一次讲园林，我印象很深的是他讲山上亭子的位置。他说亭子不大有在山脚下的，大多是在游客走得最累、想找地方休息的时候，突然看到一个亭子，这是亭子最理想的位置。

同济的原理课原来是按照功能类型的方法来讲，做什么设计就讲什么功能类型的原理，比如火车站、剧场，讲解它们的功能关系、流线等，然后举些例子，放些幻灯，都是些个性的原理。冯先生后来开始讲一些共性的原理，不是按照功能的类型，而是按照空间关系的类型，也就是他的"空间原理"的方法。我当时参加了空间原理系列教学的第一部分，关注怎么着手进行一个设计，主要针对二年级学生。三年级之后安排大空间设计，之后是流线型空间设计，最后是综合性的空间。他把建筑空间的不同类型组合起来，讲这一类空间组合各有什么特点，用什么设计方法。

对于怎么着手一个设计，我们当时是用邮局和书店来展开教学的。这两类建筑的一层都是沿街的。设计邮局，我们要学生考虑房间的进深如何决定：通常人在外面要有一个等候的地方，柜台有它适宜的宽度，工作人员要有工作的宽度，后面还有一些工作储藏室一类的地方。我们给学生的只有面积的大小，比如 $100m^2$，但这可以是 $10m \times 10m$，也可以是 $3m \times 33m$，怎么决定呢？要根据它的功能。对于开间，有的是按结构、有的是按书架来确定的……这些都要结合功能，也稍微结合一些技术方面的知识。学生做设计时先做平面，然后做剖面，做剖面的时候要理解为什么有的是高的，有的是低的，有的是拱形的。然后再讲立面，了解立面和平面、剖面各有什么关系。掌握这个方法后，学生不仅是邮局、书店会做，碰到其他一些小设计也都能做。

钱：这套方法是什么时候成形的？

童：这是后来逐渐形成的，比较晚了，大约是在"文化大革命"以前，1963年、1964年左右。后来"文化大革命"中，把这个作为大毒草来批判，说我们没有以"阶级斗争"为纲，而是以"空间"为纲。

钱：1952—1958年的教学情况是怎样的？

童：基本上都是按照功能类型来展开教学的。建筑设计也是这两种系统教学并存。一个年级我们做同一个题目，既有之江的老师，也有圣约翰的老师。题目基本上从小到大。我记得我们曾经做过法院、住宅、商店、学校、火车站，这些比较常规。我是1955年毕业的，我们那年刚刚有毕业设计。比我们高一班的1953年毕业，他们只读了三年，提前毕业了，因为那时候毛主席提出治淮，让他们都提前毕业，分配到建设单位去。1952年院系调整，1953年刚刚开始还不太正规，由于治淮没有毕业设计；1955年第一届有了毕业设计，规划也是一样的。

毕业设计题目分成两大类，一类是工业建筑，一类是民用建筑。工业建筑有自来水厂、水泥厂、火力发电厂；民用建筑有医院、剧院、旅馆，还有美术馆之类的题目，稍微复杂一点。那时已经有了工业建筑教研室、民用建筑教研室，还有建筑初步教研室。罗小未先生就在初步教研室。这个教研室因为教师少，所以把历史这一部分也放进去了。另外还有构造教研室，那时画法几何也属于建筑系。建筑系和建筑工程系分了合，合了分好多次。当时画法几何、工程制图在建筑系也有一个教研室，此外还有规划教研室。

钱：1952 年之后学习苏联对于教学有什么影响？

童：我印象比较深的是教学时制安排受到苏联的很大影响：上午上六节课，三、四节课结束后给大家发面包（我们那时大多是国家供给的），吃完点心后再上两节课，然后才吃中饭，下午完全是自修课，上课一直要到一点多钟。对于整个教学计划我不是太清楚，因为那时还是学生，没有进行教学工作。等到我当老师的时候，教学已经是一套比较成熟的模式了，不知道是苏联的，还是我们自己的。那时候还是四年制，到 1954 年改为五年制，1955 年改为六年制。当时清华大学建筑系就是六年制的，认为建筑学要像医科那样，医科要学八年。老师们觉得建筑学四年不够，但一下子要跳到六年又太快，所以要过渡一个五年制。龙永龄是五年制那个班的，贾瑞云是六年制那个班的。"文化大革命"之后建筑学又改为四年制，后来又改成五年。

钱：罗维东来到同济建筑系后，对初步教学有什么影响？

童：罗维东是密斯·凡·德·罗（Ludwig Mies van der Rohe）的学生，带回来一些新的思想。他教的不是我辅导的那个班，是另外一个班，你可以问问赵秀恒，他直接受罗维东的影响。

钱：罗维东之前的初步教学是怎样的？

童：之前好像一直是吴一清上的，我们以前也是他教的。后来卢济威老师来了，他也教过一段初步，大概在 1960 年前后。他有一些想法，按照他的想法来安排教学。他也知道吴一清之前是怎么教的。另外罗（小未）先生应该也知道，她是基础教研室主任，中建史、外建史原来一直都在基础教研室，直到进了明成楼才分出来，文远楼时我们都在一起。我们在文远楼、南楼都待过。外建史当时一直是罗先生教的，中建史是陈从周先生教的。

钱：罗先生讲外建史是从古代一直讲到现代吗？

童：近现代好像讲得不多，我印象比较深的还是讲埃及、希腊、罗马，现代建筑讲得很少。她和蔡婉英后来编了那本《外国建筑历史图说》。在蔡婉英之前还有陈琬，她是我们班的，毕业后分到历史教研室，后来和罗先生一起编教材，上外建史的课。吴光祖是清华毕业后过来的，他是梁思成先生的研究生，来得比较早，那时我们还在南楼，好像是1957年之后吧。历史教研组还来过一位老师梁友松，也是梁思成先生的研究生，教过外建史，来过一段时间后又调出去了。

钱：当时毕业设计要做到什么程度？结构方面要做吗？

童：当时做到方案，没有做到扩初，结构是要做的。我当时做了一个钢桁架。那时毕业设计除了学校的老师外，还请外面的建筑师。例如做火力发电厂时，请了一位电力设计院的老工程师来指导我们。那时指导我们结构的是王达时，他教我们钢结构，毕业设计也是他指导的。毕业设计那时要做到施工组织设计。建筑没有做到扩初，风、水、电都没有做。当时我们和土木系合在一起，他们结构的力量比较强，所以结构、施工组织我们都配上的。

钱：那时建筑系和土木系合并了吗？

童：分分合合好多次，当时我们都在一个教学楼，合并后都在建筑工程系下面，正系主任是结构方面的，副系主任是建筑方面的，行政都连在一起。

钱：20世纪50年代前期和20世纪60年代前期的教学比较系统正规一些，您觉得前后各有什么延续和不同？

童：我觉得不同的主要是冯先生的"空间原理"这一部分，和原来完全不同。

钱："空间原理"都应用到教学中去了吗？

童：基本上都应用了，各个年级都在用。那时候我是二年级的教学组长；三年级的教学组长是葛如亮，还有赵秀恒、来增祥等；四年级组长是陈宗晖。当时和冯先生一起编教材，搞实践的主要是这些老师。

钱："大跃进"时整个教学情况是怎样的？

童：那时候学校抽调一些老师成立了一个组织，就是设计院的前身，学生也参加了一些实践。1958年"大跃进"时学生们被抽调过去，好像时间不长。后来因为又要强调教学了，就又回来了。我那时到七宝做人民公社规划，做些小设计。那时有部分老师是去彭浦做一个机械加工车间，完全结合实践任务。

钱：学校还上课吗？

童：我不清楚学生有没有去，我们当初是老师去的。你可以问问王吉螽，从这以后他就去设计院了。还有丁昌国，很多老师都到工地现场，有点像后来"文化大革命"时"五七公社"一样的，到现场去做（设计）。

钱：设计革命对教学有什么影响？

童：设计革命就像小型"文化大革命"一样，是"文化大革命"的前奏。对结构来说，批判深基础、肥梁胖柱，批判建筑脱离实际和浪费。设计是不是正常进行我不知道，但肯定受很大影响，第二次"火烧文远楼"嘛。这段历史董鉴泓应该比较清楚，赵秀恒可能也知道。比我高一班的学生如赵汉光、朱亚新、史祝堂都出去了，他们可能比我更清楚一些。戴复东和陈宗晖都是1952年院系调整时从南京工学院过来的，他们可能也知道。陈宗晖也蛮有观点的，他吸收新思想也比较快，比较早。

像工会俱乐部那种空间，不少地方是完全流动、不封闭的，在之江的老师改的图里没有，他们的空间一个个都比较封闭，各归各的。有关流动空间我是接触了圣约翰的老师以后才知道的。

钱：当时好像分了工业和民用建筑专门化，情况怎样？

童：那时候是毕业设计才分的，一直到四年级上学期都不分，四年级下学期才分。学生自己提志愿，做什么题目，然后再由系里批准。工业、民用教研组是分开的，学生没有分。当然毕业设计还是有不同的方向，工业或民用。我们那时课程里还有规划设计、小区规划、详细规划，邓述平老师、何德铭、冯先生、钟耀华、金经昌先生来辅导我们，课程还挺多的。

我是之江的关门弟子，最后一届。我工作后觉得冯先生的一套教学方法比较有特点，我们后来就按照这种方法进行。

钱：之前"花瓶式"教学方法是不是已经开始酝酿了？

童：那时已经有些苗头了，但也有些争论，特别是和其他学校一起开会时会有不同意见。当时我们的教学计划中已经按照这个方法来实施了，教学计划也修改了好多次，运用"收—放—收—放"的模式，主要通过课程设计贯彻这一方法。开始时学生不会做设计，不能乱做呀，给学生一些约束；等他们掌握了以后，就让他们放，不给太多的限制条件；然后到后面有了工程技术、经济概念、施工要求等约束，会对他们再收一下；毕业设计为了扩大学生的思路，开阔眼界，会再让他们放。

钱：那 1956 年、1957 年的教学计划已经按照这样调整过了？

童：是的。但具体执行收还是放的老师并不同，一名教师不需要负担收放的全过程。如我基本上就是教收的那一段，还没到放的那一段。

钱：那时是不是有全国统一的教学计划？

童：没有，全国不统一，清华就不同意这个做法，他们没有收和放的不同阶段。

钱：初步作业您还记得做了些什么？

童：一年级在杭州时做什么我记不太清楚了，平涂渲染肯定是有的，从深到浅，从浅到深，渲染什么柱式我印象已不深了。我们到同济以后，其他年级肯定是做过的，最早渲染的是文远楼南面的入口，后来南北楼造好，渲染南北楼的入口，台阶多的那一面。这个卢济威老师很清楚，这是他安排的。

钱：卢济威老师教的初步课程应该是在 20 世纪 60 年代之后了。

童：之前吴一清教的可能是古建筑渲染，一个垂花门之类，我印象不深，我当时没有渲染过这些。

罗维东来的时候，他不强调渲染而强调抽象构图。他给学生一些材料，讲不同材料有不同的重量感，让学生们摆出一些均衡的组合，然后用素描的方式表达出来。我记得有一个作业，他给学生一个竹篮、几块竹片和几块布料，让学生摆成合适的构图，再用素描画出来。也有的构图是用水墨画的，素描和水墨都有。后来朱亚新上初步课的时候，也是按照这样的方法。

再之后就是卢济威接手初步教学，教法又有了一些改变，有渲染南楼的作业，还有一些平涂一类的训练。

钱：设计课里有没有做模型？

童：有的，一般在最后，做一个成果模型，不是工作模型。那也比较晚了，大概是 1958 年前后，我当老师后开始要求做模型。那时我们要学生做一个"学生俱乐部"，老师就做了一个模型，目的是给学生看一看大概是什么样，学生做没做我就不知道了。王吉螽先生指导我们做的，我还有其他一些老师一起做的模型，包括里面的沙发、地面都做出来了。屋顶是可以掀开的。

钱：后来黄作燊先生还教设计吗？

童：还教，他和我一起教二年级的小设计。

钱：他的教学有什么特点？

童：他不像冯先生那样，会上讲台讲很多大课，他比较自由一些，对学生要求也不是很死，让学生自己发挥得多。包括出题目，他说不要规定得那么死。他对于我们一些改革的做法也是比较支持的。

评图时，一些老师之间的争论非常厉害，有时候到了第二学期开学了，第一学期的图还没有评出来。有位设计老师，他的儿子在我们学校建筑系，评他儿子的图的时候，大家就头痛了。因为他儿子就是他指导的，他说这个学生的成绩就是我的成绩，你看这怎么评（笑），往往会拖一学期。黄作燊不会这样，他比较随和一些，虽然他也很有主见。对于指导设计，我觉得他讲得比较多，而动手少，这对于高年级来说，非常有收益。有些同学的毕业设计是他指导的，他给学生举很多例子，戏曲、音乐等，从其他地方来启发学生，让他们触类旁通。但是对于低年级学生来说听起来就会有困难。我一直觉得，对于低年级学生来说，还是要动手；对于高年级来说，多讲、多分析比较好，当然也不能像之江那样，完全送一个方案，那学生就变成绘图员了，不会有太多的收益。

学校开始时两个系统都有，到冯先生以后就合并成一个了。当然原理课还有，光这样还不能完全解决同学的问题，还是要讲一些，提供一些资料。但讲过空间原理之后，学生们就不局限于类型原理了。空间原理当时已经按年级来教，但没有装订成册，也没有出过书。

钱：空间原理的教学有没有全部完成？

童：在形式上没有一个这样的形式，说我这个基本完成了，还是在不断完善探讨之中。

钱：原来学院派出身的一些老师在这一体系中如何教学？

童：他们还是按照原来的方法指导，但题目已经受到限制了。谭垣先生后来基本上只带毕业设计，其他课程设计不大上的。吴景祥后来去了设计院。那时候说我们是"八国联军"，吴景祥是留学法国的，谭垣留学美国，黄作燊留学英国，冯纪忠留学奥地利，金经昌留学德国。另外还有留学比利时和日本的美术老师，再加上中国的就成了"八国联军"。

钱：当时学习苏联，"社会主义内容，民族形式"对教学有没有影响？

童：那就看各个老师自己了，有些老师会做一些大屋顶，有些老师不做。学生也因人而异，有的学生投老师所好，老师怎么说就怎么做；也有的学生有自己的观点，老师帮着改为大屋顶，但学生不接受，各种情况都有。

钱：学生自己对"大屋顶"的态度如何？

童：总的来说，还是跟着大气候走。一段时间大屋顶比较流行，学生做大屋顶的也就比较多。因为学生是一张白纸，认为什么好，什么正确就跟着走。

钱：是不是老师中也是学院派出身的做大屋顶的较多？

童：是的，他们比较容易接受。戴复东吸收新鲜的东西其实是蛮快的，我听他们说，他在学生时代思想挺现代的，后来设计南北楼的时候，他就跟着吴景祥做大屋顶建筑了。其实他两种方式的建筑都能做。

钱：大屋顶的风潮什么时候开始比较弱了？

童：反浪费运动以后就比较弱了，设计革命也曾批判过。

钱：20世纪50年代初北京造了很多大屋顶建筑，上海情况怎样？

童：上海还好。西南一楼那只能算是小屋顶。当时要做大屋顶不一定是设计人的原因，主要是领导的意思，很多领导是老干部，他们对"民族形式"很有感情。

钱：当时系里对是否采用大屋顶是不是争论得很厉害？

童：我们当时还没有毕业，老师之间完全是两派，后来官司打到周总理那里。我们都倾向不做大屋顶，感觉比较陈旧，没有时代感。冯先生他们也做了个方案，采用了马头墙的形式。

钱：学校领导是不是跟着北京的潮流走？

童：领导是跟着潮流走的。在领导的眼里，建筑系总是让他们挺头痛。

钱：工会俱乐部建造后，系中的一些老师看法如何？

童：大家都觉得挺好，包括学院派背景的老师，没有什么意见。我也参加了一些工作，主要设计者是王吉螽先生，李德华先生做总体，王吉螽做了单体，包括室内。我当时也帮忙做了一些室内的设计。当时有民主德国的建筑师来访问我们学校，对这座建筑的评价很好，说好像到了自己国家一样，很像他们国内的建筑。他们很惊讶，没有想到中国也有这样的建筑。在他们的意识中，中国建筑都是大屋顶和比较传统的建筑。

后来建筑学会来人对工会俱乐部的批判主要是针对入口墙面的一个抽象的标志：这是由两把泥刀组合的图形，一把是木头的，水平放置；一把是铁的，竖直放置，还有一块板。学会批判了其中的抽象美学意象。后来这个标志被拆除了。这个标志是郑肖成设计的，他毕业后没有直接留校，先去了重庆，后来因为他父亲的原因（学生物学科，是沪江大学理学院的院长），把他调了回来。他很有才华，当时系主任冯先生很欣赏他，想要他回来做老师。"文化大革命"的时候他调到了轻工设计院。

（本文原载于《中国建筑口述史文库第二辑：建筑记忆与多元化历史》）

龙永龄教授访谈录

受访者：龙永龄
访谈人：钱锋
访谈时间：2004 年 6 月 18 日
访谈地点：同济新村龙永龄教授府上
受访者简介：
龙永龄：1954 年入同济大学建筑系学习，1959 年毕业，后留在同济大学建筑系任教。

图 1　1986 年牛年迎新会上
的女教师们
（左二为龙永龄教授）

钱　锋　以下简称钱
龙永龄　以下简称龙

钱：龙老师您好，您是 1954 年第一届五年制的学生，也经历了国庆十大工程的项目，可否请您介绍一下您读书时候的情况？

龙：我是 1954 年进校的，当时系主任是吴景祥。初步课程主要负责的老师是吴一清，还有唐云祥和张佐时。他们三位老师教我们渲染。开始有些线条练习，后来就做古典建筑、古典园林的渲染，还有北京故宫的渲染，做了大概有一年的时间，前面是做黑白色块的渲染，分格褪晕，字体练习等。

钱：初步里有没有测绘作业？

龙：测绘是有的，一年级暑假的时候，去苏州园林测绘，是陈从周先生带队，没有像现在的教工俱乐部一类的测绘，主要是古建筑测绘。

钱：唐云祥以前是圣约翰的，从教学渊源上来说他应该受到现代建筑的教育，他也带渲染作业吗？

305

龙：他也带渲染作业，主要是吴一清为主的，唐先生和张先生作辅导。我最记得做苏州园林渲染的时候，吴先生给我改图，手上拿着一支点燃的香烟，结果他就在帮我渲染的时候，烟灰掉在图纸上了，刚好是在渲染的一个水池里。我们女孩子渲染特别细心的，一遍一遍地画，烟灰掉上去，我立刻就哭了，心想这可怎么办。结果他吹掉了烟灰，帮我在那里画了一个水的波纹。全班同学都来看，看吴先生怎么把平静的水面画出波纹的效果。吴先生的绘画功底很好的，他办过画展，最有名的是画螃蟹。

钱：一年级是初步课程，二年级以后是不是都是做设计？

龙：二年级做公园茶室，比现在的范围要小多了，当时我的辅导老师是陈琬。我记得在茶室后面是一个小型俱乐部，然后做过学生宿舍，还做过工厂，以及一个电影院。后来开始有运动了，运动之后做了一个体育建筑，一个体育场的设计。

钱：那是在什么时候？

龙：那是在 1959 年。1958 年北京做"十大建筑"，要各学校派一些年轻的学生和教师一块儿参加工作。我、朱谋隆、贾瑞云、路秉杰，我们几个加上葛如亮老师，还有几个后来在外面工作的同学，我们一起去了北京。在北京设计院的带领下，做一些辅助性工作。当时带领我们的是黄作燊先生，冯先生没有参加。我们在那里做一些方案，画一些图，一直画到宴会厅的室内。

图2　1958年建筑系部分师生赴北京参加北京十大建筑方案设计，在居住的前门内宾馆前合影
（左二贾瑞云，左五龙永龄，右二路秉杰，右一带队老师葛如亮）

那个工作完了以后，回来我们就做毕业设计。当时我们还到戚墅堰劳动，那时是大跃进，我们去炼钢厂。回来以后我们开始做设计。当时分了好些组，我们这个组七八个人主要做体育场。题目是北京的，也是一个实际的任务，我们和北京院都在做。

图3　1959年毕业班学生进行北京三十万人体育馆的毕业设计

（左三龙永龄）

也有一些结合实际工程的项目，在锦江饭店对面有个汽车修配厂，一个大车间，要加层，当时指导老师是董彬君。我们几个学生帮着他画图，四年级和五年级一块儿做的。

除了我们做体育场的组织外，当时也有其他几个组，做剧院的等。我就不清楚他们在做什么了。

做体育场对于我们这个组来说，学到了很多的东西。葛如亮是带队老师，他的研究生论文题目就是体育建筑，所以他原先对于体育建筑存在的问题都比较清楚。我们分成各种各样的组，有搞视线的，有搞疏散的，搞场地的，分得很细。我们做调查研究，访问了好多专业机构。这个项目是北京国家体委委托的，毕业设计在我整个学习过程中给我印象比较深。

钱：您当初和黄作燊先生一起去北京参加设计，您对他的设计思想有什么印象？

龙：当时参加的还有北京院张开济、张镈等一些老先生，我们学生也不怎么懂的,听他们谈自己的方案和设想。北京的方案都比较偏古典的,无论是中国古典的,还是西洋古典的,他们下面有一批学生,都是清华的。清华的学生非常能说,我们这儿最会说话的就是路秉杰了,他也说不过他们。

我记得最清楚的是黄作燊先生在天安门广场上做了一个很大的不锈钢拱门,模型是用一个木片弯起来的。他是做成一个凯旋门一样的,位置在现在纪念碑南面一点的地方。他说检阅的时候飞机可以低空飞行穿过那个拱。我们听了都觉得非常兴奋。北京方面的人说你们黄先生是在开玩笑吧。其实黄先生并不是开玩笑,他是觉得有这样一个拱,可以把整个场地统一起来。有人说:不行,这个拱好像太大了,有人就建议把这个拱分开,分成两个塔一样的建筑。那么黄先生就说这样倒像状元帽上插的两根羽毛一样了,大家都大笑。

黄先生提出来博物馆要考虑采光问题,然后我们就去找有关博物馆采光的材料,有一些锯齿形的窗户,可以有侧光等。他比较注重功能方面。而北京院、清华大学很明显更注重形式方面。同济学生们都比较注重功能,向西方学习设计的理念。

钱:当时不同的学校会争论吗?

龙:当时开会都是要争的,特别是学生在一起的时候。像我这样不太会说的根本就没法发言,他们都说得一套一套的,我们就路秉杰上去和他们争,结果马上就败下阵来。

钱:那清华的学生怎么说的呢?

龙:我已经记不太清楚了,大概就是用中华传统、国家遗产这方面的话来驳斥我们吧。

钱:当时的老师有来自圣约翰和之江的不同学校,这两所学校的教学思想是不一样的,老师在指导学生有没有什么不同的地方?

龙:我们当时之江大学来的有钟金梁老师,董彬君老师,圣约翰来的黄作燊老师好像没怎么教过我们。当时指导的每位年纪比较大的老师都有配合他们的年轻的助教,谭垣老师的助教就是朱亚新,这是比较明确的,因为谭先生来了就让朱先生先改图。我倒不是觉得他们学派上有什么区别,但每个老师的特点非常明显。比如说做平面的时候吴景祥老师改图非常细致,做立面的时候,谭先生做得很细,再加上还有一个哈雄文,他也是平面做得很细的，所以我们学生都知道，前面做的时候都希望哈先生和吴先生来改图，后面就希望谭先生看一看。谭先生也可能一下子就说这个不行，给否定了。

我们那时候还有这样一个好处，就是有一批构造老师——傅信祁老师等，他们当时也是跟了年长的老师来的，他们改图就比较细，这些老师有些在营造厂做过，他们知道很多建筑的细节，我觉得这还是挺好的。后来我分在构造教研室一段时间，自己做设计还得益于前面这些老师的指导。谭先生他把比例的分割这些都教给我们，我们后来印象也很深的。总体来说，对于来自不同学校的老师，并没有觉得有什么统一的好或不好，都是各位老师有各自的特点。

钱：当初王吉螽先生教过你们吗？

龙：教过，他当时年纪还很轻，主要老师一个是吴景祥、一个是哈雄文、一个是谭垣，其他都是下面的老师，中年一点的就是傅信祁、王吉螽，然后再年轻的就是朱亚新、钟金梁、董彬君。

钱：那就是说这些不同的老师的设计思想当时在教学中也不是很冲突。

龙：不是很冲突，而是各有特点，他们讲课或者讲解题目的时候，就会讲出自己的一些想法，比如谭先生会讲他做的纪念碑，比例应该是怎么样，这个他讲得比较多。

钱：那学生是在不同的方面都能吸取一些长处是吧？

龙：是的。那时候的学生和现在的不太一样，当时资料也少，学生见识也少，所以所有的老师讲的都能听得进去，能吸收。现在的学生看得多，自己脑筋动得也很多，对很多学派都很了解。那时候好像没有这样，我们很多东西都不知道，学生都很单纯的，老师说什么，学生就听什么。

钱：冯先生有没有给您改过图？他在教学中贯彻"花瓶式"教学方法，您有没有体会？

龙：冯先生没有给我改过图。对于"花瓶式"教学方法，我好像没有太多感觉，可能他实行这个是在1957年、1958年，那时已经开始运动了，我们班就快毕业了，他的一些想法大概在后来的班级实现了。我们这个班碰到的各种运动多一些，1957年开始反右，之后有着各种运动。

钱：中心大楼事件对你们有什么影响吗？

龙：当时我们也听说有这样两种争论，我们班的同学都倾向于比较现代的方案，我们也是受到文远楼的影响，老师给我们讲过文远楼怎么好。它墙面的做法，我们都觉得很独特的，它是用水砂做的，不是一般的水泥粉刷。文远楼的细部都非常经典。

钱：工会俱乐部在学生当中有什么影响吗？

龙：我记得一开始看了一套图纸，包括有室内。我们以前对室内没有太多概念，出了那一套图纸，学生都觉得很震惊，感觉非常好，特别是里面的空间，甚至是它密肋楼板的处理，大家都很有印象，觉得这座建筑像文远楼一样的经典。对于这个，大家都有一致的看法。

文远楼大概 1954 年建成，我们一进来的时候，还在校门口的大草棚里上课，在现在逸夫楼的地方，建筑完全是草的，下面是泥地。我们是 1955 年才进文远楼的。

我们在文远楼的时候，还有 1956 届、1957 届的同学，我们是 1959 届的，当时有一种概念是高班的同学带低班的同学，我们可以去看他们画的图，他们可以来帮我们改图，好像在西方有这样的传统，所以我们的教室都离得很近，而且是隔一个年级的关系更密切。1956 届和我们特别好，1957 届和我们下一个班级特别好，学生之间有很多往来。进了文远楼以后，我觉得这种气氛很好。

钱：您是五年制，您之前是四年制，后面一届是六年制的，您知道为什么要改学制吗？

龙：好像是说建筑学要学的东西很多，那时候我们还是分类型在讲课的，觉得五年的时间太短，国外是六年，清华也是六年的，然后就开始改六年了。每次改变，从四年到五年，从五年到六年，对于学生来说，大家觉得很自豪，感觉我们这个专业比较特殊。

钱：您毕业工作以后的情况怎样。

龙：我 1959 年毕业留校，之以后还读过一年声学的研究生，有一段时间不在系里，还没到毕业生了一场病，大概回到系里就已经 1964 年了。所以对于前面这段时间的事情我就不是非常清楚了。

钱：葛如亮先生的情况是怎样的？

龙：他是同济的老师，曾经到清华去进修，读了研究生，写作的论文是有关体育馆的。

钱：他之前是哪里毕业的？

龙：他是交通大学毕业的，之前曾经参加过地下党的活动，解放初有一段时间好像在解放区，后来回来以后进了同济大学，然后很快就到清华进修去了，和另一位姓赵的物理老师一起去的，大概1958年左右回来。反胡风运动的时候他好像在清华，说他好像挺同情胡风的，后来那个赵老师被打成右派了。

钱：葛老师回同济后一直在做体育建筑这方面？

龙：是的，他先做体育建筑，后来就做风景建筑。

钱：我有一些相关文章，好像很多风景建筑都是您和他一起做的，他主要的设计思想和特点您觉得是怎样的？

龙：我从他那里学到了很多东西。在这个以前，一直在搞各种运动，在做毕业设计的时候，我主要跟着他学习。他是一个非常敬业的人，从环境入手做建筑。无论是教学方面，还是对于建筑在环境中的作用，我大部分是从葛老师那里学来的。因为后来体育建筑项目比较少，可以做的不多，他的思想也比较独特，喜欢自己钻研，也就比较喜欢自由自在的东西。风景旅游这类建筑他觉得非常符合他的性格。

钱：我看他的文章里有很多诗词歌赋的内容，他很喜欢这些吗？

龙：好像在这方面并没有看到他非常钻研，他看了不少书，很可惜，去世太早。支文军老师写过一篇文章的，称他是"新乡土主义"，我还是蛮赞同的。他并不是说要复兴中国传统的古建筑，而是从民间的，非常结合自然的一些东西去做，很有想法的。

钱：他钻研这种民居形式的建筑是什么时候开始的？

龙：大概1977年、1978年。

钱：那么从同济工会俱乐部到冯先生的花港观鱼，到他的习习山庄，空间都比较流动，是否都有一种从乡土民居里找来设计灵感的特点，存在着一条发展的线索？

龙：我觉得应该有这样一条线索，只是葛老师不太喜欢和别人合作，所以把这条线没有太多地发展下去。他比较独立和自我。

　　这个期间他曾经有过一次和冯先生之间的合作，很可惜两个人都很坚持自己的意见，结果无法达成一致。那是 1977 年的时候，我们做完上海的黄浦体育馆以后，开始做铜庐 1 号，当时瑶琳洞刚发现，我们做了一个洞口的建筑，那个建筑做得还是很好的。葛老师很高兴，就拿这个去请教冯先生。冯先生那个时候也是很长一段时间没有做什么设计，所以他也很高兴，实地去看了，提出了一些不同的想法。他觉得在某个地方应该做成两层，但葛老师不赞成，结果两人没能统一看法。

　　后来我跟葛先生又继续去做了别的建筑，习习山庄，包括桐庐我们后来又做了一个贵宾接待室。

　　钱：我看他们做建筑有些手法近似的地方？

　　龙：到后来我们做到习习山庄的时候，葛先生又去请教了冯先生，冯先生后来也提了一些意见，葛先生也采纳了冯先生的一些建议。

　　钱：您觉得他的教学创作思想和冯先生相比，有什么异同点？

　　龙：我觉得冯先生的思想更高一层，我没有听过他的课，但是听过他的很多讲座。冯先生更加超然，诗词歌赋都很精通。你问我葛老师是不是这样的，他也写作，但我觉得他平时并不是能从诗词歌赋里面获得很多灵感，他还是从如环境、地域等方面出发的，他在发动学生想些主意，这方面比较擅长，这可能和他曾经做过地下党的工作有关。而冯先生则完全是一个学者。我对葛先生是比较了解的，他的性格比较倔强，所以总是在各种运动中碰到很多的事情。

　　钱：同济在"文化大革命"中的教学如何？

　　龙："文化大革命"之中一直都是在搞运动，到了 1974 年、1975 年开始恢复了教学，招收工农兵学员，当时叫"一专多能"，这些学员以后要走出去，为广大工农兵服务，可能有一个简单的专业基础，每个人都要会一些简单的建筑计算。

　　大型的建筑，楼堂馆所都是封资修的，都不能做，做的都是一些小型的建筑，学生都要自己会算楼梯，会给排水和电，当时都是结合典型工程教学，上课都是围绕着一个建筑来做，这样学生可以做一个完整的建筑。

　　后来大家认为这样培养地方性的一般设计人员还可以，但是很多建筑，像现在这样的，都是没法类型化的，所以这种教学方法不能有太多的发展，也不可能发展出新型的结构。

钱：也就是说这种教学比较适合培养一般技术性的人员，但要达到专业的创新什么就不大可能了。

龙：比如说一个工厂的基建科，一个部队的营房科，它的人员本身就是维护这些东西的，可以知道各方面的知识，但这并不是我们建筑学的教学。

工农兵学员前面还是结合典型工程的，后面也不是太典型了，也在慢慢地改变，又变回去了。我们大概总共招收了三四届工农兵学员。

钱：他们的作业有哪些呢？

龙：好像制图还有一些，渲染什么都没有了。他们毕业后大多进了设计部门。有些工农兵学员也挺好，后来发展得都不错，有的工农兵学员是初中文化进来的，后来学建筑有些跟不上，能支持他的基础知识不太够。

钱：1977 年恢复高考后是不是情况就改变了？

龙：是的。恢复高考后我还教过构造。文革后第一届的大学生改革很多的，你可以问问郑孝正，他是第一届的。他们那个班级非常活跃的，初步课程里面做构成、做封面，那时候做了展览，五花八门，什么都有。他们一下子和工农兵学员拉开了很大的一个距离。

钱：从那以后教学就基本正常了吧？

龙：之后就完全正常了，比我们原来那个时候还要更进了一步。学生第一届考来的，有些是有社会经历的，来考试的目的性都很强。有不少当时的学生今天都很有成就。一些学生在文革期间是在乡下或工厂里劳动、工作的，出于一直对艺术的喜好，有了机会就考进来了，当时聚集了一大批非常好的学生。你可以了解一下那段时间的教学。

钱：文革后那段时间现代建筑的发展如何？

龙：1977 年、1978 年，文革之后，系主任冯纪忠先生派了四个老师：戴复东、薛文广、陈光贤和我，一起做了一次南行，从长沙到广西南宁，然后到广州，再回来。那时候觉得那边的建筑比较新，去看了以后，确实感觉很好。特别是在广州，白云山庄、泮溪酒家，有很多建筑和环境结合得很好的案例。当时上海好像还没有很多动静，看了一圈之后，收获很大。

贾瑞云教授访谈录

受访者：贾瑞云

访谈人：钱锋

访谈时间：2004 年 8 月 6 日

访谈地点：同济大学建筑与城市规划学院办公室

受访者简介：

贾瑞云：1955 年入同济大学建筑系学习，1961 年毕业，之后留在同济大学建筑系任教。

图 1　1991 年 12 月毕业三十年相聚时

贾瑞云（后排右一）、路秉杰（后排中）、庞兴河（后排左）代表班级看望周方白先生（前排）

钱　锋　以下简称钱

贾瑞云　以下简称贾

钱：您是 1955 年入校，1961 年毕业的同济建筑系第一届六年制的毕业生，也经历了教学联系实际的阶段，想请您谈一谈当初读书时的情况。

贾：我们那班是 1955 年进来的，那时我们的教育体系、教材、包括教学计划都不太完善，因为是六年制的第一届。前面我们有三年制、四年制、五年制。1953 年毕业那届只有三年，1954 年没有毕业生，1955 年是四年制（童勤华那一届），1956 年到 1958 年都是四年制，到 1959 年是五年制，然后我们 1961 年毕业的是第一个六年制。突然的六年制，学校也有一些准备匆忙。教学计划我现在看起来有它好的地方，但也有些地方有问题。好的方面是底子很宽厚，比如一年级时学"测量"、学"建筑材料"，材料要学水泥的性能，要去做好多实验，配合比、做试件拉伸、受剪、受冲击力，这些方面学得很深。建筑物理内容很多，很厚的一本书。其实其中对我们来说最有用的就是声学。

当时的教学也不是很规范，中建史课老师是陈从周，他学的都是古诗词，所以讲到园林，他会给我们讲穿旗袍的小姐打着伞在里面慢慢地走；拙政园厅堂里，老阿爹坐在中央，威风来。他并没有讲太多营造学的内容。另外画渲染图，同济过去表现方面是不太好的，卢济威老师来了以后，他把南工的一套方法给带来了，严格了这方面的训练。因为我们的老师没有在这方面很注意，都是画草图，他们草图画得很好。卢济威老师来了以后，加强了渲染的练习，会花四周时间画一张渲染图，有时甚至画一两个月，画人民大会堂，要渲染得层次很清楚，又很柔和。

钱：您本科学习时，初步课程有些什么内容？

贾：初步课需要写仿宋字、画渲染图、画钢笔画。当时设计初步的老师是和历史教研室合在一块儿的，名叫"历史初步教研室"，所以历史教研室的年轻教师也都在教初步（也就是现代的"设计基础"），比如陈琬（和童勤华老师同班，童勤华是我们的班主任）。我们班六十几个人，大约一个老师带十个人，和现在的情况差不多。

我们在建筑学的教学方面，分两大派，这你大概也知道，像清华、南工比较倾向于学院派，对于同济，上面扣上的帽子还是学院派的（会发统一的教学计划），但我们是按照现代派来做的，因为我们的老师，如黄作燊和鲍立克在圣约翰是合作的，还有王吉螽、李德华，后来来了罗维东，还有黄毓麟，当时中年为主的都是现代派的，所以我们不注重中国传统的表现，也有这方面的原因。其实冯先生渲染图画得很好，1982年整理资料室时，发现一张他画的渲染图，大概是1号图板那么大，里面画了一个古典的建筑，非常细致淡雅，层次清晰，下面有冯先生的签字，我们都把它当宝贝。

当时有很多学生作业留下来，但是后来装修时，工人不懂，给扔掉了，那很可惜的，刘克敏老师很生气，我也伤心，因为里面也有我的一些作业。

钱：当年的图书资料情况是怎样的？

贾：再早的时候，1950年代，图书方面我们也挺好的，有一位年龄很大的陈志荣先生管理，他外语很好，文远楼四楼有一个珍本书库，凡是珍本的建筑书，有什么文章看不懂的，都可以问他，他当场就可以回答，素质很好。

钱：罗维东老师的现代思想在作业里有没有反映？

图2　2019年再次访谈贾瑞云老师时她展示了类似于早期"组合画"材料的双耳瓷罐

贾：有的。比如我们班做过一个"组合画"的练习，是在他的影响下产生的一个题目，我的作业还在，尽管不是很好，只是4分，已经被老鼠咬了一个洞了。他给学生们一些材料，一块台布、一个玻璃果盘、一个圆茶巾、一个双耳瓷罐（后来我还去景德镇买过一个类似的，图2）、一个栗色（咖啡色）的竹编花瓶，这花瓶还在学院里，前些年还在院办看见过。他让学生用这些形态组合成一幅画。做了一周，后来做不下去了，就两个小班集中起来，针对这个作业，冯先生给我们讲课讲了高山流水。冯先生讲这个流动空间已经有很长时间的历史了，那个时候给我们作启发就是说茶壶的空间有限定，又能流通。冯先生讲课有个特点，不直接给学生讲，都是讲别的方面，触类旁通地给学生启发，让学生举一反三。他只拿一张小纸条，就能讲上两三个小时，修养和思想都是很深的。

钱：当初罗维东先生的作业是拿来几样东西，构图好然后画出来吗？

贾：构了图之后，再把它表现出来，铅笔作明暗，然后水彩渲染，作色彩。我是从农村来的，小县城，很多东西都没有见过。我本来喜欢画画，不过这种喜欢也就是小孩在家没事的时候东抄一张、西抄一张画了玩。后来就考到建筑学专业来了，实际上有些东西都不懂的，学起来觉得挺困难，但我画得还可以。

罗维东的主张在我们班是做构成，就是那个组合画。后一年，就是赵秀恒老师那一班，他们做了唱片套和书籍的封面设计。再到下一年1957年，也就是沈福煦老师那一班，做什么我就不太清楚了。

钱：罗维东先生是什么时候离开同济的？

贾：大概就是1958年左右，那时候开始有批判运动。他如果一直在这儿的话，我们的教育思想还会要更现代一些，他很能出主意的。

他走了以后，初步课是陈琬老师在教。另外吴一清老师一直教初步，他是之江大学过来的，是颜文樑老师的学生，所以他的水彩画画得很不错。不过他画渲染也挺可怕的，左手一支烟，右手给学生改图，画下来一片，然后"啪"地烟灰掉上去了，龙永龄老师就遇到过。

我们早期的渲染都比较粗糙，细心些的同学还好。渲染我们班的周仁平画得最好，还有朱逢博。我是不大仔细的，还可以罢了。

直到南工的老师1960年左右过来，初步教学有了很大的改善。他们来了三个老师：卢济威、他夫人顾如珍老师、还有赵莲生老师（分配来四位，有一位不久调走了）。其实1958年教改时我们就和他们很熟了，他们和我们的同学们一直在一起。

钱：您对设计课程内容还有印象吗？

贾：我们当时改革得比较厉害，到了三年级以后我们就进设计院了，设计院算是我们班级和上面一个班级创建的。设计院是执行教育为无产阶级政治服务，理论与实际结合的教育方针的产物。龙永龄班级是四年级，我们是三年级，我们那时结构课、设备课都是在设计院，在真正的工程中学的。设计院的一个做结构的朱伯龙老师（也是很有名的）一方面给我们上课，一方面大家也跟着他工作。学生们当时实行"互教互学"，你是结构的，我是建筑的，大家互相学习。教学相长，等于是小先生制。

钱：那时是所有的学生都在一起，还是分组的？

贾：是分组的，有三个设计室，每个室两、三个小组。分组都有各自的项目，我参加的是三十万人体育场。你去看《同济学报》创刊号上有我一篇文章，介绍三十万人体育场。

我们当时到北京去参加了十大建筑的项目，有关部门集中了各建筑院校的师生去进行方案设计。我们两个年轻老师，葛如亮和张敬仁老师带着龙永龄老师班上四个人，我们班两个（我和路秉杰老师）到北京去，做十大建筑。结果我们的作品比较现代，不是学院派的，人家不喜欢我们的方案。清华的方案很受欢迎，有共产主义大厅，它更注重政治一些，比如人民大会堂北入口迎客松绘画前的长长宽宽的楼梯，就是清华的设想。我们比较讲究功能。

后来做到天安门广场时，我们设想了一个"世纪大拱"，位置差不多就在毛主席纪念堂那里。当时大家都放开了想。黄作燊老师总是在晚上要来看一看，给我们一些指点。当时桌子上有正在做模型的航模片，黄先生就拿起来一摇，后来不记得是谁，抓住另一头往下一弯，成了一个"拱"。

钱：那个拱后来是谁具体做的？

贾：那是葛如亮老师，我们都跟着他做。

后来十大建筑结束后，葛老师因为是体育建筑方面清华的研究生，所以后来三十万人体育场就给他做了。这个项目我们是回来做的，参与的还有龙老师班级的一位李鑫林同学，画渲染特别好，龙老师也参与了。后来还做了模型，挺大的一个，三层看台挑梁的壳，两个挑梁的中间为一个单元，这一个单元是用整木头刻出来的，参加了1960年教育成果展览会，在科学会堂那里，很轰动的。在一本同济老照片集中有一张当时的照片，不过在模型旁边的人不是当时参加设计的同学。这个建筑的结构是和朱伯龙老师合作的，他在这个建筑中用了悬索结构挑台。后来悬索结构也用在三千人歌剧院里。作为实验，他们的结构研究所也做了模型，五分之一的模型。当时不同专业结合得都比较好。

再说设计题目，第一个题目是测绘厕所，初步作业里面的。这个我估计也是受罗维东的影响，首先要讲求功能，要有尺度感，测量对象也要比较方便，正好南北楼新造好，里面有男女厕所，男生测男厕所，女生测女厕所。后来我们教这门课的时候就找了一些比较美的，比如南北楼的门厅。这个测绘是接在组合画练习的后面。

二年级的时候做海滨浴场更衣室，然后做一个小的文化中心，少年宫、文化馆一类的。海滨浴场更衣室也是罗维东的主意。后来还做过什么，印象不太深了，总是搞运动。好像还做过电影院、住宅，三年级时做过一个小医院，规定用的表现方法是徒手铅笔渲染，铅笔明暗，然后做淡彩。三年级的时候还做过火车站。再往后我们就到设计院去了。

在设计院时我做过复旦大学的原子能反应堆建筑，就是小物理楼，在这里我学了结构。原子能反应堆的空间高度很高，建筑是高低跨的，计算尺计算用了一个月，用弯矩内力分配法，结构都要计算的。当时强调"在干中学"，结构方面都是那些"小先生"（就是与我们同级的工程结构专业的同学）来帮助我们。

我们大概 6、7、8 月在设计院，9 月开学以后，就突然通知说要到北京去，做"十大建筑"方案。我们做过好几轮方案，做过人民大会堂、历史博物馆，主要是人民大会堂。体育场是回上海以后做的，在那里没有做。

我们 9 月份去，过了国庆节，10 月底回来，可能他们老师在那里酝酿过体育场这件事。高班的李鑫林同学在文远楼画了 0 号图板的全立面。画天空时，我和他两人接画，就是他画到中间，我再用同样的色水接下去。三十万人体育场，规模很大的，当时我们什么都要世界第一。

我们还参加了复旦大学 1 号楼物理楼项目，这是一个小组；我们的大礼堂是一个小组；我们的西北一楼，还有武汉东湖客舍毛主席的故居，东湖 1、2、3 号楼各有一个小组。后面那个小组是吴庐生老师指导的，我们班大概有 8 个人在里面，王爱珠、王世青等。1960 年左右毛主席在那里开会，问这个房子是谁设计的，有人告诉他是同济大学的吴庐生老师，他说："噢，做得不错，叫她来，我见见她。"结果吴老师不敢去，因为她家庭出身不好，她不敢去担这个风险。后来和主席一起看节目的时候，主席在前面，她在后头，也不敢上前说话。当时同济的建筑学讲求"空间的塑造"，不是靠贴一些材料来追求形式，这个建筑有所反映。那时候装修没有什么材料，都是自制的，壁灯就是用啤酒瓶烧出裂缝后磨光而成，既朴素又新颖，得到了毛主席的表扬。

我们班60人，一年里面做了不少建筑，比如大礼堂，我们是一直做到家具研究的。当时禁止做楼堂馆所，大礼堂以学生食堂的名义出现，兼作会场，叫做"多功能餐厅"。这个方案由吴定伟指导，我们班同学画图，也参与讨论。还有一个负责建筑的老师，王征琦老师。这座建筑是远东第一大跨度，42m，坡度比较低缓。那个年代的毕业设计做得很深入，要做到施工图。当时的项目还有华东钢铁厂、三林塘的水上新村、江西新余、上海歌剧院等，歌剧院设计好像后来是赵秀恒老师班上的同学一起参与做的。当时都是工程带科研，建筑的科研也就是这些，没有高、精、尖项目，主要都是实际工程。赵秀恒老师在做上海歌剧院项目中创造了一套视线设计计算方法。

钱：歌剧院组还有谁？

贾：人很多，有朱逢博、张华琴等，大概七八个人。朱逢博在1959、1960年去上海歌剧院唱歌去了。20世纪80年代她有一次到学校来开过音乐会。歌剧院项目是黄作燊先生带队的，下面具体指导做的是王吉螽老师。

1959年7月份，在设计院搞设计，9月份，开始学施工，一半学生留在设计院里，因为如果全部走掉，新来的会跟不上。由于实际工程要为对方负责，我带了一半人到外面建筑工程公司的工地学施工，三十几个人，其中有朱逢博。我们到闵行万吨水压机的厂里面。那时住在工地的草棚，我们班的女生二十几个人去了十几个。朱逢博唱歌就是在那里被发现的。我们在那里做工人，运沙子，运石子，和第五建筑工程公司在一起。后来我们也去过闵行的妇女用品商店项目，跟着砌墙。我的上海话就是那时候学来的，因为要接近工人，得听得懂那些师傅的话，还要交流。

施工学习了3个月。到了工地上，那些建筑机械很壮观，上海市第一个塔吊就在那里，很鼓舞人心。三十几米长的混凝土拱形屋架，没有大汽车，几个工人师傅用几辆平板车，从吴淞一夜推到闵行。这段时间我们一直在闵行预制件厂。

后来11月，万吨水压机的沙垫层做好了。最后我们在预制厂里，这个厂做空心楼板，也做一些大型T型梁、薄腹梁。我们31号回来，1号元旦，30号晚上曾经开联欢会，上海歌剧院去慰问演出，会上工地生产办公室技术组有一个小伙子和朱逢博合唱了一个"小拜年"（东北二人转）。朱逢博本来就很喜欢唱歌的，在文远楼里坐着看书也会不停地唱。那天任桂珍建议她去唱歌，出于各方面考虑，她最后决定去了。

图3　朱逢博和谭垣先生

到了1961年，大家正常地做毕业设计，但当中有一段1959年全校抽了240个半工半读的学生，包括我们和赵秀恒老师班级，大概一共二十几个人，拿三十块钱的工资，一边教书，一边自己学习。

我们1961年毕业，1960年的时候我们学规划，在南通去给一些单位做规划。规划专业的教学和实践结合得很好。我们的老师是钱肇裕、陈亦清、郑正，都是年轻老师为主。在南通也住在工棚里。后来因为我们还要做小先生，我们12个人就没有和大家一起做毕业设计。其他同学是1961年7月份毕业的，我们留了下来，9、10、11月做毕业设计，当时的题目有图书馆、影剧院和幼儿园等，我的题目是影剧院，由冯先生和郑肖成指导。

钱：您对大跃进这段时期的教学结合实践的整体评价如何？

贾：我觉得教学联系实践，学得比较实在。学生不是听听课，做做笔记就完了，是要做实在的东西，本身的责任心会很强，不能马虎。比如我要做高低跨，这个东西是要用的，垮下来可负不了责任，因为配筋都是按照我计算的去做的。设计得小了要出问题，设计得大了要浪费，有一位老师，他就点错了一位小数点，结果浪费了百分之九十的材料。

再就说工程，从接工程开始（要制订合同），第一次有老师带，第二次就得自己去做了，从工程安排的进度，需要哪些图纸，中间要和业主讨论哪些问题，都得要考虑，具体工作能力有很多锻炼。我们这个班级结构观念特别强，解决问题的能力较强，你比如说我做工程的时候，我要有些设想，结构老师说不能做，我就来给他分析结构，争取能把它做出来，所以这也是优点之一。当时创办这个设计院，就是为了学生理论联系实际。教师们也轮流过去，三三制，就是三分之一教学，三分之一做工程设计，三分之一科研。从当时的出发点来看，是很好的。

规划教学得了不少奖，都是因为它们的教学和实践结合得很好。建筑那样比较困难，所以真题真做、真题假做，我们都做过，最好的是真题真做，但是受任务限制，找不到那么多实际项目，所以后来都是真题假做。但你要学生全部都联系实际也是不可能的，所以一、二年级打基础、三、四年级开始联系实际。冯先生的"花瓶式"原理，也是那时候开始说的，1958年时，在文远楼下面北边的房间，他讲述了这个原理。

其实他这个原理对所有功课都是适用的，一年级打基础，然后逐步往上扩展。扩展到一定程度，然后有技术的制约，防火、结构、物理方面，然后再放，可以无止境。当年好像是天津大学还是清华大学，他们的教学结构是宝塔式的，和我们不一样。我认为冯先生的"花瓶式"更富哲理。

钱：1960年以后是否教学有些改革？

贾：那不是1960年，现在1962届、1963届、1964届的学生全部到过设计院，就是在设计院的时间稍微短一些，不像我们1958年、1959年、1960年全都在设计院，到了后来他们基本上是在设计院一年，因为如果太短，无法完成一个工程，想叫他们从头到尾，有一个工程的体验。我们是六年制，时间很充裕。

毕业以后，我在设计院三室做支部书记，然后是总支委员，所以我后来主要在设计院。设计院也是属于建筑系的，后来建筑和工民建合并之后，设计院还属于建工系。一有运动，我们就被结构系领导。在设计院时，还是每年有学生来实践。

钱：那是毕业设计吗？

贾：不是，是三、四年级的学生，有点像我们现在的实习。毕业设计是在实习之后，不再强调真题真做，因为需要全面发挥，题目会复杂一些。当然如果能找到真题更好，要找不到，也要达到这个要求。

再后来联系实际就是加强教材建设，设计教学强调功能性，能抓得住，类型不能太复杂，所以后来我们做饮食店，这是我做指导员的那一届，大概是 1965 年进来的学生吧，分了三五个学生去附近的饮食网点劳动，早上去上班，晚上下班回来，劳动一个星期，回来后写调查报告，一个个环节都很清楚。我们这些年轻教师，每年都要写教学总结，每个工程都要把方案发展的过程、特点整理出来。

不过当时的教学也有很形而上学的方面，比如说美术，那时候一定要它往建筑上靠，静物写生画泥桶、泥刀。我主张美术是基础，培养美学修养和手头绘画的功夫，不必要非得去画泥刀。这些都是 1964 年设计革命化之后给硬扯上去的要求。一些运动对我们的教学破坏挺大的，教育改革就把我那一届的美术课的色彩部分革掉了，对我们这届建筑学专业是一大损失。我们这一届因为在设计院的实践学习，毕业后能很快地担当起工程设计工作，受到用人单位的欢迎。

赵秀恒教授访谈录

受访者：赵秀恒

访谈人：钱锋

访谈时间：2004 年 8 月 25 日

访谈地点：同济大学建筑设计研究院

受访者简介：

赵秀恒：1956 年入同济大学建筑系学习，1962 年毕业，后留在同济大学建筑系任教。

图 1　赵秀恒教授

钱　锋　以下简称钱

赵秀恒　以下简称赵

钱：您在同济学习和工作了很多年，想请您回忆一些当时的情况，先从您进入同济读书的时候谈起，当时的教学情况是怎样的？

赵：我读本科是在 1956 年，罗维东先生是我们一进来时的启蒙老师。我们那时候的课程叫建筑设计初步，当时的作业，有些题目到现在还有，有些题目已经没有了，比如抄绘、测绘。我们当时测绘自己的绘图桌，这些作业到后来也有。还有水墨渲染作业，他用了几个不同的图形，三个圆形，一个长方形，还有一个长条形，这些图形的色彩图纹都不一样，由学生自己在图面上构图，然后再渲染出来。这些图形都是抽象的，有点像抽象构图那样。他当时并没有讲这个构图要考虑什么东西，而我们到了高年级以后再回过头来看这个题目，觉得这个题目还是很好的。不过当初的教学要是再理性化一些就更好了。

还有一个印象比较深的，就是广告招贴画的封面设计，它有好几个标题，比如讲民间艺术展览会的海报，我做的就是这个，还有其他一些，比如家具展览的海报。老师给我们一个标题，然后让我们设计海报。也有些同学设计书籍封面。这些内容，到后来"文化大革命"之后恢复教学的初步设计里我们也用过。那时候讲课就比我们学的时候要多一些了，比如对于海报设计，怎么表达题意，怎么应用图形、色彩都有讲解。这主要是作为一个平面设计的练习。

钱：当初罗维东做这些作业是受到密斯的直接影响吗？

赵：当时他的学生作业里就有这些内容，他也是强调学生要动手，只是当初学生动手的条件比较有限。他的作业和当时包豪斯的有些作业很接近，不完全是一下子就靠到建筑上去，他强调的是基本训练。他这个渲染不在于图形本身的表现，他穿插了构图，还有就是培养建筑师的基本素质，要细心、耐心、仔细，培养一种心态吧。

等到我毕业了以后，我看到这种渲染已经发展到了古典园林的渲染，已经去表现建筑了。比如苏州园林的几个片断拿过来，同学也是在构图，然后用渲染表现出来。他比较强调画出来的效果，那个功夫也是比较深的，要一块瓦一块瓦地画。他可能更侧重在这幅画的表现力上，所以有的学生画得非常漂亮。

钱：您指这个用园林的构件来进行组合渲染是在什么时候？

赵：这是在我毕业之后1962年，差不多是20世纪60年代初看到的。这个作业可能是我毕业之前已经有了，但我已经到高年级了。

钱：您觉得后来这种渲染的方法和罗维东他们的渲染方法有什么不一样的地方？

赵：我觉得罗维东的方法是抽象的图形，他不太强调图形的画面的表现力，当然他包含了抽象构图的内容，把这些看成是有生命力的东西，把它们组合在一起，使它达到整个平面图形的均衡，但是每个颜色都是很单纯、很抽象的东西，并不表达一个什么具体的东西。

而古典园林的渲染更侧重于表达园林的一个画面效果，那个作业很大，时间很长，差不多半个学期吧。我觉得他可能把注意力都引导到另一个方面去了。罗维东的这个作业工作量不是特别大，一个是认识一下构图，这些内容在我们同学中间的印象非常深。虽然在一、二年级不太懂，但是到了五、六年级就都懂了。几个抽象的东西，摆在一起的时候，怎么注意他们之间的关系，这个关系里面有图形的样式、轻重、对比等这些构图原理。到了高年级就悟到这些东西了。

钱：初步课程除了这些，还有其他一些作业吗？

赵：其他就是抄绘、测绘，主要就是这些。到了一年级下学期好像有个总平面设计，设计公园里的纪念建筑。我当时做的是襄阳公园的黄继光纪念亭，还有其他几个不同的公园纪念亭的设计。其实这个设计着重的也是抽象构图的训练，因为要表达某个主题，所运用的素材都是抽象的，要学生自己去设计，当然学生也不是太懂这个题目，我记得中间还有些波折。

布置了题目以后罗先生给我们放了很多幻灯，然后他刚好有个会议，就出差去了，离开了上海几个星期。等他回来一看，学生的作业好像都偏离了他预想的方向了。当时下面一些年轻教师可能指导得不太对，他们不是特别理解罗先生的意图。我记得在课堂上罗先生直截了当地讲不应该是这样的。那时候更多的年轻教师把怎么样表达主题这方面看得太重，因此雕塑呀、浮雕呀，这些做得太多。

而罗先生不是这个意思，他觉得在公园里，应该关注怎样把这样一块地有意识区分出不同空间，并把这些不同功能的空间串在一起，他更注重的是这个东西，不是重视壁画，浮雕等，来表达黄继光。他希望对这样一个空间能够有所区分，本来是一块空地，通过一些设置，比如墙、设立、顶、水面，使它的空间分为几块不同的东西，各自具有不同的功能，有动、有静、有人休憩、有人瞻仰、浏览，大概是这个意思，所以这中间有个比较大的反复。

这说明年轻教师对他的东西也不是特别清楚。另外那时候的老师和现在也不太一样，比较放手的，教授们一般来说上完课就拎着包走了，他们当时都是这样的习惯。

钱：后来还做了一些什么方面的作业？

赵：到一年级下学期还是二年级上学期时，有一个中学的总平面设计，还有少年宫等。房子都是有的，给学生们一个个条块，还有地形，让学生在里面摆。我记不清楚具体要求是什么了，那个作业给我印象很深的是使学生通过这样一种训练，能够有一种想象力，有身临其境的感觉。几个体块，围在一个水面旁边，他就要想象出这个水是怎么回事，这其实是在培养学生的空间想象能力。可以不在意说你这个房子将来到底是什么样子，当然他也考虑这个房子是什么功能，总平面设计里当然也有功能分区，比如讲食堂这类辅助房间应该摆在哪里，图书馆、健身房这样一类公共建筑应该摆在哪里，教室怎么摆等，我们通过这个作业训练了想象的能力。

这个作业给我印象很深，虽然最后只是一个总平面图，几个图块，但是脑子里产生了很多丰富的想象。

钱：这是罗维东指导的吗？

赵：是的，这是一年级下还是二年级上我记不太清楚了。到后来就比较动荡了，到了二年级，就1957年反右了，1958年我们下到农村去，罗先生也去了。后来没多久，他就离开同济，去了香港，好像是他女儿有哮喘病，到南方城市去比较好。

我们一、二年级都是他指导的，到二年级有很多就是建筑设计了，其中有一个是客运站设计，十六铺那边码头的一个客运站设计，有具体的地形和环境。我们专门到那儿调查过，然后设计。当然二年级的学生有很多东西还不懂，但那时就接触到建筑的一些问题了，交通、流线等。那个设计比较偏理性，也有它的好处。如果一开始感性的东西太多，学生很难掌握，所以他一开始的题目偏理性的比较多。客运站很清楚就是客流怎么组织，货流怎么组织，然后再涉及一个空间问题。这两条路线进出，就会对建筑带来很多制约，总的来讲比较强调理性的东西，这个也是现代建筑的特点吧。

他在讲课的时候也经常讲一些理性的东西，密斯的观点啦，所以我们那时候的学生在做设计时，甚至一直到高年级、到毕业设计的时候都非常重视功能合理，布局合理，功能关系简洁，非常强调这个东西，另外还强调装饰是虚伪的。

讲课印象比较深的是他给我们放过一堂课的幻灯，主要介绍密斯的一些作品。当时他说我带着你们到国外周游一番，之后一面放幻灯片，一面给我们讲，讲些道理，比如少就是多，这样的观点他通过放幻灯片讲出来，他并不像现在有什么原理课，不是那样的。讲课整体来说还是比较松散的，带有一种悟的感觉。学生们对他都很崇拜，但是学起来有些学生还是比较吃力，好像不太懂他整个的意思。总体来看"文化大革命"之前，理论方面都讲得比较少。

钱：后来1958年"大跃进"之后教学活动还有吗？

赵：1957年以后就比较混乱了，那时候经常有运动，对教学也有冲击。我印象最深的是我们二年级做总平面设计，突然有个指导老师说要下放到农村去了，系里就开会欢送这一批年轻老师下放到农村去，接受再教育，去锻炼。

1958年暑假以后我们回校，第一节课好像要上美术课，大家都到美术教室去了，结果美术老师一个也没有，大家都觉得很奇怪，在教室外面等，那时的美术教室在北楼4楼。后来班长去联系老师，回来以后说我们这学期停课了，大家都要到农村去参加运动。然后全体开大会，一、二、三年级就下到农村去了，四年级到工地去。

1958年我们到农村去，先是参加劳动几个月，支持他们农村的秋收、秋种，劳动强度很大，学生们都很累。然后到年底，就开始搞人民公社的规划了。我们学生分了几个点，我们当时都在上海县，上海县有好几个公社，就把我们的学生给分开来，三个年级打乱，分成不同的组。

图2　参加人民公社规划

（后排右四为赵秀恒）

之后就由老师给我们上一些课，讲一些规划方面的内容，然后进行调查，做人民公社的规划方案。当时还开夜车，很热闹的，大家也很兴奋，做的东西都按照当时的共产主义理想。我印象很深，每个公社，都有电视塔，就我们所知道的建筑上的东西都给做上去了，做的模型也很漂亮。

钱：是一个老师带一组学生，分成不同的组吗？

赵：不是，是好几个老师带好多组，每个组里只有一两个老师是固定的，建筑方面的老师每组就一个，我们那组建筑老师刚好是赵汉光，另外好像还有结构老师，那时年轻老师都要下去参加锻炼。然后每个组都做方案，做完后向领导汇报。

这个学期结束后我们就回学校了，借着这个势头，好像还是三年级，我们就转到设计院去了。1958年建筑系成立了设计院，接受的任务很多，我们回来就进了设计院。设计院里有三、四、五年级的学生，五年级好像只有一个班。我们分到各个设计室里，由老师指导我们设计。

我们当时的设计室主要搞上海三千人歌剧院，我在设计院里一直都是做这个事情，前前后后将近有一年的时间。那时候1959年的上半年我还在三年级下，然后转到四年级上。

钱：上海三千人歌剧院和北京十大建筑有什么关系？

赵：是同一个时期的工程。设计院有不同的室，有比我们高年级班级的同学参加了北京的十大建筑的设计。十大建筑要求在1959年建成，我们在搞农村规划的时候，有一批到工地的学生被抽回来，从1958年下半年到1959年上半年参加了这些设计。

钱：请您再讲一讲三千人歌剧院的情况吧！

赵：这个项目具体负责的是黄作燊老师，他下面有个助教王宗瑗老师，他们俩直接带着我们设计组，当时也不叫招标，叫做设计竞赛，主要就是同济和民用院在做这个方案。

当时同济的方案被看好，选中了，我们组里几个学生还是蛮得力的。黄作燊老师人很好，他看问题非常敏锐，但又不是那种很强硬的方式。我是做观众厅，他来看，提出了一些问题，第二天他再拿几本杂志过来，说你看人家是怎么做的。那么学生就像海绵一样，只要有新的东西就很希望去吸收。

他就不断地拿来一些和学生做到的问题有关的杂志来给大家参考。所以当时我记得我们一个是看上海的影剧院，一个就是看国外的杂志。

那时候我对国内、国外的影剧院都背得滚瓜烂熟的，比如德国的汉堡歌剧院，它的平面是什么样的，有多少观众，科隆大剧院什么样的，有什么特点。老师和学生完全是一种讨论的方式，他很注意发挥学生的积极能动性，很注意引导，所以这个老师给我的印象非常好，很亲切，我们开夜车时，他也陪着开夜车，到了晚上他也不回去，就找个藤制的躺椅睡在我们边上。

钱：我看过一个叫安放的作者写了有关这方面的一些事情，发表在当时的《同济报》上。

图3　学生编排现代京剧《东游记》剧照

赵：是的，我们当时还编过一个节目，歌剧一样的，里面有一段就是专门唱他的（图3）。当时我们有几个组，观众厅组、舞台组、前厅组，舞台组的同学一直跑戏剧学院，因为有很多工艺要求。他们和戏剧学院的孙老师非常熟悉了，孙老师也很希望在上海建一个舞台方面很现代化的剧场，所以也提供了不少建议。

前厅组重点放在空间组织和立面上。那时候的那个立面做出来很像北京人民大会堂，柱廊、三段式，那时候流行这样的方式，领导也喜欢。

王吉螽先生好像是整个室里面的领导，他因为这方面比较熟悉，也经常来指点我们。我记得画渲染图时谭垣也来了，还亲自动手，帮我们的图加配景。那时候师生之间很团结，大家都很有热情的。

钱：当时对建筑的立面是不是有关于民族形式和现代形式的争论？我在看安放的文章时好像看到了有这方面的内容。

赵：其实说民族形式也不是真正的民族形式，也是欧式的，柱廊、柱帽、柱础这些，并不是传统的中国样式。最多也就是像人民大会堂那样，有些纹样可能是中式的。像这样的形式学生挺喜欢的，而且是学生画图，学生们就按这个样子做了。王吉螽还有其他一些老师觉得应该做得更抽象、更现代一些。学生们在老师的指点下也做了一个比较现代的方案，但是后来送到市里去讨论的时候没有被接受。

我们从1957年之后一直到1962年毕业，特别是1958年后一直处于动荡的状态，下乡、搞各种运动，连卫生大扫除都成了一种运动。大扫除到了一种极致的状态，所有的床都拆掉了，拿到楼下用锅来煮，煮臭虫。房间全部腾空，地板拿肥皂刷，都被刷白了，油漆都没有了。

除四害，一整天不上课，大家都到学校周围，看到麻雀就叫，敲东西，麻雀没有地方降落，飞到下午都吐血掉在地下。当时充斥着各种各样的运动。

到了1960年，三年自然灾害了，大家都折腾不动了，连吃饭都有困难。学校里还比较好，还有粮食吃，外面很多地方都没有粮食吃了。学校里也就安心上课了，学生们都回来了。上课一直到我们毕业，做毕业设计，这段时间相对来说比较稳定。

钱：1961年、1962年的教学是怎样的？

赵：毕业设计时有一些真的题目。冯先生这个时候已经在做空间原理的一些事情了，比我们低的年级已经介入到里面去了。我们这个年级基本还是按照老的教学计划，按功能类型做一些不同的题目，不同的选题，工业设计，工厂总平面设计，比如这一学期是工业教研室来上课的，转到民用教研室，就有一些民用方面的题目，都还是按照老的教学计划。但是我知道我们五年级时，下面二、三年级已经开始空间原理的实验了，好像这个空间原理就是1960年前后吧。

钱：当时有没有分工业建筑专门化、民用建筑专门化？

赵：这个好像不分的。高年级好像有过室内设计专门化。另外有过小先生这样的制度，比我们高一年级的有些学生作为小先生参加过教研室的一些活动，也有工资，可能是因为当时师资方面不太充沛吧，因为当时有的老师还要到农场去。这个制度有过一小段时间，我们毕业后好像就没有了。

钱：冯先生引进"空间原理"教学后，您是不是也参与了一部分？

赵：我一毕业就分配到民用教研室，我是在三年级教学小组，当时分民用教研室、工业教研室、构造教研室、历史教研室，承担不同的教学任务。我们承担二、三、四年级和毕业设计一部分的内容。工业教研室承担四年级的半年还有部分毕业设计。初步没有教研室，在历史教研室里面，主要负责一年级的初步教学。构造教研室的教学是根据需要穿插的，另外还有些房屋建筑学的课。

我在民用教研室三年级教学小组，教学已经是按照空间原理的方式来做了。二年级是单元细胞，从这样一个角度来进行空间的认知。三年级主要是大空间，四年级主要是展览空间、客运站这样一些流线性的建筑，五年级是多组空间，不同的教学重点。

我一毕业就让我参加写教材，负责"空间原理"里面的大空间部分。"空间原理"真的见到文字的好像就是这块。我最终写了初稿，也有插图，也有讲义，其他的好像还没有很清楚。当时写教材时，冯先生直接找我谈，让我写这一部分。我按照我对空间原理的理解写了一个提纲，他说"很好，我就是这个意思"，然后在讲稿上做批注，哪一段应该怎样，写得很具体。我按照他的意见，再修改提纲，写完后再给它看，就像研究生做论文一样的。

当时我刚刚毕业，时间比较充分，做得也很认真。另外当时讲课的老师是葛如亮，他头脑很清楚的。他讲完课我就按照他的讲稿进行一些整理。他讲课基本上没有板书，那些插图都是在黑色的纸上用粉笔画出来，讲到哪里就翻到相应的那一张。我后来用硫酸纸将这些插图描出来，晒出蓝图来做成讲义，最后这份材料还比较完整。

钱：这份材料您现在还有吗？

赵：我现在找不到了。当时我一直留着图稿，包括冯先生写的很多东西，但后来搬了几次家，我觉得这些也没有多大的用处，系里也不太注意收集这些材料和档案，后来就处理掉了。我估计吴庐生老师那里还会有。当时她也在我们教学小组里，她比较注意保存资料的。

空间原理从建筑教育的角度来讲，它在某个阶段是某种认知，现在讲起同济大学的教学特点，我觉得大多数人讲得都不是太清楚。我感觉这个特点不在于这个教学内容是怎么回事，教什么东西，这个每个学校都在教，都在与时俱进。我觉得同济是从冯先生这里就开始打下了这样的基础，就是非常强调系统化教学。他不是把每个年级孤立来看，而是将一年级一直到毕业设计都看成了一个系统，然后把系统用一个什么东西组织起来，用一个关系处理这个系统，这个是同济的教学一直在追求的东西。冯先生当时追求空间原理，他是用这个来整合整个教学。

后来，戴复东先生他也想过这个问题，讲过"一干三枝"，也是想把建筑学的教学用一个模式串起来。到了卢济威老师也有这样的想法，比如环境观来指导教学，他们总有这样一种系统的观念。我后来组织教学的时候，强调一年级到五年级的总纲和子纲，从低年级到高年级，有几条线，怎么样并行，总是用一个系统来组织教学。

冯先生在谈话的时候，很强调系统论，从他那里开始，就有这样一个先河。

钱："花瓶原理"和"空间原理"是怎么样一个关系？

赵："花瓶式"原理看起来是很简单的一句话，但是由这句话他把教学看成了一个完整的过程，这个过程是花瓶形态的关系，这个对教学过程一个概括性的说法。

钱：放和收的分别对应空间原理的什么时期呢？它们是同时的吧？

赵：也不完全是这样的，它不是一个问题的两个说法，是不同时期有不同的一些想法，或者在不同侧面有不同的看法。不过从教学实践过程来看，他是有这样的做法，低年级做方案时可以海阔天空，标新立异，到了高年级要让他知道技术、施工、经济等等各方面的一些问题，所以这时候有更多的课程参与进来，然后到毕业设计的时候可以再发挥。他并不是说这是一个时期的两个方面，而是谈不同问题的时候有不同的说法。冯先生提出的这些想法都很概括的，让人很容易记得住。

钱：1960 年代后期好像又从六年制改成五年制了，是这样吗？

赵：是的。六年制是从 1955 年开始的，1954 年入学时先说是四年制，后来改成了五年制。1955 年是六年制，我们是 1956 年入学的。到了 1960 年入学的一届，又改回了五年制。

钱：1960 年代之后是否现代建筑思想又比较盛行了？

赵：应该讲受到现代建筑思想影响比较多的是龙永龄她那一届开始，然后 1956 年、1957 年、1958 年、1959 年到 1960 年入学的，这段时期的学生受现代建筑教育比较正规一些。后来我们评审方案经常碰到这些早期的学生，这个时期的学生所受的教育比较完整，在后来大多独当一面的。

钱：1960 年代的课表中讲到了学生有科研的环节，对此您还有印象吗？

赵：是这样的。这可能是大跃进后，修订教学计划，当时的观念不一样了，强调教育、生产劳动相结合。教育要为无产阶级服务。1958 年毛主席提出了这样的方针，因此也强调教学与科研相结合。好像我们五年级有一段时间，学生必须要参加科研。它的做法就像课程设计一样，学生分成不同的小组，每个小组都有指导老师，各自有不同的题目，学生就做这个题目。当时研究也没有很多的手段，对外比较闭塞，大家就把外文资料收集起来，然后进行翻译。我们这组当时的指导老师是傅信祁先生，他在构造方面很有名的。他当时给我们一些苏联的杂志，介绍装配式建筑的一些发展和演变。当时我们几个同学就分头把它给翻译出来，作为我们科研的成果。

这份材料交上去也就算完成了。后来过了一年，我们发现在《建筑学报》上其他的单位，好像是建研院介绍进来苏联的这样一些装配式的建筑的发展。当时我们的同学都很感慨，说我们当初翻译的那些东西要是发表出来，会比他还要早。这说明学校当时在科技前沿方面触角还是很灵敏的。因为学校很容易接触到国外这些杂志，而其他一些设计单位是不大容易接触到的。那个还是建研院去搞的。另外学校有大批的学生这样的人力资源，做很复杂、高级的研究他们不一定行，但是做这样的资料收集和整理的工作还是可以的。这也得看不同的专业，有些专业可能通过实验室做一些实验。建筑学专业主要是做一些翻译引介的工作。几乎每个组都是这样做的，找一些当时非常新的杂志，里面有一些很新的国外的介绍，我们把它尽快地翻译出来，整理成文章。

可惜的是当时系里面并没有很重视，如果学生整理的资料，老师们把它进一步修正，然后发表出来，应该是很不错的。

钱：现在这些资料还在吗？

赵：当时这些材料我们都交上去了，自己不留底的。我印象很深就是苏联装配式建筑发展非常快，从最早的构建系列组合，一直到大板建筑，还有盒子建筑，他们都做过实验。我们这些材料整理完之后，老师在讲课的时候用到了，讲了有这样一些发展趋势。

我做科研大概是在五年级上学期。那时候我们小组大概五六个人，一到固定时间就都跑到图书馆里去，把杂志找出来，大家分一分。那时候也没有复印机，杂志认准了，每次去，把书搬下来，就直接看着翻，也不把原文录下来，因为原文抄下来也很费劲的。

钱："文革"之后，您承担了一段时期的基础教学工作，当时的情况是怎样的？

赵：在"文革"之后，同济是最先把构成引入到初步教学里面去的。这样一种思想对这批学生后来的创作影响是很大的。当时有很多学校老师来同济取经。同济比较关注这些构成和建筑之间的关系，后面这些学生出去做设计时，建筑造型就会做得形态很丰富。之前现代建筑追求功能的东西，相对建筑的表现会比较贫乏一些，完全靠材料、技术来表现，而中国的材料和技术又不行。1970年代后期入校的这批学生，把形态构成运用到了建筑设计当中去，就把建筑造型丰富了很多。

那时的构成练习，有些是很抽象的，将罗维东老师那些又进一步发挥了，比如折纸，在纸上开一刀，折成各种形状，也有平面设计，唱片套设计，海报设计，也有动手做文具盒，用木头做。当时老师到家具厂，买来他们的木质边角料，让学生来做文具盒。也有用泥来做拓展设计，用5公分见方的一块泥，拓展成10公分见方，那就要增加很多空间进去。有些学生比较能理解，做出很多空间，有些学生不懂，就做成很多具象的形态，这也说不清，只能让学生自己慢慢去认知吧。

当时我们的作业还有空间限定，做模型，做空间的组合等，是很多样的。

　　那时湖南大学工艺美术方面也有一些构成练习，有不少老师去学习。但他们是从艺术设计的方向来进行的。我们的做法是将构成引入了空间方面，和建筑更多地建立起联系，这是我们探索的独特之处。

图片来源

同济建筑教育思想及渊源

图 1　同济大学建筑与城市规划学院院史馆

图 2- 图 7　之江大学编,《之江大学年刊》1950 年

图 8　东南大学建筑系成立七十周年纪念专集,中国建筑工业出版社,1997 年 10 月

图 9　同济大学建筑与城市规划学院院史馆

图 10- 图 12　之江大学编,《之江大学年刊》1950 年

图 13、图 14　之江大学编,《之江大学年刊》1940 年

图 15- 图 20　之江大学编,《之江大学年刊》1950 年

图 21　黄植提供

图 22- 图 24　圣约翰大学编,圣约翰大学年刊,1948 年

图 26　郑时龄,上海近代建筑风格,上海教育出版社,1999 年

图 27、图 28　罗小未、李德华先生提供

图 29　[英] 弗兰克·惠特福德著,林鹤译,包豪斯,三联书店

图 30　Bauhaus Archiv, Magdalena Droste. Bauhaus:1913-1933, Bauhaus-Archiv Museum Fur Gestaltung:Benedikt Taschen, 1993.

图 31　罗小未、李德华先生提供

图 32- 图 34　圣约翰大学编,《圣约翰年刊》,1948 年

图 35、图 36　罗小未、李德华先生提供

图 37　同济大学建筑与城市规划学院编,同济大学建筑与城市规划学院五十年纪念,上海科技出版社,2003.

图 38、图 39　同济大学建筑与城市规划学院院史馆

图 40　同济大学建筑与城市规划学院编,建筑人生——冯纪忠访谈录,上海科技出版社,2003.

图 41　同济大学基建处制作工作手册插页,傅信祁老师提供

图 42、图 43　同济大学建筑与城市规划学院编,同济大学建筑与城市规划学院五十年纪念,上海科技出版社,2003.

图 44　笔者拍摄

图 45　同济大学建筑与城市规划学院编，同济大学建筑与城市规划学院五十年纪念，上海科技出版社，2003.

图 46　冯纪忠，武昌东湖修养所，《同济大学学报》1958 年 4 期

图 47　中国建筑学会编，新中国十年建筑，中国建筑工业出版社，1960 年

图 48、图 49　邹德侬，中国现代建筑史，天津科学技术出版社，2001 年 5 月

图 50　同济大学建筑与城市规划学院院史馆

图 51　徐甘老师提供

图 52　建成照片 1、2、3，一层平面图，引自：李德华、王吉螽，同济大学教工之家，《建筑学报》，1958，6 期；室内效果图 1、2、3，流动空间示意图，转引自李德华、王吉螽，同济大学教工俱乐部，《同济大学学报》，1958，4 期

图 53　李德华先生提供

图 54　同济大学建筑与城市规划学院编，吴景祥纪念文集，中国建筑工业出版社，2012.5

图 55- 图 58　中国建筑学会编，《建筑学报》，中国建筑工业出版社，1959.

图 59　同济大学建筑与城市规划学院院史馆

图 60、图 61　华霞虹，"同济风格"20 世纪中后期同济四个建筑作品评析，《时代建筑》，2004 年 6 期

图 62　同济大学建筑与城市规划学院编，建筑人生——冯纪忠访谈录，上海科技出版社，2003

图 63、图 64　笔者拍摄

图 65- 图 69　葛如亮，葛如亮建筑艺术，同济大学出版社，1995

图 70　钱锋拍摄

图 71、图 72　华霞虹，"同济风格"20 世纪中后期同济四个建筑作品评析，《时代建筑》，2004 年 6 期

传承与调适——从包豪斯到上海圣约翰大学建筑系

图 1　Gilbert Herbert，The Dream of the Factory-Made House：Walter Gropius and Konrad wachsmannn，Cambridge，Massachusetts，The MIT Press，1984.

图 2　[英]弗兰克·惠特福德著，林鹤译，包豪斯，生活·读书·新知三联书店，2001 年 12 月

图 3、图 4　Bauhaus Archiv，Magdalena Droste. Bauhaus：1913-1933，Bauhaus-Archiv Museum Fur Gestaltung：Benedikt Taschen，1993.

图 5- 图 7　Alofsin A. The struggle for modernism：Architecture，landscape architecture， and city planning at Harvard[M]. WW Norton & Company，2002.

图 8　圣约翰大学编，《圣约翰年刊》，1948 年

图 9　罗小未、李德华先生提供

1920 年代美国宾夕法尼亚大学建筑设计教育及其在中国的移植与转化——以之江大学建筑系和谭垣设计教学为例

图 1- 图 5　John F. Harbeson. *The Study of Architectural Design*，*with special reference to the program of the Beaux-Arts institute of design*. The Pencil Points Press. 1926; John Blatteau and Sandra L. Tatman，2008

图 6、图 7　之江大学编，《之江大学年刊》1940 年

图 8- 图 10　之江大学编，《之江大学年刊》1950 年

图 11　东南大学建筑系成立七十周年纪念专集，中国建筑工业出版社，1997 年 10 月

冯纪忠先生在同济的建筑教学和设计探索

图 1、图 2　同济大学建筑与城市规划学院编，建筑人生——冯纪忠访谈录，上海科技出版社，2003

图 3、图 4　同济大学建筑与城市规划学院院史馆

图 5、图 6　Ernst Neufert，BAU-ENTWURFSLEHRE，Berlin：Bauwelt-Verlag，1936

图 7　同济大学建筑与城市规划学院院史馆

图 8　参考吴皎，新中国成立初期同济校园建设实践中本土现代建筑的多元探索（1952—1965），同济大学硕士学位论文，2018.5，（指导老师：华霞虹），笔者制作

图 9　笔者绘制

图 10、图 11　徐文力，《冯纪忠建筑思想比较研究》，同济大学博士学位论文，2017.12（指导老师：王骏阳）

图 12、图 13　冯纪忠，武昌东湖修养所，《同济大学学报》1958 年 4 期

图 14　Otto Völckers，Das Grundri β werk，Stuttgart：Julius Hoffmann Verlag Stuttgart，1941

图 15　邹德侬，中国现代建筑史，天津科学技术出版社，2001 年 5 月

图 16　Otto Völckers，Das Grundri β werk，Stuttgart：Julius Hoffmann Verlag Stuttgart，1941

图 17　岳婧欣绘制

图 18- 图 22　徐文力、韩冰提供

包豪斯思想影响下哈佛大学早期建筑教育（1930s—1940s）状况探究

图 1- 图 5　Alofsin A. The struggle for modernism：Architecture，landscape architecture，and city planning at Harvard[M]. WW Norton & Company，2002.

保罗·克瑞的建筑和教学思想研究

图 1- 图 3　Elizabeth Creenwell Grossman. The Civic Architecture Of Paul Cret.[M] Cambridge University Press，1996.

图 4　"觉醒的现代性——毕业于宾大的中国第一代建筑师"展览，上海当代艺术博物馆，2018.8.

图 5- 图 7　Elizabeth Creenwell Grossman. The Civic Architecture Of Paul Cret.[M] Cambridge University Press，1996.

图 8　https：//www.periodpaper.com/products/1911-print-pan-american-union-building-washington-monument-united-states-trees-144793-xgba5-021

图 9- 图 13　Elizabeth Creenwell Grossman. The Civic Architecture Of Paul Cret[M]. Cambridge University Press，1996.

约翰内斯·伊顿在包豪斯学校的早期教学探索

图 1　Magdalena Droste. English translator：Karen Willians. Bauhaus：1919-1933[M]. Bauhaus. Taschen，1993.

图 2　https：//alchetron.com/Adolf-Loos

图 3　https：//study.com/academy/lesson/bauhaus-color-theory.html

图 4　Gilbert Herbert，The Dream of the Factory-Made House：Walter Gropius and Konrad Wachsmann，MIT Press，1984.

图 5　[英] 弗兰克·惠特福德著. 林鹤译. 包豪斯. 生活·读书·新知三联书店 .2001 年 12 月

图 6　Magdalena Droste. English translator：Karen Willians. Bauhaus：1919-1933 [M]. Bauhaus. Taschen，1993.

图 7　https：//www.srf.ch/sendungen/sternstunde-kunst/johannes-itten-bauhaus-pionier

图 8　Rainer K. Wick. Teaching at the bauhaus[M]. Hatje Cantz Publishers，2000.

图 9　Rainer K. Wick. Teaching at the bauhaus[M]. Hatje Cantz Publishers，2000.

图 10　https：//www.bauhauskooperation.com/the-bauhaus/people/masters-and-teachers/johannes-itten/

图 11　https：//www.getty.edu/research/exhibitions_events/exhibitions/bauhaus/new_artist/form_color/color/

图 12　Magdalena Droste. English translator：Karen Willians. Bauhaus：1919-1933[M]. Bauhaus. Taschen，1993.

图 13　Magdalena Droste. English translator：Karen Willians. Bauhaus：1919-1933[M]. Bauhaus. Taschen，1993.

图 14- 图 16　弗兰克·惠特福德.包豪斯 [M]. 林鹤，译.北京：生活·读书·新知三联书店，2001 年 12 月.

图 17　Magdalena Droste. English translator：Karen Willians. Bauhaus：1919-1933[M]. Bauhaus. Taschen，1993.

图 18　Magdalena Droste. English translator：Karen Willians. Bauhaus：1919-1933[M]. Bauhaus. Taschen，1993.

图 19　https：//wiki.ead.pucv.cl/Archivo：Theo_van_Doesburg_in_Davos_01.jpg

黄作燊先生小传

图 1- 图 4　黄植提供

图 5、图 6　PAUL　K.Y.CHEN(程观尧) 事务所作品集

图 7　黄植提供，摄影：胡晔

图 8　郑时龄著，上海近代建筑风格，上海教育出版社，1999 年

图 9　岳婧欣制作

图 10　邹德侬，中国现代建筑史，天津科学技术出版社，2001 年 5 月

图 11　罗小未、李德华先生提供

图 12、图 13　同济大学建筑与城市规划学院院史馆

图 14　黄植提供

"现代"还是"古典"？——文远楼建筑语言的重新解读

图 1、图 2　同济大学新闻中心提供

图 3　笔者绘制

图 4　傅信祁先生提供

图 5- 图 17　笔者绘制

图 18、图 19　吴长福老师拍摄

图 20　同济大学新闻中心提供

图 21　www.backtoclassics.com

图 22   https：//infos.parisattitude.com/en/garnier-opera-house/

图 23   John Summerson，The Classical Language of Architecture，The M.I.T. Press，Massachusetts Institute of Technology，Cambridge，Massachusetts，1981.

图 24- 图 28   笔者绘制

图 29、图 30、图 31   之江大学年刊，1940 年、1951 年

从一组早期校舍作品解读圣约翰大学建筑系的设计思想

图 1   李德华先生提供

图 2   邹德侬，中国现代建筑史，天津科学技术出版社，2001 年 5 月

图 3   笔者拍摄

图 4   山东大学档案馆建筑图纸

图 5- 图 7   笔者绘制

图 8   笔者拍摄

图 9- 图 10   笔者绘制

图 11   笔者拍摄

图 12- 图 15   笔者绘制

图 16   笔者拍摄

图 17- 图 20   笔者绘制

图 21- 图 28   笔者拍摄

图 29   吴强军制作

图 30   笔者绘制

图 31   笔者拍摄

图 32、图 33   笔者绘制

图 34 - 图 38   Richard Padovan, Towards Universality: Le Corbusier, Mies and De Stijl, Routledge, 2002.

图 39   笔者绘制

图 40、图 41   刘先觉，密斯·凡·德·罗——国外著名建筑师丛书，中国建筑工业出版社，1992.12

图 42、图 43   Bauhaus Archiv, Magdalena Droste. Bauhaus: 1913-1933, Bauhaus-Archiv Museum Fur Gestaltung: Benedikt Taschen, 1993.

探索一条通向中国现代建筑的道路——黄毓麟的设计及教育思想分析

图 1　之江大学编,《之江大学年刊》1940 年

图 2　同济大学新闻中心提供

图 3、图 4　笔者拍摄

图 5　Durand, *Précis des leçons d'architecture données à l'École Polytechnique*, 4th éd.
(Paris: Chez l'auteur, a l'École Royale Polytechnique, 1825), vol. 2.

图 6- 图 12　笔者绘制

图 13　笔者拍摄

图 14、图 15　刘宓提供

李德华、罗小未、董鉴泓、王吉螽、童勤华教授访谈录

图 1、图 2　罗小未, 李德华先生提供

图 3、图 4　黄植提供

傅信祁教授访谈录

图 1　同济大学建筑与城市规划学院院史馆

图 2- 图 4　同济大学基建处制作工作手册插页, 傅信祁老师提供

图 5、图 6　同济大学建筑与城市规划学院院史馆

童勤华教授访谈录

图 1　同济大学建筑与城市规划学院院史馆

龙永龄教授访谈录

图 1- 图 3　同济大学建筑与城市规划学院院史馆

贾瑞云教授访谈录

图 1　同济大学建筑与城市规划学院院史馆

图 2　笔者拍摄

图 3　同济大学建筑与城市规划学院院史馆

赵秀恒教授访谈录

图 1- 图 3　赵秀恒老师提供

后　记

　　本书起源于我硕士阶段的论文，发展于博士阶段的论文，深化延展于博士毕业之后在同济大学建筑与城市规划学院工作阶段的持续探索。中国近现代建筑教育的发展历史是我长期关注的课题。在此基础上，甚至可以进一步探查中国整体近现代建筑学科的建立和发展状况。由此，我对这一方面的探索始终具有浓厚的兴趣。

　　硕士阶段我在导师伍江教授以及罗小未先生的指引下，选定了以同济建筑系第一任副系主任（主持工作）黄作燊先生为研究对象，对其主要经历、教育和建筑思想进行了深入挖掘。黄作燊先生曾经先后就读于英国 AA 建筑学院，以及哈佛大学设计研究生院格罗皮乌斯门下，深受现代建筑思想影响，他回国后在上海圣约翰大学建筑系中进行了带有包豪斯特点的教学实践，富有特色，之后一些教学和建筑思想也由他带入了 1952 年后进入的同济建筑系，在其中持续发挥了影响。

　　博士阶段我在硕士论文的基础上，将研究范围扩大到整个中国的范围，探讨中国近现代整体建筑教育的发展状况，写作论文《现代建筑教育在中国（1920s—1980s）》，试图梳理国内各主要建筑院校的教育发展状况，并考察其中现代建筑思想的影响。为此我走访了国内各主要建筑院校，查阅了相关档案，访谈了大量老师，获得了较多资料，在此基础上基本展现了中国早期建筑教育的情况。

　　在此过程中，我认识到影响中国建筑教育的西方多条院校脉络，有学院派方法、包豪斯式的方法，还有综合理工学院模式等，而同济建筑系因为在院系调整合并时有着不同来源的多所建筑院校的融合，因此其教学在某种程度上呈现着中国建筑院校发展的缩影。组成同济建筑系的三支主要教学队伍：圣约翰大学建筑系、之江大学建筑系、同济大学土木系市政组有着各自不同的鲜明特点，分别受到哈佛设计研究生院现代建筑思想的影响、宾夕法尼亚等学院派教育方法的影响，以及维也纳工业大学的欧洲现代思想的影响等，使得合并后的同济建筑系呈现纷繁复杂的局面，也由此使我对其产生深入研究的兴趣。

在博士毕业工作之后，我持续进行了有关教育史的深入研究，在同济建筑系方面，分别从圣约翰大学建筑系、之江大学建筑系、同济大学土木系这三条线索，对其进行了溯源研究，追溯到影响这些院系的主要西方院校，探索其主要教学特点和方法，以及对中国这几个建筑院系的影响，从而建立起整个建筑教育以及建筑学科从西方众多源头交织影响中国建筑院校的模型，寻求了教育和学科跨文化传播的特征。

与此同时，我也做了部分教师建筑作品的解读，试图从侧面展现其所受教育思想的影响。有关文远楼的探索发掘了它在现代建筑形式下的古典学院派原则的渗透，对山东机械学校校舍的探索寻找了启发它的风格派创作手法的源头，对黄毓麟作品的解析发现了其学院派原则和现代功能主义相融合的特点。

最后，本书还收录了我在进行博士论文研究时所做的多位同济老教师的访谈，从最早的李德华、罗小未、董鉴泓、王吉螽、童勤华教授的访谈会议开始，之后分别有傅信祁先生、童勤华先生、1954年入学的龙永龄教授、1955年入学的贾瑞云教授、1956年入学的赵秀恒教授的访谈，试图涵盖建筑系早期不同时期入学、毕业或从事教学的当事人，通过对他们的访谈更为生动地展示和贴近那段建筑系的早年岁月。

书名主标题取名"一苇所如"，取自苏轼《赤壁赋》"纵一苇之所如，凌万顷之茫然"，一苇，扁舟一叶；如者，所到的地方。置浩繁卷帙其中，表一家浅见，示意在茫茫的学院教育史研究的海洋中，提出自己的一些思考和见解，以供更多研究者参考。

本书的形成离不开诸多老师和亲友的热心帮助。非常感谢我的硕士和博士导师伍江教授，是他为我指明了这一研究方向，使我不断地在这条道路上走下去，以致今天可以将这些成果集聚成册。也非常感谢我所在学科组责任教授卢永毅教授，她在我工作之后的学术深入发展方面起到了重要作用，我很多论文中的发现和思维的拓展都得益于她的启发，和她的讨论使我源源不断地获得新的学术视野。感谢学院院长李翔宁教授，他协助提供了我和国外老师交流的机会，为我进一步拓展研究主题奠定了基础。同时也感谢他们三位老师为本书作序。

感谢各位接受访谈的老师，我对同济建筑系的了解正是从和他们的深入交流开始的，他们为我提供了生动的素材，也使得我持续保持了对该研究方向的兴趣。

感谢黄作燊之子黄植先生，我的硕士论文始于和他的结识，他持续给了我无尽的帮助和鼓励，本书对于黄作燊先生的研究离不开他的全力支持。

感谢已故的中国建筑工业出版社杨永生先生，他很早就对黄作燊先生的研究很感兴趣，曾经在北京的家中接受了我的访谈，并对我的建筑教育史研究提供了诸多指点。他曾提出很想出一本黄作燊先生的传记，收录在他的有关中国建筑前辈的丛书之中，但是由于当时一直没有足够的材料支撑，因此没有能够完成他的心愿，为此我深表遗憾。此次本书中的"黄作燊先生小传"正是根据他的想法所整理的简本。

感谢我的硕士研究生王森民、徐翔洲、潘丽珂等，本书中的一些文章是和他们共同研究的成果；感谢岳婧欣为一些文章制作精美的插图；感谢罗元胜、杨君所作的一部分文字整理工作。

感谢中国建筑工业出版社的徐纺、滕云飞编辑，他们的辛勤和细致的工作使得这本书能够最终完成。

最后要感谢我的家人，是他们在背后的默默支持，使我能心无旁骛地专注于自己的研究工作，他们是我永远的力量源泉。

钱锋

2021.4